甘蔗叶还田综合技术与模式

李 明 主编

中国农业科学技术出版社

图书在版编目（CIP）数据

甘蔗叶还田综合技术与模式／李明主编．—北京：中国农业科学技术出版社，2016.12
ISBN 978－7－5116－2890－9

Ⅰ.①甘…　Ⅱ.①李…　Ⅲ.①甘蔗－秸秆还田　Ⅳ.①S141.4

中国版本图书馆 CIP 数据核字（2016）第 305759 号

责任编辑　徐定娜
责任校对　李向荣

出 版 者　中国农业科学技术出版社
　　　　　北京市中关村南大街 12 号　邮编：100081
电　　话　（010）82105169（编辑室）
　　　　　（010）82109702（发行部）　（010）82109709（读者服务部）
传　　真　（010）82109707
网　　址　http://www.castp.cn
经 销 者　各地新华书店
印 刷 者　北京富泰印刷有限责任公司
开　　本　787mm×1 092mm　1/16
印　　张　11.75
字　　数　286 千字
版　　次　2016 年 12 月第 1 版　2016 年 12 月第 1 次印刷
定　　价　36.00 元

《甘蔗叶还田综合技术与模式》

编　委　会

主　　编：李　明

副 主 编：韦丽娇

参编人员：张　劲　董学虎　黄伟华

葛　畅　牛钊君

前　　言

甘蔗叶是甘蔗作物生产系统中一种重要的生物资源。截至 2015 年统计，全国甘蔗种植面积达 115 万 hm^2，年收获甘蔗约 8 000万 t，每年收获甘蔗后遗弃在蔗田中的蔗叶、蔗梢约 1 600万 t。这些蔗叶、蔗梢遗留在蔗田中会影响蔗田的后续作业，如破垄、耕翻，甚至影响到甘蔗苗期的培土。长期以来，大多数蔗农的处理方式是就地焚烧或人工搬走。甘蔗叶焚烧后剩下的灰粉仅含少量的钾和磷等矿物元素，大量的氮素和有机质都已丧失，不仅造成巨大的浪费，同时又严重污染了环境。采用人工搬走遗弃物，需花费大量的人力，甘蔗叶、甘蔗梢也没能得到很好利用。

世界最早关于甘蔗土壤管理的研究开始于 20 世纪 30 年代末，南非糖料协会试验站在埃奇库姆山甘蔗基地连续研究观察了甘蔗叶焚烧和直接还田 59 年对土壤的影响。随后，印度、澳大利亚、巴西等国家也开始进行了甘蔗叶还田的相关研究。美国、澳大利亚等发达国家使用切断式甘蔗联合收获机，收获时直接在收获机内将甘蔗叶进行粉碎并抛撒在地表，使土壤得到了一定的改良。

1990 年，我国广东湛江农垦局联合勇士农场开始进行甘蔗叶粉碎还田效应及其机具的相关研究，成功研制了引式甘蔗叶粉碎回田机，并在湛江垦区甘蔗农场及地方进行了较大范围和不同环境条件下的试验应用，累计应用面积 15 000多亩（1 亩≈666.7m^2，1hm^2 = 15 亩，全书同），应用效果良好。国内一些相关机构也陆续开展了甘蔗叶粉碎还田技术及其机具设备的研究。自 1998 年农业部相关部门正式启动了《重点地区农作物秸秆还田模式与关键技术研究》项目开始，我国北方各地区从中央到地方拨出专款推广应用秸秆粉碎还田技术，禁止焚烧秸秆。至目前，我国在棉花、玉米、小麦等大宗经济作物上，秸秆还田技术取代秸秆焚烧已经得到了广泛的应用，成为粮食增产和改善生态及土壤环境的重要途径之一。以上对甘蔗收获后遗留于田间甘蔗叶的处理具有借鉴意义。20 世纪 90 年代中期，广西壮族自治区（简称广西）相关科研院所在农业部、科技部等部门资金支持下开始研制甘蔗叶粉碎还田机具，起了一个很好的开端，在后续的技术研发、推广实施应用等，因受到相关政策引导、扶持等支持力度不够，使得实施推广和应用甘蔗叶机械化粉碎还田技术受到了一些限制。

1996 年至今，中国热带农业科学院农业机械研究所在广东湛江农垦局的研究基础上及秉承广西实施甘蔗叶机械化粉碎还田技术的良好开端，在农业部、科技部、广西农机技术推广站、广东农机技术推广站、海南农机技术推广站等多部门支持下，一直致力于甘蔗叶粉碎还田机具、相关配套设备以及技术模式的研究，取得了初步的成效。

随着世界现代化农业的发展，保护环境、节约资源等越来越受到重视，保护性耕作在全世界的推广应用，大大促进了各项相关技术的发展。甘蔗叶还田技术及其设备的研究近几年发展迅速，越来越多机构及相关部门积极探索其技术模式及研发新型机具。未来，甘蔗叶还田技术将更符合现代农业要求，其机具设备日趋走向精准化、智能化等。目前，虽然现有国内的一些农场明令禁止焚烧蔗叶，但由于在甘蔗叶处理技术推广应用的相关配套机具、技术等没有起到很好的宣贯和实施应用，依然存在以下问题：

甘蔗叶还田效应需要很长一段时间才能明显体现，大部分蔗农对其长久效益不了解，仍然保留直接焚烧甘蔗叶的传统处理方式，因此，焚烧甘蔗叶的现象还比较严重，造成甘蔗叶资源浪费及污染大气环境现象严重。

因不用地理区域地形地貌各异，种植农艺不同，现有甘蔗叶还田机具设备适用性较差，同时，机具本身存在一些能耗高、功效低、智能化程度低等，导致机具难以大批量生产及推广应用。

目前拖拉机机手知识水平低，对甘蔗叶还田机具设备结构特点和工作原理、使用调整与维修保养的方法不了解，导致使用机具调整不合理或维修保养不当而造成甘蔗叶还田作业成本高、机具使用寿命短等。

综上，本书从甘蔗叶的处理和利用现状、开发的甘蔗叶粉碎还田机具设备、后续甘蔗管理配套机具设备、实施甘蔗叶粉碎还田技术模式等进行整理、归纳和总结这十多年来在实施甘蔗叶机械化粉碎还田技术示范和推广取得的成果和成效，促使我国在实施该项技术有更好的发展。

非常感谢广西农机技术推广站、广东农机技术推广站、海南农机技术推广站等单位在甘蔗叶还田综合技术与模式探索研究过程中提供的支持，使该项技术的研究取得良好的成效。在成书过程中，得到了公益性行业（农业）科研专项——主要热带作物田间废弃物综合利用技术研究与示范（项目编号：201203072）的支持，还得到了社会学界许多前辈、同事和朋友们的热心指导和帮助，在此也一并致谢。

由于本书编写时间仓促，加之技术知识、实践经验、基层农户实际情况掌握等因素影响，书中难免有学术观点、技术方法等方面内容不全、不尽准确合理、文字用词和表达不尽人意之处，恳请读者提出批评指正，以便今后我们不断改正。

编　者

2016 年 10 月

目　　录

第一章　甘蔗叶利用及还田技术概述

第一节　我国甘蔗叶资源情况

甘蔗是高光效 C4 作物，光饱和点高，光合效率高，是最有效利用太阳光能的经济作物。据测定，甘蔗叶片同化二氧化碳为 42.49mg · m^{-2} · h^{-1}，比 C3 植物如水稻、小麦高约一倍以上[1]，据测定，甘蔗叶达 0.8～1.4 吨/亩，约为一般作物秸秆的 2 倍。至 2015 年统计，全国甘蔗种植面积达 115 万 hm^2，年收获甘蔗约 8 000万 t，每年收获甘蔗后遗弃在蔗田中的蔗叶、蔗梢约 1 600万 t，约占蔗茎重的 12%～20%[2]。甘蔗叶资源的利用，既涉及广大蔗农的利益，也涉及整个农业生态系统中的土壤肥力、水土保持、环境安全以及再生资源有效利用等可持续农业发展问题。

甘蔗叶、梢中含有氮、磷、钾、钙等农作物必需的营养元素，是丰富的肥料资源。蔗叶粉碎还田翻耕能改善土壤的结构及保持水、肥、温、气的能力，增加有机质含量，使土质疏松，通透性提高，犁耕比阻减少，贮存水分、养分能力增强。据测定，鲜蔗叶（干物计）的氮、磷、钾含量分别为 0.7%、0.31%、2.2%，每公顷蔗田约有 15 000kg 鲜蔗叶，假设能把蔗叶全部粉碎还田，相当于施尿素 110kg、钙镁磷肥 150kg、氯化钾 275kg[3]，可见营养成分十分丰富。然而，我国的蔗农都有焚烧蔗叶的习惯，白白浪费了大量有机资源。

第二节　甘蔗叶利用及还田现状

一、国外现状

在国外，秸秆机械化还田研制和生产已普遍应用，发展很快。尤其是发达国家，如西班牙、意大利、日本、美国、德国、法国、丹麦、英国等，在该领域处于领先地位。意大利的公司开发的品种很多，各类机具能满足不同作物残留秸秆的粉碎还田，且同类机具换装不同的工作部件可以对牧草，各种秸秆和灌木丛残留物进行切碎。20 世纪 60 年代初，美国万国公司利用切碎机对秸秆进行粉碎后还田；20 世纪 80 年代，英国在收获机上对秸秆进行粉碎，采用犁式耙进行深埋；法国研制的一种将转子上的刀片或梳式定刀片结构固定或饺接在茎秆切碎机装在联合收割机上。丹麦研制出了与拖拉机配套的秸秆粉碎还田机；日本将切割装置加装在半喂入联合收割机后面。

对甘蔗叶粉碎还田技术，目前发达国家如澳大利亚、美国等采用切段式甘蔗联合收割作业，集收获和粉碎蔗叶于一体，在收获同时，将甘蔗叶直接粉碎还田，肥沃了土地，使土壤松碎，提高甘蔗产量。

巴西相当部分甘蔗园实行甘蔗叶切碎还田，产量保持在 $90t/hm^2$，还田培肥能力和增产增收的效果都十分明显。一些发展中国家也积极发展甘蔗联合收割机[4]。

二、国内现状

甘蔗叶是丰富的有机资源，其利用范围不断的扩大。从前一直作为农村燃料，回收甘蔗叶晒干用来烧水、煮饭，嫩绿的叶稍用来喂养牲畜，剩下多余的部分与牲畜粪便堆沤做成有机肥。随着社会化的进程，秸秆利用呈多元化发展，出现了利用甘蔗叶发电、喂养牲口、堆沤制造沼气、做工业原料、栽培食用菌以及做工艺品等。但以上相关用途，所占比例相对于甘蔗叶现有最普遍的做法——直接焚烧和机械化粉碎还田来说是很小的，仅约为10%。

甘蔗叶传统的处理方式有沤制还田和就地焚烧。蔗叶沤制还田劳动强度大，生产效率低。随着经济的发展，新能源进入农村，甘蔗叶作为饲料和燃料正逐步减少，大部分蔗农的做法是把甘蔗叶就地焚烧。从大的方向看，甘蔗叶还田从还田形式上可分为间接还田、生化腐熟快速还田、直接还田[5]。

间接还田：包括堆沤还田、烧灰还田（图1－1，图1－2）、生化腐熟快速还田、过腹还田和沼渣还田。烧灰还田不仅污染环境，而且可能引起火灾造成经济损失。

图1－1　焚烧甘蔗叶现场

图1－2　失火焚烧甘蔗现状

生化腐熟快速还田：是用现代设备控制等高新技术进行菌种培养和生产，经翻抛、堆腐、发酵等过程，将秸秆转化成有机肥，但劳动强度大，功效低。

直接还田：包括整秆还田、粉碎还田和直接覆盖还田。整杆还田技术把当年甘蔗收获后遗留的蔗叶翻入遮沟盖土直接还田，工序简单，但堆在一起的甘蔗叶可能使土壤架空，使土壤水分蒸发，不利于甘蔗苗生长。粉碎还田利用配套动力机械将田间的蔗叶直接粉碎还田，粉碎程度在10～25cm，工作效率高，粉碎后的蔗叶翻埋于土中，可使甘蔗叶在土壤中腐解，改善土壤结构和理化性能，起到还田和蓄水保墒的作用。直接覆盖还田主要是针对留宿根甘蔗实施的做法，把当年收获后留在田间的甘蔗叶直接覆盖，到次年4—6月再进行对宿根甘蔗破垄、施肥、培土等管理作业，这种做法因在甘蔗收获时大量的甘蔗叶集堆在一起，会影响到后续的机耕管理。

综上可以看出，甘蔗叶机械化粉碎还田技术是实现甘蔗叶后期处理的有效措施。

第三节　甘蔗叶机械化粉碎还田技术

一、技术概念

甘蔗叶机械化粉碎还田技术指是用大中型拖拉机配套蔗叶粉碎还田机作业，将收获后地表的蔗叶粉碎、抛撒，随即耕翻入土（或留宿根蔗园中腐烂，起到保水、保肥等作用），使之腐烂分解为底肥一项农机化技术。甘蔗叶在腐解过程中，不断释放出 N、P、K 和其他中量、微量元素养分，供作物生长利用。通过实施该技术可减少农田化肥的用量，缓解氮、磷、钾肥施用比例失调的矛盾，增加土壤有机质，改善土壤结构，增加作物产量，也可解决甘蔗叶焚烧带来的环境污染问题。

二、我国甘蔗叶机械化粉碎还田技术发展现状

甘蔗叶机械化粉碎还田技术从 20 世纪 90 年代开始在中国甘蔗产区发展至今约 20 年的历史。随着机具设计和制造工艺的进步，相关技术已经日趋成熟。然而，除了少数农场在断续的进行试验以外，甘蔗叶粉碎技术还没得到广泛的应用。

近年来，随着农业生产和人民生活水平的提高，剩余甘蔗叶越来越多，政府鼓励并支持发展机械化甘蔗叶粉碎还田技术，充分利用甘蔗叶资源。我国农机科研人员在这方面进行初步的理论研究和实践探索，结合我国的具体情况，消化吸收国外技术，开发出了一些经济实用性的机械化甘蔗叶还田技术及配套机具。根据处理的不同方式，我国机械化秸秆还田技术主要包括秸秆整株还田技术，秸秆粉碎还田技术，根茬粉碎及耕翻还田技术，联合作业还田技术。从 20 世纪 80 年代开始，华南农业大学、广西大学、广西农业机械研究所、湛江农垦科学研究所、中国热带农业科学院农业机械研究所等，越来越多的科研机构和企业对甘蔗叶粉碎还田机械进行了相应的研究[6]，已经研制的机型见表 1－1。

表 1－1　甘蔗叶粉碎还田机械机型及主要参数

型号	配套动力（kW）	幅宽（cm）	适用行距（m）	生产效率（$hm^2 \cdot h^{-1}$）	甩刀类型	研制单位
FZ—00	50	100	0.9～1.0	0.3	直刀型	广东省湛江农垦局
3SY—120	36～58	120	1.1～1.2	0.26	L 改进型	广西农业机械研究院
3SY—140	40～58	140	1.1～1.4	0.26	L 改进型	广西农业机械研究院
3SY—180	40～58	180	0.9～1.0	0.26	L 改进型	广西农业机械研究院
4F—1.8	80～90	180	0.9～1.0	0.8	直刀型	湛江农垦科学研究所
1GYF—150	36～58	150	1.1～1.4	0.3	直刀型及 L 型改进型	中国热带农业科学院农业机械研究所
1GYF—200	58～73.5	200	1.1～1.4	0.33	直刀型及 L 型改进型	中国热带农业科学院农业机械研究所

（续表）

型号	配套动力（kW）	幅宽（cm）	适用行距（m）	生产效率（$hm^2 \cdot h^{-1}$）	甩刀类型	研制单位
1GYF—250	75～85	250	1.1～1.4	0.47	直刀型及L型改进型	中国热带农业科学院农业机械研究所

甘蔗是一种起垄种植的热带作物，垄高最高可达30cm，现有北方适用的普通秸秆粉碎还田机的粉碎动刀无法将沟底的甘蔗叶捡拾起来粉碎作业。目前，国内常用的两种甘蔗叶粉碎机有自捡式和带捡拾结构的甘蔗叶粉碎还田机，自捡式甘蔗叶粉碎还田机因垄高、行距不统一等原因，甩刀会经常切削到土壤，容易损坏甩刀和粉碎轴轴承等部件，动力消耗大，作业成本高，还容易损伤宿根蔗头。带捡拾结构的甘蔗叶粉碎还田机增加了一捡拾机构，粉碎刀离地高，弹齿反复接触土壤，容易变形或磨损[7]。

中国热带农业科学院农业机械研究所于2004年开始对甘蔗叶粉碎还田技术与设备进行了研究，发明了一种适用于甘蔗叶粉碎还田机的甘蔗叶捡拾方法，有效提高了甘蔗叶的捡拾效率，较好解决了垄作种植甘蔗叶的捡拾和粉碎等问题。同时，对甘蔗叶粉碎还田机的关键部件如粉碎刀、集叶装置、地轮装置等进行了专门的系统化研究，研制的1GYF系列甘蔗叶粉碎还田机已在广西、广东、海南等地实施了推广和示范应用，相关的粉碎还田技术也得到了进一步熟化。其中，1GYF－150型甘蔗叶粉碎还田机已列入广西区2009—2010年农机补贴目录，开发的1GYF－200型甘蔗叶粉碎还田机于2010年通过了海南省新产品技术鉴定。

三、甘蔗叶粉碎还田技术推广应用情况

20世纪80年代开始，我国各地如广西农垦、粤西农垦、江西拖拉机、广西农机所等相关单位先后都研制了甘蔗叶粉碎机械，大部分的机具是采用在地面粉碎甘蔗叶的方法，存在适应性差、效率低、工作环境差，因此没能坚持很好的推广使用。

（一）广西蔗区推广应用情况

广西农机研究院从20世纪90年代中期开始研制甘蔗叶粉碎还田机，研制的3SY—140型甘蔗叶粉碎还田机于2001年初通过了省级技术鉴定，取得了甘蔗叶机械化粉碎还田技术一个良好的开端。2002年，在国家农业部重点攻关及科技部农业科技成果转化资金等项目的支持下，该研究院投入相当人力、物力开展甘蔗叶机械化粉碎还田的中试工作，提高了粉碎还田机的性能及可靠性，降低了制造和作业成本。2002—2003年，研制的系列3SY（包括120型、140型、180型）甘蔗叶粉碎还田机参加了全国甘蔗生产机械化现场展示会，并同时在广西区各地、市、县举行现场演示会，还给金光农场相关蔗农免费提供试验样机并指导操作和维护，在该农场累计实施甘蔗叶粉碎还田作业示范面积达135hm^2。在这两年间，广西蔗区每年进行蔗叶机械化粉碎还田的面积约800hm^2，并通过一些市、县建立了种植行距为1.2m的甘蔗生产机械化示范基地，促进甘蔗叶粉碎还田机在广西区示范和推广应用。经不断推广和示范应用，甘蔗叶粉碎还田机械化技术被广西农机推广部门列为“十五”期间的工作重点之一[2]。广西各甘蔗种植大县也在不断开展该项技术，如

上思县，在2008年一年推广甘蔗叶机械化粉碎还田技术面积达5 333hm²，至2012年底，该县累计购置甘蔗叶粉碎还田机95台。

2009年春季，广西北海市农机局和自治区农机化技术推广总站联合在合浦县清水江村组织了蔗叶粉碎还田机械化技术推广演示会，重点演示中国热带农业科学院农机研究所研制的1GYF－150型甘蔗叶粉碎还田机，如图1－3、1－4、1－5所示，并进行了后续机耕作业示范，粉碎后的甘蔗叶基本不影响后续机耕作业，如图1－6所示。甘蔗叶粉碎还田这项机械化技术的应用推广。有利于增加土壤有机质和改善土壤，可以消除因焚烧蔗叶引发火灾的安全隐患，确保春季农业生产安全。

图1－3　1GYF－150型甘蔗叶粉碎还田机

图1－4　1GYF－150型甘蔗叶粉碎还田机作业情况

图1－5　作业现场技术指导

图1－6　后续机耕作业情况

目前，广西土肥站正在考虑在蔗叶粉碎还田机械化技术的基础上将粉碎后的甘蔗叶与畜禽粪便制成有机肥来进行推广示范，目前项目正在推进中[8]。

（二）广东蔗区推广应用情况

1. 利用甘蔗叶覆盖茶园过程及推广

对于甘蔗叶还田利用，早在1984年开始，广东农垦海鸥农场就确定了“以巩固橡胶，种好甘蔗、发展茶叶”的经营方针，并从当年起实施甘蔗叶覆盖茶园的试验研究，总结出利用甘蔗叶覆盖茶园是一项增产提质的有效措施。在1986年，对职工家庭农场调整作物结构，在茶工岗位实行三亩茶六亩蔗的茶蔗配套种植技术。1987年至1990年四年间，进行了大面积推广应用这一甘蔗叶覆盖茶园技术，就1990年一年，甘蔗叶覆盖茶园面积达到了4 494亩，全作茶园甘蔗叶覆盖技术的程度达到了100%。就四年时间，合计推广甘蔗叶覆盖茶园面积达到16 230亩次。这项茶园覆盖措施在广东农垦已列入各大农场的经营管理方案，并作为制强制性地年年实施[9]。

2. 甘蔗叶机械化粉碎还田机的研制、利用和推广

1990年，勇士农场在湛江农垦局的支持和帮助下，经过广泛的调查和不断摸索、研究、试验，终于研制成功了牵引式甘蔗叶粉碎还田机。经垦区植蔗农场在不同环境条件下的广泛试验应用，收到了较好的效益。

2006年，广东徐闻友好农具厂根据广东省湛江农垦局于下达对甘蔗叶粉碎还田机研制与应用的课题项目。从甘蔗种植农艺方面和还田机对环境作业等适应性考虑，于2008年成功研制定型的4F系列捡拾式甘蔗叶切碎还田机，并在友好农场甘蔗园生产上推广应用。该机具主要有三种型号：160型、180型和200型。2007年11月至2011年3月，已生产二十多台捡拾式甘蔗叶切碎还田机供应给湛江垦区的农场（糖业公司）使用，其中在友好农场的甘蔗生产队，甘蔗叶切碎还田累计有15 000多亩[10]。

2011年开始，华海公司从与广东广垦农机服务有限公司合作，共同对研制的4F系列捡拾式甘蔗叶切碎还田机进行改进，采取边试验边改造的做法，不断地完善甘蔗叶粉碎机。2011年，华海公司实施蔗叶还田与机施石灰面积共4 010亩。同时，建立了蔗叶还田与机施石灰土壤改良大田示范点，起到了良好的示范带动作用[11]。

2012—2013年，广东农垦所属广东广垦农机服务有限公司（以下简称广垦农机公司）以千亩甘蔗全程机械化基地建设和经营实践为基础，着力探讨、分析以建设发展甘蔗全程机械化基地模式推动甘蔗产业发展的经营思路。多项措施并举，加强土壤改良。农业种植“地利”是先决条件，甘蔗也不例外。针对基地因常年种植甘蔗而土壤有机质缺失、酸性偏高的土地现状，广垦农机公司主要采取了3项技术措施来加强土壤改良。一是利用蔗叶还田机对甘蔗叶进行粉碎后洒落到地表，蔗叶在机耕作业后埋于土壤中腐烂后既增加了土壤的有机质，又可使土壤更加松散；二是利用撒施石灰机撒施石灰（100kg/亩左右），用于提升土壤的pH值，中和土壤酸性；三是利用撒肥机撒施生物有机肥，提升土壤肥力[12]。

（三）云南蔗区推广应用情况

在国家甘蔗产业技术体系建设专项资金以及云南省现代农业甘蔗产业技术体系建设专项资金的支持下，云南省实施用地养地相结合的耕作制度，以期改善和提高土壤有机质含量，保持土壤水分、缓解冬春干旱，推行蔗叶还田技术。云南省的做法是生产上进行蔗叶还田主要的方式有机械粉碎还田和隔行集中自然覆盖还田两种方式。机械粉碎后还田效果较好，但可能会受机械和燃料成本的影响；而隔行集中自然覆盖还田方式要投入一定的劳力，操作麻烦，蓬松繁乱的蔗叶较难覆盖在蔗行间，蔗叶需要较长的时间才能腐烂。目

前，该省实施的覆盖方式是比较普遍的，对于翻种的蔗田，蔗叶粉碎后深埋入田里，通过犁耙，将粉碎后的蔗叶与土壤充分混合，加速蔗叶腐烂；对于宿根蔗，采用“陇巴农场模式”，即甘蔗拔节后，根据甘蔗生长，将产生的枯老蔗叶不间断剥除，隔行摆放在甘蔗行间，到甘蔗收砍时，原先摆放的蔗叶已经腐烂，为后边的蔗叶摆放留出了空间。且能够减少砍蔗时的工序，提高砍蔗速度，减缓用工压力[13]。

云南省甘蔗种植大县——陇川县（陇川农场）因每年要对砍收的2万余亩宿根甘蔗地进行翻种，期间大面积的蔗叶都被烧毁，既烧毁了沤肥的原材料又污染了环境。为将翻地中的甘蔗叶充分利用起来，农场派生产部门负责人专程到外地考察甘蔗叶粉碎机性能及现场实验结果。认为甘蔗叶粉碎机能将蔗叶充分粉碎还田，经机车耕犁后均匀地混合在土壤中，加快蔗叶腐化变成有机肥，起到培肥土壤的作用，也保护了生态环境，是陇川农场甘蔗可持续发展的一项重要措施。在全场做了广泛宣传后，2009年，该农场购置了17台1GYF－150型甘蔗叶粉碎还田机（图1－7、图1－8、图1－9），进行推广应用。

图1－7 陇川农场职工在安装甘蔗叶还田机

图1－8 陇川农场职工把甘蔗叶还田机送回家

2009年2月，起陇川农场生产科组织全场生产队管理人员、职工等组织负责人分别在4个分场召开蔗叶粉碎还田机推广现场会。

图1－9 陇川农场在进行甘蔗叶还田演示

四、我国甘蔗叶机械化粉碎还田技术存在的主要问题

我国相关科研机构对甘蔗叶粉碎还田机进行了大量的研究与田间试验，但还存在不少

问题。甘蔗叶粉碎还田机存在的主要有以下问题。

（一）可靠性差、动力消耗大、工作环境差

自捡式甘蔗叶粉碎还田机，为了获得较好的捡拾效果，甩刀离地间隙3～10cm，而且其转速非常高，一般都在1 800r/min以上，而蔗田状况复杂，垄高、行距不统一，因此甩刀会经常切削到土壤，容易损坏甩刀和粉碎轴轴承等部件，动力消耗大，作业成本高，还容易损伤宿根蔗头。带旋转式捡拾机构的甘蔗叶粉碎还田机，其捡拾弹齿反复接触土壤，动力消耗大，容易变形，从而损坏甩刀和其他工作部件。由于甩刀或捡拾弹齿反复接触土壤，而且是高转速作业，因此作业过程中的粉尘问题十分突出。

（二）甘蔗叶粉碎还田机作业质量差、效率低、适应性差

多数甘蔗叶粉碎还田机的作业质量较差，粉碎长度一般≥25cm，有的甚至更长，影响后续作业，比如犁地时会出现集堆甚至堵犁。

甘蔗在收割后需要马上种植，而甘蔗叶粉碎还田机配套动力以中小型拖拉机为主，工作幅宽窄，作业效率大多在0.3hm^2/h以下，难以满足实际生产的需要。

自捡式甘蔗叶粉碎还田机，由于甩刀采用长短刀且离地低，当垄高、行距不符合要求时难以进行作业，特别是有石头的蔗田，甩刀极易损坏。而带捡拾机构的甘蔗叶粉碎还田机容易出现甘蔗叶缠绕甩刀的情况。

（三）缺乏对甘蔗叶粉碎运动规律和粉碎机理的研究

甘蔗叶粉碎还田机发展较晚，在理论和设计方面还很不成熟。通过计算机检索和手工查找相结合的文献检索结果表明，国内有关甘蔗叶粉碎还田技术的文献主要是机具介绍和还田技术应用，未见有关甘蔗叶粉碎机理和粉碎运动规律等方面的研究报道，对甘蔗叶粉碎运动规律、抛撒的运动轨迹和粉碎机理还缺乏深入的研究，其试验手段相对滞后，主要停留在直观地观察与判断，缺乏先进的测试手段和方法。甘蔗叶粉碎还田机械主要是参照北方的秸秆切碎还田机研制的，其结构参数、运动参数和动力学参数的选择都缺乏理论依据。

（四）甘蔗叶粉碎还田机械功能单一化、专门化

在南方蔗区，作物秸秆粉碎还田主要集中甘蔗叶粉碎还田，对菠萝叶粉碎还田的研究较少。甘蔗叶粉碎还田机械的对象是甘蔗叶，作业功能单一化、专用化，机具利用率低，设备投资大。

（五）甘蔗叶粉碎还田技术的研究缺乏与农艺和工艺措施的结合

甘蔗叶粉碎还田技术的研究主要是通过甘蔗叶粉碎还田机械的研究来粉碎遗弃在甘蔗地中的甘蔗叶，虽然甘蔗叶粉碎还田对一般旱地的蓄水、保墒、培肥地力的效果是肯定的，但甘蔗叶粉碎还田机械粉碎的甘蔗叶，包括粉碎长度、还田量大小和甘蔗叶与土壤的接触方式等对土壤的化学、物理、生物特性影响以及对氮的有效性、微量元素的有效性、土壤微生物生态学和土壤表层残茬分解时产生的有机化合物对作物影响的研究还缺乏。

（六）杂草和病虫害较多

甘蔗种植时节天气回暖，阳光充足，正是杂草开始生长的时期，由于甘蔗叶还田能有效的抑制蒸发，增加降水入渗，改善土壤的水分状况，因此还田的甘蔗地杂草较多。另

外，由于藏在甘蔗叶中的害虫未能被消灭，在不采取防治措施的情况下，粉碎还田后的甘蔗地中病虫害明显增加。

五、我国甘蔗叶机械化粉碎还田技术的发展趋势

甘蔗叶机械化粉碎还田可提高土质疏松度，提高土壤自身调节水、气、肥、热的能力，增加土壤有机质含量，培肥地力，达到减少化肥施用量，降低生产成本的目的，是甘蔗生产可持续发展的有力保障。因此，甘蔗叶粉碎还田技术也必将得到当地政府的大力支持，被广大蔗农慢慢接受。

甘蔗作为热带、亚热带地区最大宗作物，尤其是当前经济结构调整，使我国甘蔗生产进入了新的发展阶级，甘蔗种植将主要集中在广东省粤西地区、广西西南部、云南省南部和海南省等优势地区，为推进甘蔗生机械化进程提供了有利条件，甘蔗叶粉碎还田机械市场将呈现旺盛的需求态势，甘蔗叶粉碎还田技术也将得到快速发展。纵观我国甘蔗叶粉碎还田技术的研究状况，我国甘蔗叶粉碎还田技术的研究应着手以下几方面的研究：

（一）改善甘蔗叶粉碎还田机械的性能，提高适应性

甘蔗叶粉碎还田机械的作业性能、工作效率、作业质量和动力消耗是衡量甘蔗叶粉碎还田机械的先进性和可靠性的重要指标，也是今后甘蔗叶粉碎还田机械重要的发展方向之一。应以节约能耗为出发点，减少甩刀或捡拾弹齿与土壤的接触，降低动力消耗，并提高甘蔗叶粉碎还田机械的安全可靠性，减少粉尘飞扬，改善工作环境。加强甘蔗叶粉碎还田机械对蔗田适应性的研究。

（二）加强甘蔗叶粉碎运动规律、粉碎机理的研究

充分利用高速摄影和虚拟仪器等先进测试仪器和技术，加强甘蔗叶粉碎运动规律和运动轨迹的研究，同时应加强甘蔗叶粉碎还田机理的研究，寻找甘蔗叶在切削粉碎过程中，甘蔗叶运动规律、运动轨迹、甘蔗叶的受力情况和粉碎甘蔗叶的最小切削力等技术参数，为合理确定机具的结构参数、运动参数和动力学参数提供理论依据。提高甘蔗叶粉碎还田机械设计与改进的科学性，以改善甘蔗叶粉碎还田机械的作业质量。

（三）加强研制宽幅高速的甘蔗叶粉碎还田机械，提高其粉碎作业效率

从长期发展来看，甘蔗生产将向集约化、规模化方向发展，中小型粉碎还田机械将难以满足实际生产的需要，而宽幅高速甘蔗叶粉碎还田机械有工效高、作业成本低的特点，是甘蔗叶粉碎还田机械今后发展的主要方向，因此应加强宽幅高速甘蔗叶粉碎还田机械的研制。

加强甘蔗叶粉碎还田技术与农艺措施有机结合，并对甘蔗叶机械化粉碎还田的经济性问题进行分析研究

多年的试验研究表明，因还田量过多、水分不够、施氮肥不够、翻压质量不好等原因，常出现妨碍耕作、影响出苗和病虫害增加甚至减产等现象。另外由于目前甘蔗种植的行距不统一，导致粉碎还田机械的适应性较差。因此应紧密结合甘蔗生产的农艺措施，同时应对甘蔗叶粉碎还田的数量、粉碎长度、还田时间、化肥配合和病虫害防治等方面加强研究。

甘蔗叶粉碎还田技术能否得到推广应用关键问题是经济性，必须结合我国目前生产技术、管理水平和经济条件，根据不同地区和种植条件制定配套技术措施，以获得良好的经济效益，促进甘蔗可持续发展。同时应制定有关甘蔗叶机械粉碎还田技术标准，为实现机械化粉碎还田创造条件，并以此来指导和规范甘蔗叶机械化粉碎还田作业。

（四）提高甘蔗叶粉碎还田机械的通用化

加强甘蔗叶和菠萝叶的几何特性和机械特性的基础研究，根据不同作物的机械和几何特性探讨粉碎条件、粉碎方式和粉碎功耗，以选择相应的粉碎、捡拾部件。在对不同作物进行粉碎作业时选择不同的粉碎、捡拾部件，以降低投资成本，提高粉碎还田机械的利用率，实现甘蔗叶粉碎机械的通用化，如用一台两用粉碎机械同时解决甘蔗叶和菠萝叶的粉碎还田作业。

（五）加强宣传与引导，加大推广应用力度

在南方蔗区，秸秆焚烧和秸秆还田还未得到足够的重视，特别是一些基层领导和蔗农，不能从甘蔗可持续发展和改善土壤环境的高度认识秸秆还田，看不到甘蔗叶粉碎还田的直接好处，由于当年效益不显著，认为每公顷花几百元进行粉碎不值得。针对蔗农对甘蔗叶粉碎还田认识不足的问题，要加强宣传和引导工作。政府部门要以甘蔗叶粉碎还田技术作为甘蔗可持续发展的重点，创造一切必要条件，出台倾斜政策，对蔗农购买粉碎还田机械和进行粉碎还田作业实行补贴，并建立示范基地，做好试验示范工作，使蔗农切实认识到甘蔗叶粉碎还田带来的好处，以加快甘蔗叶粉碎还田技术的推广应用，促进甘蔗生产的可持续发展。

（六）建立机械社会化服务体系，推行流动作业方式

在我国目前条件下发展甘蔗叶机械化粉碎还田作业，农户自己拥有粉碎还田机是太不现实的，比较可行的方法是提供农机报务，可以以农机专业户的形式或互相合作形式推广应用粉碎还田机械，正如小麦、玉米等一样，实行流动甚至是跨区作业。也可以建立制糖企业与农户紧密结合形式，由制糖企业提供机具服务，以达到统一布局、统一供种、统一种植、统一管理、统一收获的全过程“五统一”，这在广东省湛江市已有成功的例子，很值得推广。

第四节　甘蔗叶利用及还田的作用和意义

我国属于农业大国，用于耕地的土地面积大。但是随着我国人口数量的增多，人均土地我国属于农业大国，用于耕地的土地面积大。但是随着我国人口数量的增多，人均土地面积显然已经无法满足需求。我国的肥沃高产田只有22.6%，而中产田则占到了77.4%，高产低产田没有得到很好的平均分配。从养分的角度看，我国田地缺磷和氮的占了59.1%，缺钾的土壤则有22.9%，土壤的有机质低于0.65%的可用耕地只有10.6%。我国化肥生产的氮、磷、钾比例失调，导致南北方土质不同的差异无法得到有效的改善。在这种背景下，秸秆还田技术是解决当前问题的最好途径。它不仅能有效地增加土壤的有机质含量，改良土壤的质量，培育贫瘠土地，还能缓解我国土质失调的矛盾。从长期的试验看，持续的秸秆还田还能起到增产的作用，可以保持和提高土壤的肥力，使得农业实现高产、稳产、高效的目标，是我国可持续发展的重要途径之一。

一、甘蔗叶粉碎还田的作用

甘蔗叶粉碎还田，让甘蔗叶中丰富的有机质养分回归土壤，可改善土壤的粒度结构，提高土质疏松度，改善土壤保土保水、粘结、透气、保温等性能，增加土壤有机质含量，培肥地力，对促进甘蔗生产可持续发展有着十分重要的作用。

（一）蔗叶还田能够增加蔗地的有机肥料

甘蔗地都是多年连作，常年施用单一化肥，甚至掠夺性超量施用化肥，使土壤中有机质消耗殆尽，导致土壤板结硬化、酸化、保水能力下降。通过蔗叶还田，增加土壤有机质，改善土壤结构，提高土壤的通透性和保水蓄水能力，有利于甘蔗根系下扎生长，增强甘蔗抗旱能力。甘蔗叶、梢中含有氮、磷、钾、钙等农作物必需的营养元素，是丰富的肥料资源。甘蔗叶粉碎还田能改善土壤的结构及保持水、肥、温、气的能力，增加有机质含量，使土质疏松，通透性提高，犁耕比阻减少，贮存水分、养分能力增强。据测定，鲜蔗叶（干物计）的氮、磷、钾含量分别为0.7%、0.31%、2.2%，每公顷蔗田约有15 000kg鲜蔗叶，假设能把蔗叶全部粉碎还田，相当于施尿素110kg、钙镁磷肥150kg、氯化钾275kg。连续3年蔗叶还田，土壤有机质从原来的1.5%提高到2.7%，碱解氮从24.7增加到55mg/kg，速效磷从3.7增加到9.7mg/kg。甘蔗叶粉碎还田，让蔗叶中丰富的有机质养分回归土壤，甘蔗能够循环利用这些养分，减少地力损耗和养分流失，保持土壤肥力，为甘蔗生产的可持续发展创造良好条件。

（二）蔗叶还田能够改善土壤结构和理化性状

甘蔗地都是多年连作，常年施用单一化肥，甚至掠夺性超量施用化肥，使土壤中有机质消耗怠尽，导致土壤板结硬化、酸化、保水能力下降。通过蔗叶还田，增加土壤有机质，改善土壤结构，提高土壤的通透性和保水蓄水能力，有利于甘蔗根系下扎生长，增强甘蔗抗旱能力。

（三）提高甘蔗产量，增加收入。

根据广西崇左市扶绥县进行的蔗叶粉碎还田试验表明，第一年新植蔗亩增产185kg，第二年宿根蔗亩增产245kg，第三年宿根蔗亩增产312kg，3年平均亩增产245kg，增产增收效果明显。

（四）蔗叶还田能够保温保水

留宿根蔗地收获后，将要度过一个干旱寒冷的季节，通过蔗叶粉碎还田铺撒于地，可以防止杂草生长，减少土壤水分的无效蒸发，同时对蔗蔸能起到御寒保温的作用，为下季宿根蔗早生快发打下良好基础。

（五）防止火灾，减少环境污染

焚烧蔗叶容易引起火灾，冒出的滚滚浓烟会造成环境污染，危害我们的身体健康。蔗叶还田，避免焚烧蔗叶，可以从源头上防止火灾，减少环境污染，为我们创造一个舒适健康的生活环境。

二、甘蔗叶粉碎还田意义

甘蔗叶粉碎还田可以有效地改善土壤的粒度结构，提高土质疏松度，改善土壤保水、黏结、透气、保温等性能；可以有效提高土壤自身调节水、肥、温、气的能力，增加土壤有机质含量，达到改善土壤的理化性状、培肥地力的目的，为甘蔗持续增产打下良好的基础。蔗叶中含有的氮、磷、钾、镁、钙、硫等多种养分和有机质，及时还田，蔗叶还田技术，对增加农业效益、提高农民收入、实现甘蔗生产的可持续发展具有重要意义。

（一）有助于改善我国生态环境

甘蔗叶粉碎还田能有效控制土壤侵蚀，减少沙尘暴和扬尘天气的发生，改善空气质量。同时，秸秆还田有效解决了秸秆焚烧带来的环境污染问题，减少秸秆焚烧产生的有毒烟雾对人畜的危害，实现秸秆资源综合高效利用。因此，甘蔗叶粉碎还田技术的实施，减少了环境污染，促进了农业的可持续发展，改善了生态环境质量，加快了农业现代化发展进程，实现了资源永续利用，对于建立高效、安全、友好生态环境具有重要现实意义。

（二）有助于实现农民增收增产

甘蔗叶粉碎还田改善了土壤的理化性状，增加了有机质和各种养分含量，减少土壤水分蒸发，涵养土壤水分，提高土壤保水保肥能力。具有明显的增产效果，甘蔗叶还田增产率可达6%～8%，连年使用，可减少化学肥料的投入量，降低农本。甘蔗叶粉碎还田技术的实施，实现了农业增产、农民增收的目的，促进农业可持续发展的战略调整，达到既能提高产量，又能降低生产成本的效果，对于构建现代农业规模经营具有重要战略意义。

（三）有助于保障国家粮食安全

甘蔗叶粉碎还田技术通过有机物还田，改善土壤结构，增加土壤有机质，培肥土壤，提高地力，为粮食生产提供了良好的物质基础，保障粮食持续高效产出。因此，甘蔗叶粉碎还田技术的实施是国家粮食安全的重要保障，发展该项技术符合国家农业发展的长远战略方针，对实现全面建设小康社会的目标，构建社会主义和谐社会和推进社会主义新农村建设具有十分重要的意义。

主要参考文献

[1] 李奇伟．现代甘蔗改良技术［M］．广州华南理工大学出版社，2003，3：128.

[2] 曾伯胜，梁兆新，王学超．蔗田碎叶机推广应用现状和建议［J］．广西农业科学，2004，35（5）：420－421.

[3] 梁兆新，曾伯胜，古梅英．甘蔗蔗田碎叶技术及效益分析［J］．中国农机化，2004（4）：23－25.

[4] 韦丽娇，李明，卢敬铭，等．蔗叶机械化粉碎还田对土壤效应的研究进展［J］．中国农机化，2011（1）：88－91，98.

[5] 石磊，赵由才，柴晓利．我国农作物秸秆的综合利用技术进展［J］．中国沼

气，2005，23（2）：11－14.
[6] 邓怡国，李明，王金丽，等．蔗叶还田对土壤理化性状、生态环境及甘蔗产量的影响［J］．中国农业机械学会2006年学术年会，2016：1049－1052.
[7] 董学虎，张劲，李明，等．1GYF－250型甘蔗叶粉碎还田机关键部件结构设计［J］．中国热带农业科学，2013（6）：39－41.
[8] 崔海涛．南方秸秆还田：直接还田要与堆肥技术协同发展［J］．中国农资，2013（8），21.
[9] 赖时华．利用甘蔗叶大面积复盖茶园技术推广四年总结［J］．广东茶业，1994（4）：7－11.
[10] 李荣，陈超平，陈光，等．捡拾式甘蔗叶切碎还田机的研制［J］．2012中国农业机械学会国际学术年会论文集，2012：15－17.
[11] 刘建荣，谭雪广，刘胜利，等．华海公司推广蔗叶还田与机施石灰土壤改良效果初报［J］．中国作物学会甘蔗专业委员会第15次学术研讨会，2014：29－33.
[12] 包代义．广东农垦甘蔗全程机械化示范推广基地建设的实践与分析［J］．农业机械，2014（11）：141－148.
[13] 陈寿宏，杨清辉，郭兆建，等．蔗叶覆盖还田系列研究I．对甘蔗工、农艺性状的影响［J］．中国糖料，2016，38（4）：10－13.

第二章　甘蔗叶粉碎还田机具

国内普遍应用的甘蔗叶粉碎还田机，包括 1GYF 系列、4F 系列、3SY 系列、FZ—100 型等，均以轮式拖拉机配套动力，三点后悬挂于拖拉机上，利用拖拉机动力输出轴驱动机具动刀作高速运转而就地完成粉碎还田作业，这些机型有的已列入国家财政补贴列表或者通过技术成果鉴定。在本章对相关机具分析之前，有必要对甘蔗叶的力学性能进行了相关分析和研究，以便更好地确定相关机具的性能参数。

第一节　甘蔗叶力学性能试验与模型建立

一、试验材料及试验仪器

（一）试验材料的基本特性及选取

甘蔗因品种、土壤、气候以及栽培条件不同而有很大差异，茎秆有许多很明显的节，各节生长一片叶，通常一株甘蔗的地上部分有 10 ~ 20 个节。甘蔗叶子分叶片、叶鞘和叶舌 3 部分。叶片薄、扁平，中央纵贯一条叶脉（又称中脉或中肋）。叶片大小因品种或栽培条件不同有很大差别，经观察和测试一般叶片长 80 ~ 150cm。叶鞘基部着生于茎节上，包在茎秆的节间周围，其边缘彼此重叠，质地坚硬，结构与叶片相似，一般长 15 ~ 35cm。叶鞘与叶片交接处为叶舌，长 2 ~ 4mm，紧贴茎秆。甘蔗秸秆各部分结构和特性差别较大。表现为：茎的不同部位的叶子特性差异较大，叶子纵、横方向上组织结构差异较大，品种影响较大[1]。

为了全面掌握甘蔗叶的性能情况，本试验依据试验设备情况分别对甘蔗叶的叶鞘、叶薄片、叶脉进行了拉伸和剪切试验，并用数据处理软件对相关数据进行处理，获取部分参数。

本试验以 2011 年湛江湖光农场种植的甘蔗为材料来源，选占其总种植面积最大的品种粤糖 00—236 为试验对象。采用五点取样法，选用周身通直、且无明显虫害的甘蔗的蔗叶为试验材料。采用的甘蔗叶样品为甘蔗茎秆中间部分，而稍部的叶子较嫩、基部叶子又早已枯黄，均导致材料参数相差太大而不与采用。

考虑水分对甘蔗叶力学性能的影响。由于甘蔗叶不易进行调湿处理，且刚收集的甘蔗叶（以下简称“新收蔗叶”）比室内保存通风堆放一个月以上的甘蔗叶（以下简称“储存蔗叶”）水分高 1 ~ 5 倍，所以，分别对这两类甘蔗叶的不同部位做对比试验，分析水分对甘蔗叶力学性能的影响，同时分析保存蔗叶不同部位的力学特性的变化趋势。

（二）试验仪器

本试验使用的仪器设备包括 QJ210A—5 000N/2500N 微机控制电子万能试验机、ED53

烘箱、电子天平、游标卡尺和直尺。其中，QJ210A—5 000N/2500N 微机控制电子万能试验机使用最新控制技术，利用日本伺服系统和德国丝杆配合倾技技术测量中心减速系统使高精度滚珠丝杠移动试台，试台能以 0.001～500mm/min 速度任意运行。在测力源上使用名牌高精度拉压传感器，整个系统达到 0.5 级精度以上。控制系统软件采用基于 Windows9x/Me/2000 操作系统平台，具有运行速度快、接口友好、操作简单、可满足不同材料的试验方法的需要。可满足 GB、ASTM、DIN、JIS 等标准的要求。该机与计算机相连，在测试甘蔗叶力学性能试验中，能实时将试验数据曲线动态显示出来并自动进行数据检测、控制及处理。另外所采用的气动控制系统能精确控制夹具加载力大小，结合先进的电子控制技术，具有控制准确、测量精度高、配置灵活，能自动绘出载荷与时间的各种曲线，各点坐标及结构参数均可由指定文件输出。

试验仪器装置如图 2－1 所示。

图 2－1 QJ210A－5000N/2500N 微机控制电子万能试验机

（三）试验方法及测试条件

试验于 2010 年 10 月至 2010 年 12 月期间，在中国热带农业科学院农业机械研究所力学检测实验室进行。试验方法参考 GB/T 1040.1—2006 塑料拉伸性能试验和 GB/T 3355—2005 纤维增强塑料纵横剪切性能试验的测定方法。在甘蔗叶拉伸试验过程中，为了避免甘蔗叶夹持部位发生破损和滑移，设计制作了专门的夹具，并且在夹具内侧夹持部位贴一层 3mm 厚，带有横向波纹的橡胶垫片。

试验测试的加载速度设置为 5mm/min；自动判断试样断裂；试验周围环境温度为 25℃；湿度为 70%。

二、甘蔗叶拉伸力学性能试验

（一）试样制作

叶鞘和叶片试样分别从选取的甘蔗叶上剪切而得，叶鞘质地较均匀一致，选取中部作为研究试样。叶片较长，因叶上部（尖部）位材料性能参数相差太大而不采用，只采用叶片中部和下部作为试样材料。叶片取两个测量点，分叶片下部试样和叶片中部试样。从叶片下部为基准量取：长度为150cm为测量点，以这测量点为中心，取长度为20cm的叶片作为叶片下部试样；同理，叶片中部试样是在长度为500cm为测量点取得的。

在叶片拉伸的预试验中，截取同一段叶片中，叶脉通直，而叶薄片略有弯曲，叶脉比叶片稍长，拉伸时，叶脉总是先于叶薄片被拉断。另外，叶薄片和叶脉的结构差异较大，力学性能参数应分开测量。叶鞘和叶薄片试样只规定其长度和宽度，厚度不控制，试样总长200mm，宽10mm，两端各有50mm的夹持部分，中间试验有效长度为100mm；叶脉只规定其长度为200mm，两端各有50mm的试样夹持部分，中间100mm为试样部分。图2－2为甘蔗叶拉伸试样部分试样。

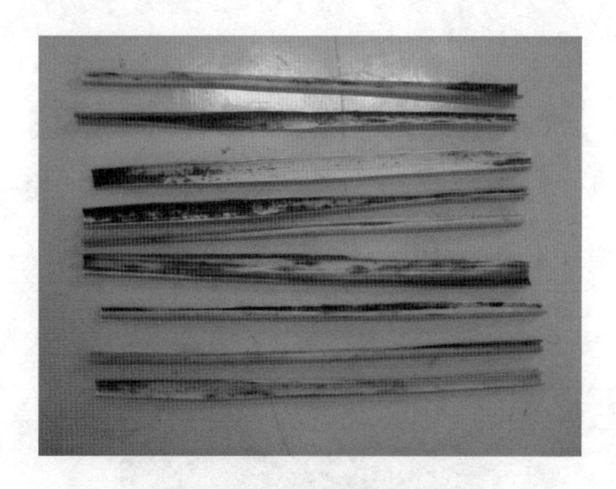

图2－2　甘蔗叶拉伸试样

（二）试验结果与分析

由材料力学公式[2]：

$$\sigma = \frac{F}{S}(S = w \cdot d \text{或} S = \frac{1}{2}w \cdot d)$$

式中，F——最大拉力（N）；w——试样宽度（mm）；d——试样厚度（mm）。

叶鞘、叶薄片中及下部截面可以近似为矩形，其面积公式为：$S = w \cdot d$。

叶脉中及下部截面可近似为三角形，其面积公式为：$S = 1/2w \cdot d$

弹性模量计算公式为：

$$E = \frac{\sigma}{\varepsilon} = \frac{\sigma \cdot l}{\Delta l}$$

式中，σ——试样的强度（MPa）；Δl——试样的伸长量（mm）；l——试样的长度（mm）；ε——试样的应变。

1. 叶鞘拉伸力学性能试验

由图2－3可知，新收蔗叶叶鞘10个试样的拉伸曲线的走势基本一致，曲线的变化趋势与大部分秸秆植物的拉伸曲线基本一致，曲线可分为两段，即弹性变形阶段和突变阶段。当载荷刚开始增加时，试样发生弹性变形，当变形到达一定值后，曲线急剧下降，发生突变，在很小的变形范围内，载荷急剧下降，试样发生断裂。

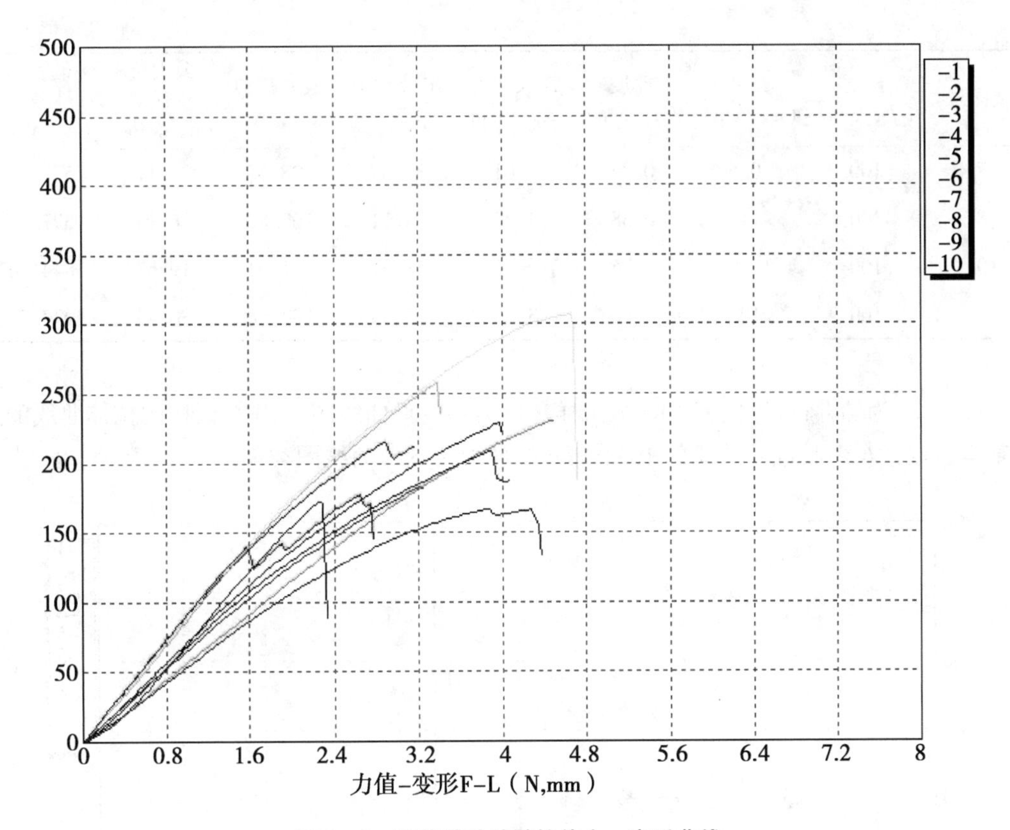

图 2－3　新收蔗叶叶鞘拉伸力—变形曲线

表2－1为新收蔗叶叶鞘拉伸试验结果，从表中可以得出最大拉力的平均值为214.57N，标准差为44.13N，最大拉力的最大值为307.62N，最大拉力的最小值为166.82N；最大抗拉强度的平均值为28.21MPa，标准差为6.68MPa，最大抗拉强度的最大值为36.62MPa，最大抗拉强度的最小值为17.49MPa；抗拉弹性模量的平均值为777.03MPa，标准差为131.44MPa，最大抗拉弹性模量为939.75MPa，最小抗拉弹性模量为578.28MPa；平均水分为36.52%。

表 2－1　新收蔗叶叶鞘拉伸试验结果

试样号	长度（l，mm）	宽度（w，mm）	厚度（d，mm）	最大变形（Δl，mm）	水分含量（%）	最大拉力（F，N）	最大抗拉强度（σ，MPa）	最大弹性模量（E，MPa）
1	100	9	0.80	3.17	16.43	214.55	29.80	939.75
2	100	9	0.70	4.50	52.80	230.35	36.56	812.55
3	100	9.5	0.64	4.08	52.53	208.04	34.22	838.47
4	100	10.5	0.80	4.72	26.80	307.62	36.62	775.60
5	100	11.5	0.80	3.42	22.05	257.82	28.02	819.94
6	100	13	0.78	2.77	24.49	177.38	17.49	630.54

（续表）

试样号	长度（l，mm）	宽度（w，mm）	厚度（d，mm）	最大变形（Δl，mm）	水分含量（%）	最大拉力（F，N）	最大抗拉强度（σ，MPa）	最大弹性模量（E，MPa）
7	100	10.5	0.94	4.01	37.57	228.65	23.17	578.28
8	100	11	0.58	4.37	58.71	166.82	26.15	597.65
9	100	11.5	0.76	2.33	56.31	171.91	19.67	844.06
10	100	10	0.60	3.26	17.54	182.58	30.43	933.52

图2－4为储存蔗叶叶鞘的10个试样拉伸力—变形曲线图，10个试样的拉伸曲线的走势基本一致，与新收蔗叶叶鞘的10个试样拉伸力—变形曲线图类似。

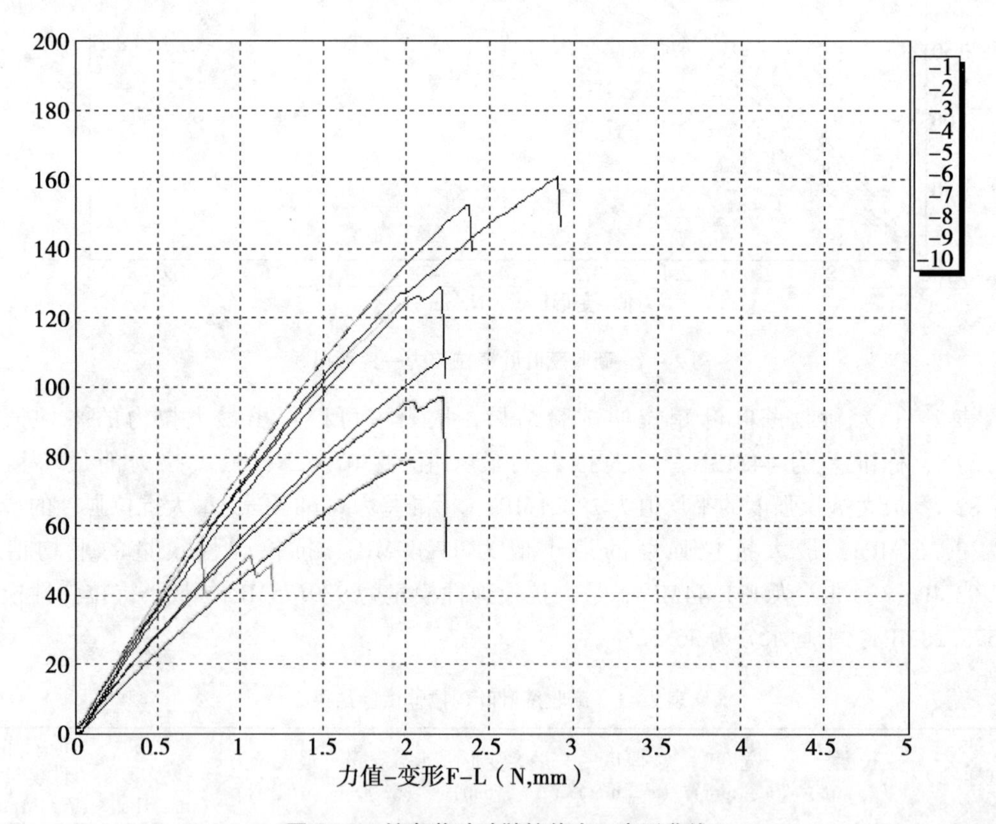

图2－4　储存蔗叶叶鞘拉伸力—变形曲线

从表2－2可以得到储存蔗叶叶鞘拉伸试验的最大拉力的平均值为114.97N，标准差为32.39N，最大拉力的最大值为160.88N，最大拉力的最小值为55.59N；最大抗拉强度的平均值为11.48MPa，标准差为4.91MPa，最大抗拉强度的最大值为23.52MPa，最大抗拉强度的最小值为4.90MPa；抗拉弹性模量的平均值为534.41MPa，标准差为126.81MPa，最大抗拉弹性模量为805.93MPa，最小抗拉弹性模量为405.31MPa；平均水分为8.38%。

表 2－2　储存蔗叶叶鞘拉伸试验结果

试样号	长度（l，mm）	宽度（w，mm）	厚度（d，mm）	最大变形（Δl，mm）	水分含量（%）	最大拉力（F，N）	最大抗拉强度（σ，MPa）	最大弹性模量（E，MPa）
1	100	8	1.30	2.24	13.89	97.08	9.06	405.31
2	100	9.5	1.16	1.20	9.30	55.59	4.90	408.82
3	100	13.5	0.96	2.39	12.50	152.75	11.79	492.88
4	100	11.5	1.10	2.03	13.04	126.38	9.99	493.33
5	100	11	0.90	1.96	6.38	132.82	13.42	685.96
6	100	8.5	0.76	2.06	6.25	78.54	12.16	590.60
7	100	9.5	0.72	2.92	5.13	160.88	23.52	805.93
8	100	10.5	1.18	2.23	5.77	128.97	10.41	466.10
9	100	8	1.14	2.27	7.50	108.78	11.93	526.22
10	100	11	1.28	1.63	4.00	107.89	7.66	468.93

由表 2－1 与表 2－2 的试验结果对比可知：储存蔗叶叶鞘的最大拉力、最大抗拉强度及最大弹性模量的 3 个衡量指标都小于新收蔗叶的值，由此可知，储存蔗叶叶鞘比新收蔗叶叶鞘容易被破坏。

2. 叶脉下部拉伸力学性能试验

图 2－5 为新收蔗叶叶脉下部 10 个试样的拉伸力—变形曲线可知，10 个试样的拉伸曲线的走势基本一致。从试验曲线可知，曲线的变化与蔗叶叶鞘的拉伸曲线基本相似，说明蔗叶叶脉的性能与蔗叶叶鞘的性能非常形似。

表 2－3 为新收蔗叶叶脉下部拉伸试验结果，从表中可以得出最大拉力的平均值为 422.79N，标准差为 38.99N，最大拉力的最大值为 469.55N，最大拉力的最小值为 366.16N；最大抗拉强度的平均值为 44.60MPa，标准差为 28.11MPa，最大抗拉强度的最大值为 117.67MPa，最大抗拉强度的最小值为 26.25MPa；抗拉弹性模量的平均值为 962.96MPa，标准差为 550.46MPa，最大抗拉弹性模量为 2352.47MPa，最小抗拉弹性模量为 612.76MPa；平均水分为 61.64%。

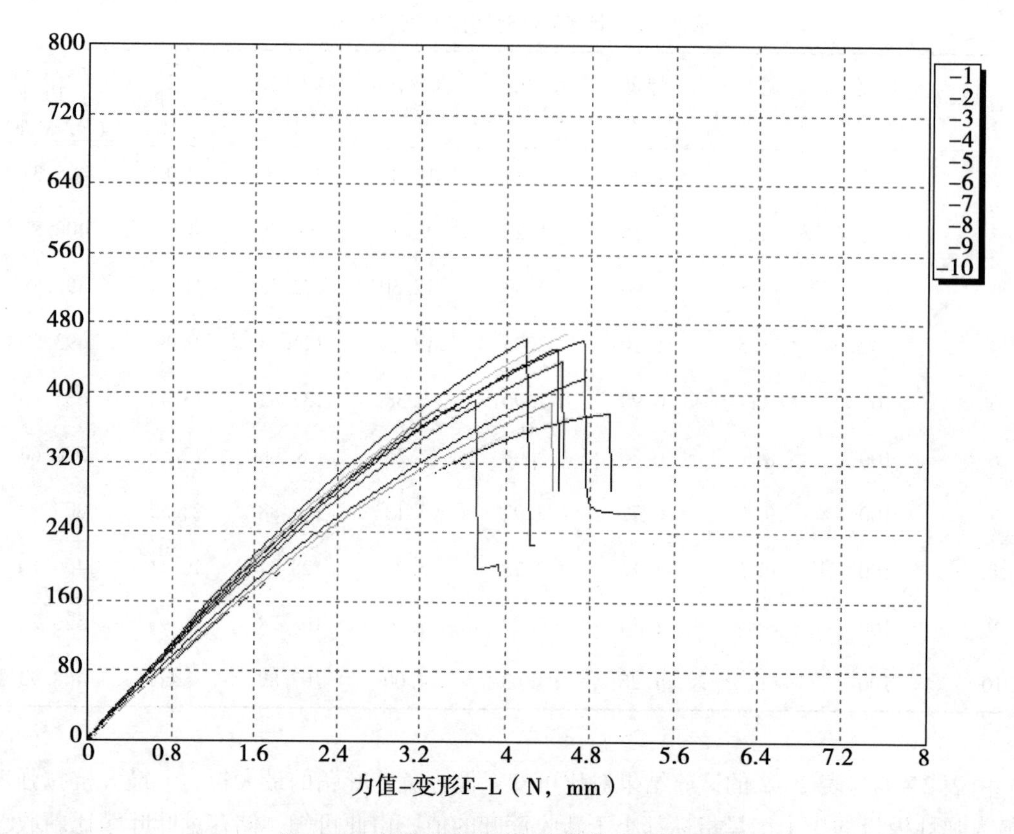

图2－5　新收蔗叶叶脉下部拉伸力—变形曲线

表2－3　新收蔗叶叶脉下部拉伸试验结果

试样号	长度（l，mm）	宽度（w，mm）	厚度（d，mm）	最大变形（Δl，mm）	水分含量（%）	最大拉力（F，N）	最大抗拉强度（σ，MPa）	最大弹性模量（E，MPa）
1	100	5.82	1.10	5.00	32.56	76.66	117.67	2352.47
2	100	5.68	2.10	4.44	65.45	389.55	65.32	1470.60
3	100	7.88	4.48	4.28	64.74	463.29	26.25	612.76
4	100	6.78	4.04	4.27	63.90	366.16	26.74	626.19
5	100	6.88	3.84	4.59	65.56	469.55	35.55	775.14
6	100	6.08	4.28	4.55	67.01	436.98	33.58	738.17
7	100	6.78	3.78	4.77	63.06	419.93	32.77	687.18
8	100	6.90	3.68	5.28	63.79	461.21	36.33	688.10
9	100	5.06	4.08	4.51	67.84	451.68	43.76	971.23
10	100	6.98	4.02	3.96	62.44	392.85	28.00	707.80

图2－6为储存蔗叶叶脉下部10个试样的拉伸力—变形曲线可知，10个试样的拉伸曲线的走势基本一致。从试验曲线可知，与新收蔗叶叶鞘下部的10个试样拉伸力—变形曲线图类似。

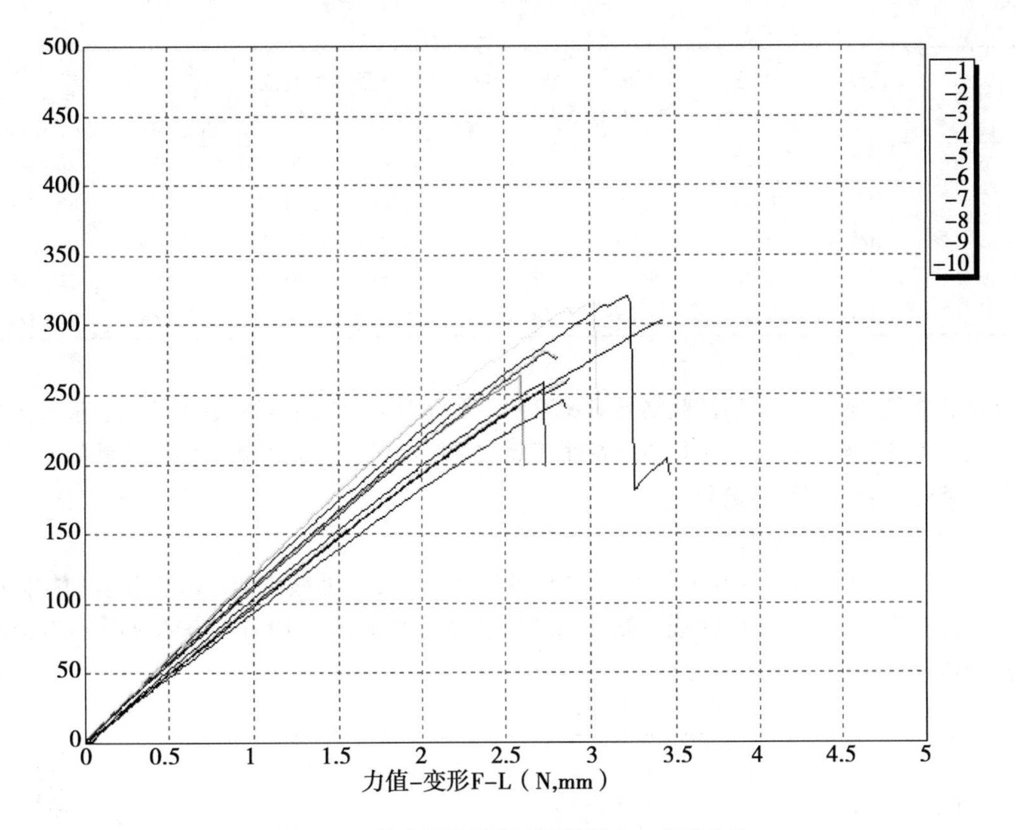

图 2－6　储存蔗叶叶脉下部拉伸力—变形曲线

表 2－4 为储存蔗叶叶脉下部拉伸试验结果，从表中可以得出最大拉力的平均值为 292.32N，标准差为 55.70N，最大拉力的最大值为 429.91N，最大拉力的最小值为 244.21N；最大抗拉强度的平均值为 26.30MPa，标准差为 5.20MPa，最大抗拉强度的最大值为 37.89MPa，最大抗拉强度的最小值为 20.77MPa；抗拉弹性模量的平均值为 894.09MPa，标准差为 94.97MPa，最大抗拉弹性模量为 1 000.34MPa，最小抗拉弹性模量为 717.66MPa；平均水分为 8.21%。

表 2－4　储存蔗叶叶脉下部拉伸试验结果

试样号	长度（l，mm）	宽度（w，mm）	厚度（d，mm）	最大变形（Δl，mm）	水分含量（%）	最大拉力（F，N）	最大抗拉强度（σ，MPa）	最大弹性模量（E，MPa）
1	100	7.10	2.66	2.89	8.16	260.54	27.59	955.38
2	100	7.40	3.42	2.61	6.67	262.87	20.77	795.75
3	100	7.04	3.18	2.20	5.36	244.21	21.82	991.69
4	100	7.28	3.00	3.05	8.47	316.37	28.97	951.09
5	100	7.66	3.10	2.14	9.68	248.02	20.89	975.35

（续表）

试样号	长度（l，mm）	宽度（w，mm）	厚度（d，mm）	最大变形（Δl，mm）	水分含量（%）	最大拉力（F，N）	最大抗拉强度（σ，MPa）	最大弹性模量（E，MPa）
6	100	7.42	3.20	2.81	10.34	279.12	23.51	836.61
7	100	6.48	3.20	3.44	8.70	303.29	29.25	851.03
8	100	6.64	2.84	2.74	6.38	258.26	27.39	1 000.34
9	100	8.20	3.14	3.47	10.00	320.65	24.91	717.66
10	100	7.88	2.88	4.37	8.33	429.91	37.89	866.00

由表 2－3 与表 2－4 的试验结果对比可知：储存蔗叶叶脉下部的最大拉力、最大抗拉强度及最大弹性模量的三个衡量指标都小于新收蔗叶的值，由此可知，储存蔗叶叶脉下部比新收蔗叶叶脉下部容易被破坏。

3. 叶脉中部拉伸力学性能试验

图 2－7 为新收蔗叶叶脉中部 10 个试样的拉伸力—变形曲线可知，10 个试样的拉伸曲线的走势基本一致。从试验曲线可知，与新收蔗叶叶脉下部的 10 个试样拉伸力—变形曲线图类似。

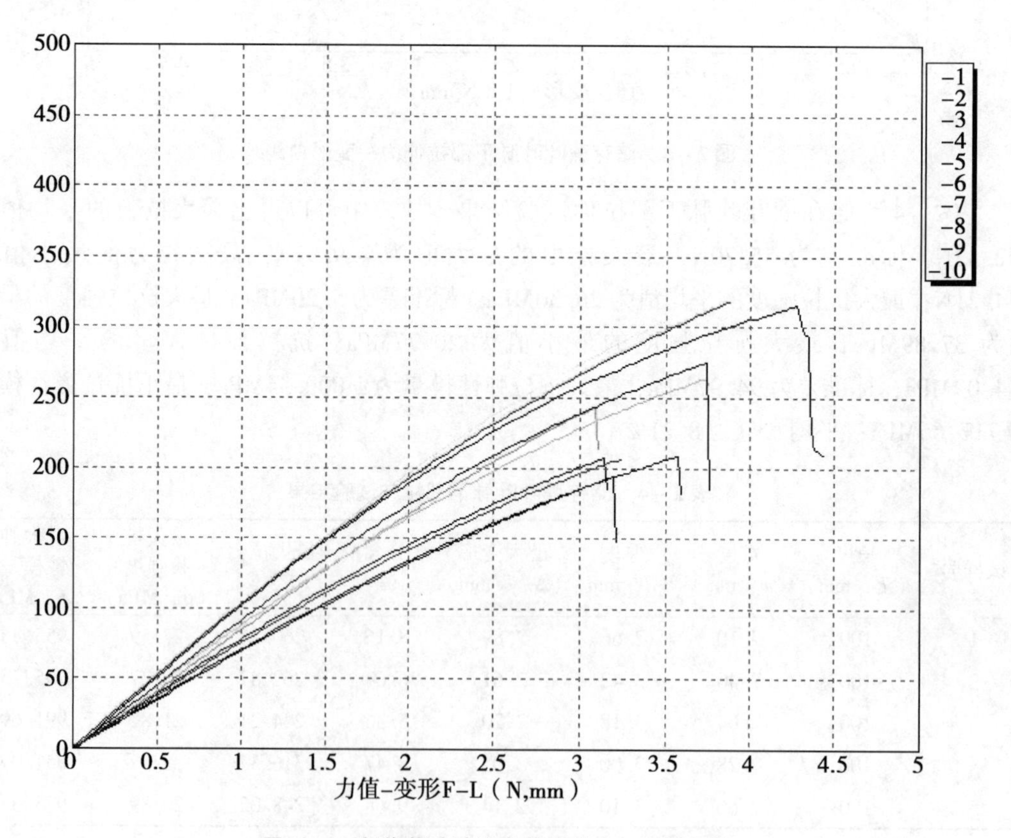

图 2－7　新收蔗叶叶脉中部拉伸力—变形曲线

表 2－5 为新收蔗叶叶脉中部拉伸试验结果，从表中可以得出最大拉力的平均值为

253.65N，标准差为 48.61N，最大拉力的最大值为 317.85N，最大拉力的最小值为 193.83N；最大抗拉强度的平均值为 44.24MPa，标准差为 10.45MPa，最大抗拉强度的最大值为 62.19MPa，最大抗拉强度的最小值为 29.30MPa；抗拉弹性模量的平均值为 1 234.69MPa，标准差为 223.62MPa，最大抗拉弹性模量为 1 601.19MPa，最小抗拉弹性模量为 912.71MPa；平均水分为 31.75%。

表 2－5　新收蔗叶叶脉中部拉伸试验结果

试样号	长度（l，mm）	宽度（w，mm）	厚度（d，mm）	最大变形（Δl，mm）	水分含量（%）	最大拉力（F，N）	最大抗拉强度（σ，MPa）	最大弹性模量（E，MPa）
1	100	4.76	2.78	3.21	38.78	193.83	29.30	912.71
2	100	5.88	2.26	3.11	33.85	243.86	36.70	1 181.21
3	100	4.04	2.78	3.60	21.95	208.42	37.11	1 032.28
4	100	6.30	2.22	3.52	17.65	305.50	43.69	1 240.94
5	100	4.62	1.92	3.76	8.11	262.87	59.27	1 576.68
6	100	5.38	1.90	3.88	7.89	317.85	62.19	1 601.19
7	100	5.20	2.34	4.44	38.24	315.26	51.82	1 166.68
8	100	6.10	2.30	3.76	54.44	275.29	39.24	1 043.97
9	100	4.96	2.10	3.16	47.46	207.07	39.76	1 258.28
10	100	4.18	2.28	3.25	49.15	206.53	43.34	1 332.99

图 2－8 为储存蔗叶叶脉中部 10 个试样的拉伸力—变形曲线可知，10 个试样的拉伸曲线的走势基本一致。从试验曲线可知，与新收蔗叶叶脉中部的 10 个试样拉伸力—变形曲线图类似。

表 2－6 为储存蔗叶叶脉中部拉伸试验结果，从表中可以得出最大拉力的平均值为 178.73N，标准差为 31.33N，最大拉力的最大值为 216.52N，最大拉力的最小值为 128.06N；最大抗拉强度的平均值为 33.18MPa，标准差为 8.34MPa，最大抗拉强度的最大值为 42.97MPa，最大抗拉强度的最小值为 20.00MPa；抗拉弹性模量的平均值为 1 281.77 MPa，标准差为 167.10MPa，最大抗拉弹性模量为 1 550.88 MPa，最小抗拉弹性模量为 978.06MPa；平均水分为 6.74%。

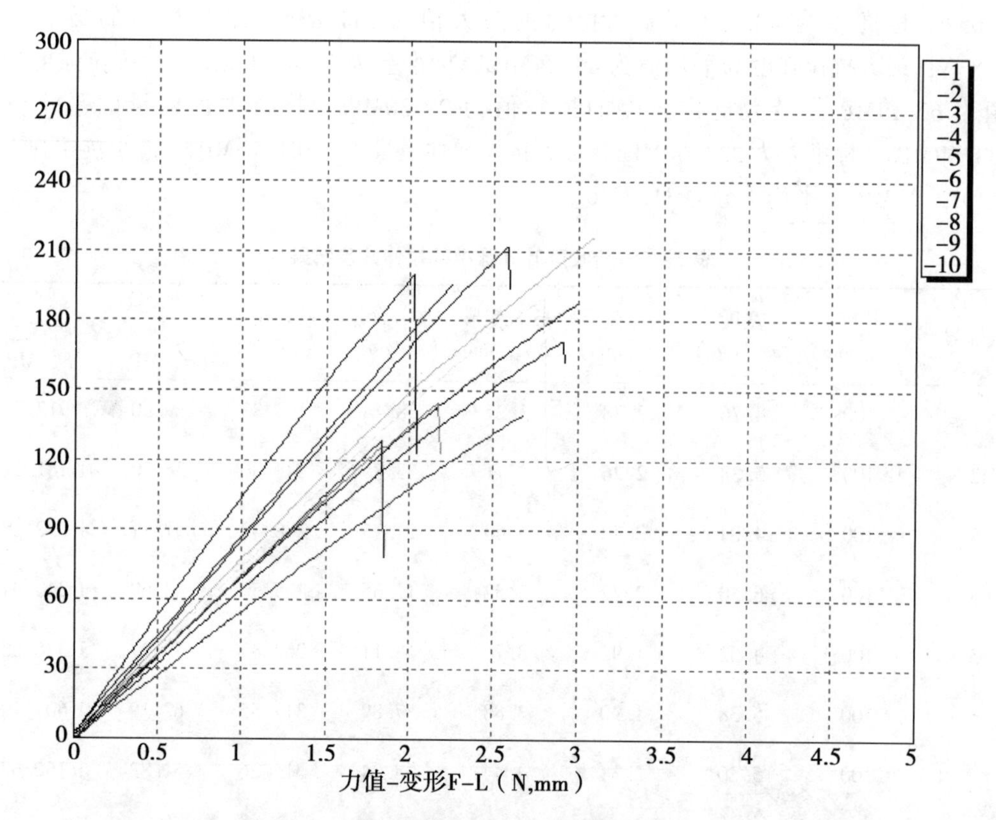

图 2-8　储存蔗叶叶脉中部拉伸力—变形曲线

表 2-6　储存蔗叶叶脉中部拉伸试验结果

试样号	长度（l，mm）	宽度（w，mm）	厚度（d，mm）	最大变形（Δl，mm）	水分含量（%）	最大拉力（F，N）	最大抗拉强度（σ，MPa）	最大弹性模量（E，MPa）
1	100	4.90	1.92	3.00	10.34	188.17	40.00	1331.42
2	100	5.40	2.00	2.18	6.06	144.49	26.76	1 225.54
3	100	4.98	1.68	2.92	8.82	171.37	40.97	1 401.00
4	100	4.72	1.88	3.03	6.06	190.64	42.97	1 417.07
5	100	5.82	2.20	3.10	8.57	216.52	33.82	1 090.45
6	100	5.10	2.16	1.85	2.94	128.06	23.25	1 258.38
7	100	7.30	2.74	2.04	8.00	200.00	20.00	978.06
8	100	6.48	2.22	2.26	7.14	196.06	27.26	1 207.07
9	100	5.52	2.18	2.60	5.26	212.14	35.26	1 357.79
10	100	4.26	1.58	2.68	4.17	139.87	41.56	1 550.88

由表 2-5 与表 2-6 的试验结果对比可知，储存蔗叶叶脉下部的最大拉力、最大抗拉强度及最大弹性模量的四个衡量指标都小于新收蔗叶的值，由此可见，对于拉伸试验，储

存蔗叶叶鞘中部比新收蔗叶叶鞘中部容易被破坏。

4. 叶薄片下部拉伸力学性能试验

图2－9为新收蔗叶叶薄片下部的10个试样拉伸力—变形曲线图，10个试样的拉伸曲线的走势基本一致。从试验曲线可知，与新收蔗叶叶鞘的10个试样拉伸力—变形曲线图类似，说明蔗叶叶薄片的性能与蔗叶叶鞘的性能也非常形似。

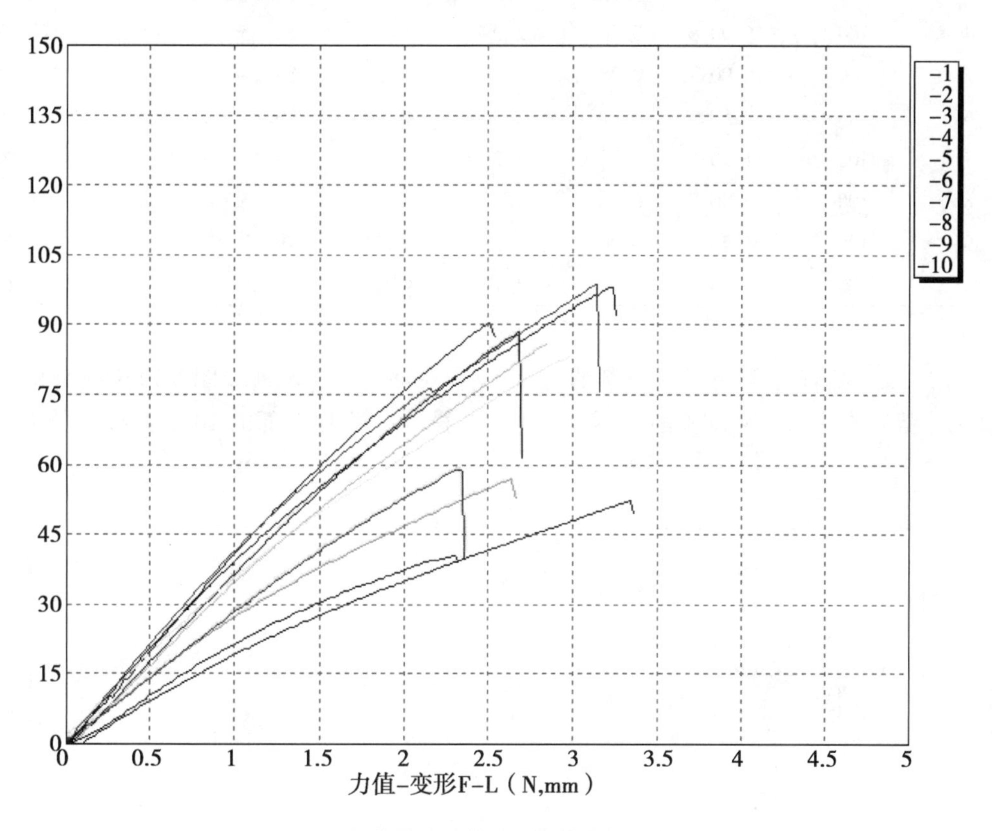

图2－9　新收蔗叶叶薄片下部拉伸力—变形曲线

表2－7为新收蔗叶叶薄片下部拉伸试验结果，从表中可以得出最大拉力的平均值为75.31N，标准差为21.06N，最大拉力的最大值为98.68N，最大拉力的最小值为40.37N；最大抗拉强度的平均值为21.13MPa，标准差为5.84MPa，最大抗拉强度的最大值为30.62MPa，最大抗拉强度的最小值为12.26MPa；抗拉弹性模量的平均值为752.85MPa，标准差为205.54MPa，最大抗拉弹性模量为1 081.79 MPa，最小抗拉弹性模量为459.77MPa；平均水分为45.32%。

表2－7　新收蔗叶叶薄片下部拉伸试验结果

试样号	长度（l，mm）	宽度（w，mm）	厚度（d，mm）	最大变形（Δl，mm）	水分含量（%）	最大拉力（F，N）	最大抗拉强度（σ，MPa）	最大弹性模量（E，MPa）
1	100	12.50	0.36	2.70	19.05	88.38	19.64	728.31

（续表）

试样号	长度（l，mm）	宽度（w，mm）	厚度（d，mm）	最大变形（Δl，mm）	水分含量（%）	最大拉力（F，N）	最大抗拉强度（σ，MPa）	最大弹性模量（E，MPa）
2	100	14.50	0.32	2.67	47.20	56.88	12.26	459.77
3	100	17.50	0.36	2.54	47.42	90.34	14.34	564.32
4	100	16.00	0.26	2.99	58.99	83.33	20.03	671.07
5	100	10.00	0.28	2.85	41.12	85.74	30.62	1 074.74
6	100	10.50	0.22	2.36	47.06	58.93	25.51	1 081.79
7	100	11.50	0.30	3.25	37.72	98.13	28.44	874.10
8	100	13.00	0.20	3.37	45.27	52.35	20.13	598.28
9	100	11.50	0.20	2.32	61.90	40.37	17.55	755.96
10	100	15.50	0.28	3.16	47.51	98.68	22.74	720.20

图2－10为储存蔗叶叶薄片下部的10个试样拉伸力—变形曲线图，10个试样的拉伸曲线的走势基本一致。从试验曲线可知，与新收蔗叶叶薄片下部的10个试样拉伸力—变形曲线图类似。

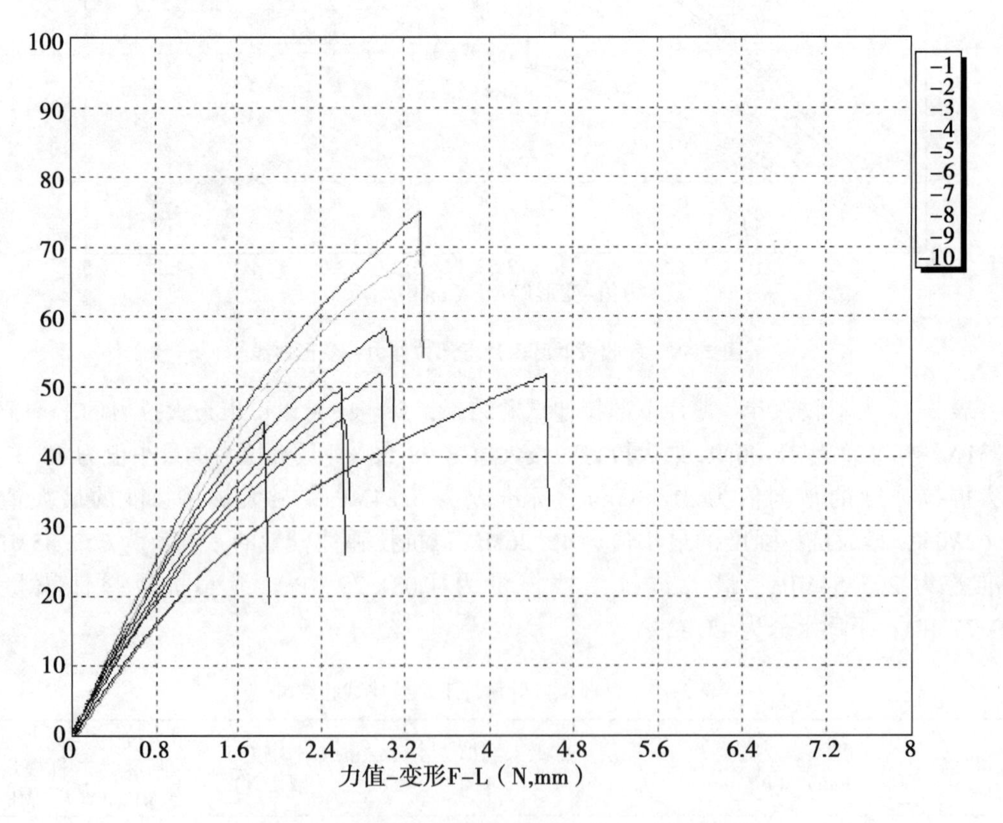

图2－10　储存蔗叶叶薄片下部拉伸力—变形曲线

表2－8为储存蔗叶叶薄片下部拉伸试验结果，从表中可以得出最大拉力的平均值为

53.81N，标准差为11.45N，最大拉力的最大值为75.00N，最大拉力的最小值为38.73N；最大抗拉强度的平均值为21.35MPa，标准差为5.48MPa，最大抗拉强度的最大值为30.67MPa，最大抗拉强度的最小值为12.36MPa；抗拉弹性模量的平均值为721.59MPa，标准差为201.67MPa，最大抗拉弹性模量为988.69MPa，最小抗拉弹性模量为248.38MPa；平均水分为10.40%。

表2-8　储存蔗叶叶薄片下部拉伸试验结果

试样号	长度（l，mm）	宽度（w，mm）	厚度（d，mm）	最大变形（Δl，mm）	水分含量（%）	最大拉力（F，N）	最大抗拉强度（σ，MPa）	最大弹性模量（E，MPa）
1	100	9.00	0.18	3.24	12.50	42.55	26.27	809.91
2	100	9.50	0.26	2.81	12.50	38.73	15.68	557.40
3	100	10.00	0.28	1.89	5.00	45.05	16.09	850.44
4	100	9.50	0.28	2.53	11.76	55.56	20.89	825.57
5	100	10.50	0.28	3.36	5.00	69.70	23.71	705.66
6	100	10.00	0.30	3.56	11.11	75.00	25.00	702.41
7	100	11.00	0.38	4.98	5.56	51.67	12.36	248.38
8	100	9.50	0.20	3.10	6.67	58.26	30.67	988.69
9	100	6.50	0.36	2.63	21.43	49.84	21.30	810.77
10	100	10.00	0.24	3.01	12.50	51.72	21.55	716.63

由表2-7与表2-8的试验结果对比可知：储存蔗叶叶薄片下部的最大拉力、最大抗拉强度及最大弹性模量的四个衡量指标都小于新收蔗叶的值，由此可知，对于拉伸试验，储存蔗叶叶薄片下部比新收蔗叶叶薄片下部容易被破坏。

5. 叶薄片中部拉伸力学性能试验

图2-11为新收蔗叶叶薄片中部的10个试样拉伸力—变形曲线图，10个试样的拉伸曲线的走势基本一致。从试验曲线可知，与新收蔗叶叶薄片下部的10个试样拉伸力—变形曲线图类似。

表2-9为新收蔗叶叶薄片中部拉伸试验结果，从表中可以得出最大拉力的平均值为67.39N，标准差为21.33N，最大拉力的最大值为95.75N，最大拉力的最小值为30.97N；最大抗拉强度的平均值为30.84MPa，标准差为8.64MPa，最大抗拉强度的最大值为40.36MPa，最大抗拉强度的最小值为17.85MPa；抗拉弹性模量的平均值为913.22MPa，标准差为160.68MPa，最大抗拉弹性模量为1 088.56 MPa，最小抗拉弹性模量为647.01MPa；平均水分为10.15%。

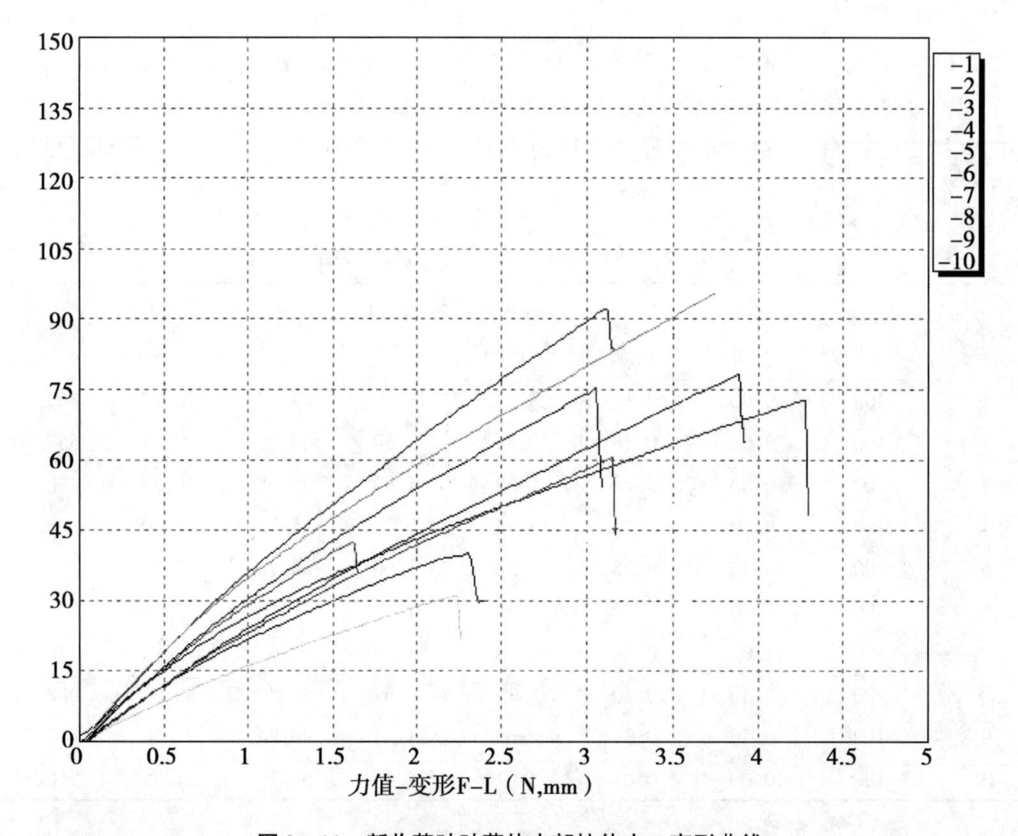

图 2－11　新收蔗叶叶薄片中部拉伸力—变形曲线

表 2－9　新收蔗叶叶薄片中部拉伸试验结果

试样号	长度（l，mm）	宽度（w，mm）	厚度（d，mm）	最大变形（Δl，mm）	水分含量（%）	最大拉力（F，N）	最大抗拉强度（σ，MPa）	最大弹性模量（E，MPa）
1	100	15	0.16	3.57	3.45	92.18	38.41	1 074.86
2	100	13.5	0.18	3.76	12.50	95.75	39.41	1 047.49
3	100	12	0.14	4.29	4.35	72.85	43.36	1 011.08
4	100	15	0.20	2.81	8.82	76.60	25.53	907.64
5	100	10.5	0.12	2.26	10.00	30.97	24.58	1 088.56
6	100	15	0.14	3.80	10.00	51.57	24.55	647.01
7	100	14	0.14	3.90	28.57	78.46	40.03	1 026.99
8	100	13.5	0.20	3.75	9.09	75.20	27.85	742.06
9	100	14	0.16	2.42	4.35	39.98	17.85	738.64
10	100	12.5	0.18	3.17	10.34	60.38	26.84	847.83

图 2－12 为储存蔗叶叶薄片中部拉伸力—变形曲线图，表 2－10 为储存蔗叶叶薄片中部拉伸试验结果。从表中可以得出最大拉力的平均值为 54.18N，标准差为 8.68N，最大拉

力的最大值为 68.28N，最大拉力的最小值为 39.73N；最大抗拉强度的平均值为 22.00MPa，标准差为 4.68MPa，最大抗拉强度的最大值为 27.36MPa，最大抗拉强度的最小值为 14.38MPa；抗拉弹性模量的平均值为 716.32MPa，标准差为 155.72MPa，最大抗拉弹性模量为 943.86MPa，最小抗拉弹性模量为 510.31MPa；平均水分为 6.29%。

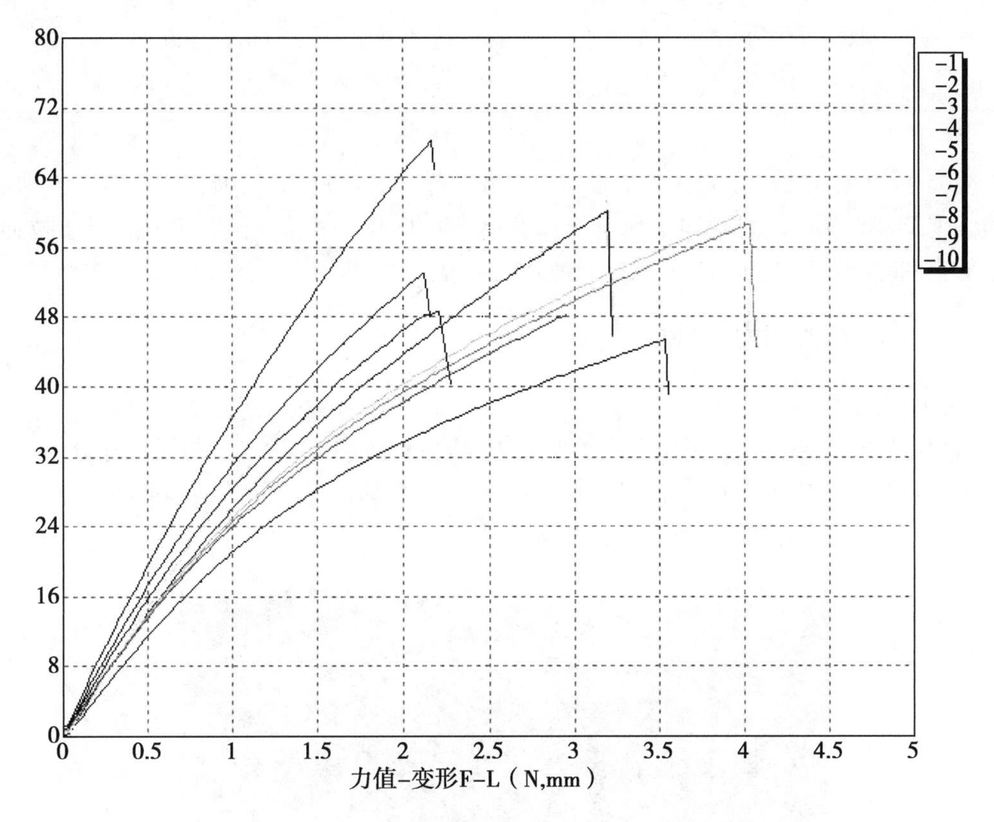

图 2－12　储存蔗叶叶薄片中部拉伸力—变形曲线

表 2－10　储存蔗叶叶薄片中部拉伸试验结果

试样号	长度（l，mm）	宽度（w，mm）	厚度（d，mm）	最大变形（Δl，mm）	水分含量（%）	最大拉力（F，N）	最大抗拉强度（σ，MPa）	最大弹性模量（E，MPa）
1	100	11	0.20	3.22	5.56	60.20	27.36	850.34
2	100	12	0.20	4.09	5.26	58.64	24.44	597.14
3	100	12.5	0.20	3.56	5.56	45.37	18.15	510.31
4	100	12	0.20	2.70	5.00	60.15	25.06	927.55
5	100	13	0.18	3.98	4.76	59.72	25.52	640.63
6	100	13	0.16	2.96	9.52	48.28	23.21	784.13
7	100	14	0.24	2.13	8.70	48.32	14.38	674.95

（续表）

试样号	长度（l, mm）	宽度（w, mm）	厚度（d, mm）	最大变形（Δl, mm）	水分含量（%）	最大拉力（F, N）	最大抗拉强度（σ, MPa）	最大弹性模量（E, MPa）
8	100	10	0.26	2.78	5.26	68.28	26.26	943.86
9	100	14.5	0.18	2.88	8.00	53.06	20.33	705.25
10	100	10	0.26	2.89	5.26	39.73	15.28	529.07

由表2－9与表2－10的试验结果对比可知：储存蔗叶叶薄片中部的最大拉力、最大抗拉强度及最大弹性模量的四个衡量指标都小于新收蔗叶的值，由此可知，对于拉伸试验，储存蔗叶叶薄片中部比新收蔗叶叶薄片下部容易被破坏。

三、甘蔗叶剪切力学性能试验

（一）试样制作

剪切试样与拉伸试样的制作方法类似，选取同一位置的测量点，同样试样分为叶鞘、叶脉下、叶脉中、叶薄片下及叶薄片中五组试样，与拉伸试样不同的是，剪切试样的长度为90mm。图2－13为甘蔗叶剪切试样的部分试样。

图2－13　甘蔗叶剪切部分试样

剪切试验采用自制剪切夹具。自制的剪切试验夹具包括动刀剪、定刀剪和定刀剪座，刀具材料为45号钢，如图2－14所示。安装调试时，动刀位于两定刀中间，定刀由螺栓固定在定刀座上，可以方便地调节对刀和动定刀间隙。动刀上开有长50mm宽10mm的长方孔，可以适应剪切不同厚度的试样。同时，调节动刀的上限位和下限位，这样可以有效地避免因动定刀为对齐而造成的撞刀。此剪切夹具在剪切试验时，可以同时有两个剪切面，所以剪切面积为两个截面积的和。

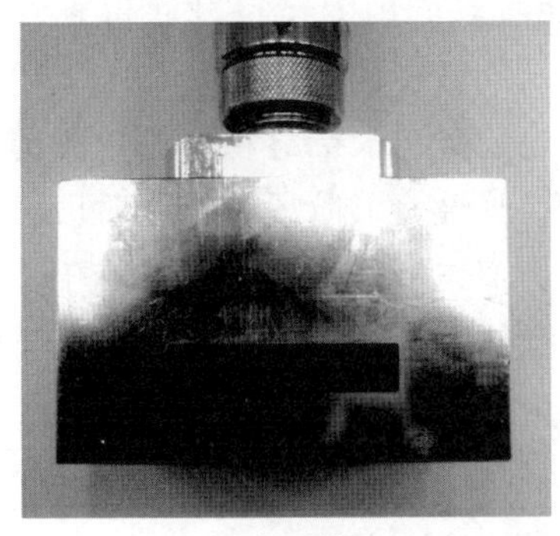
（a）动刀剪

（b）定刀剪

（c）动、定刀剪配合

图 2－14　剪切夹具

（二）试验结果与分析

根据材料力学，剪切应力公式为[2]：

$$\tau = \frac{F}{S}$$

式中，F——最大力；S——总截面面积。

叶鞘、叶薄片中和下部的截面可近似为矩形，另外，试样在制作中，试样的两个剪切面的宽度值存在较大偏差，为了数据的精确性，两个截面的宽度应分开测量，则总截面面积公式为：

$$S = S_1 + S_2 = (w_1 + w_2) \times d$$

叶脉中和下部截面类似月牙形，其面积可近似为三角形来计算，由于试样长度较短，叶脉的宽度和厚度变化较小，测量时选试样的中部进行量取。则总截面面积公式为：

$$S = 2 \times S_{中} = w \times d$$

由剪切虎克定律公式[2]：

$$G = \frac{\tau}{\gamma}$$

式中，G——剪切弹性模量；τ——切应力；γ——切应变。

1. 叶鞘剪切力学性能试验

图 2－15 为新收蔗叶叶鞘 10 个试样的剪切力—时间曲线图，图中 10 个试样的剪切曲

线的走势基本一致。由于剪切试样比较薄，为了能有效的剪断试样并获得有效的实验数据，动定刀剪切面相接触，所以在动刀运行后未剪切到试样前，有一定的阻力值，稳定后力值达到3～5N，满足精度的要求。剪切曲线的变化趋势与大部分秸秆植物的剪切曲线基本一致，曲线可分为三段，即剪切前克服阻力阶段、弹性变形阶段和突变阶段。当载荷刚开始增加动刀向下做剪切运动时，为克服摩擦力，力值先增加后减小，并趋于稳定值；当动刀接触到试样并开始剪切时，试样发生弹性变形，力值迅速增加，当变形到达一定值后，曲线急剧下降，发生突变，在很小的变形范围内，载荷急剧下降，试样被剪断。

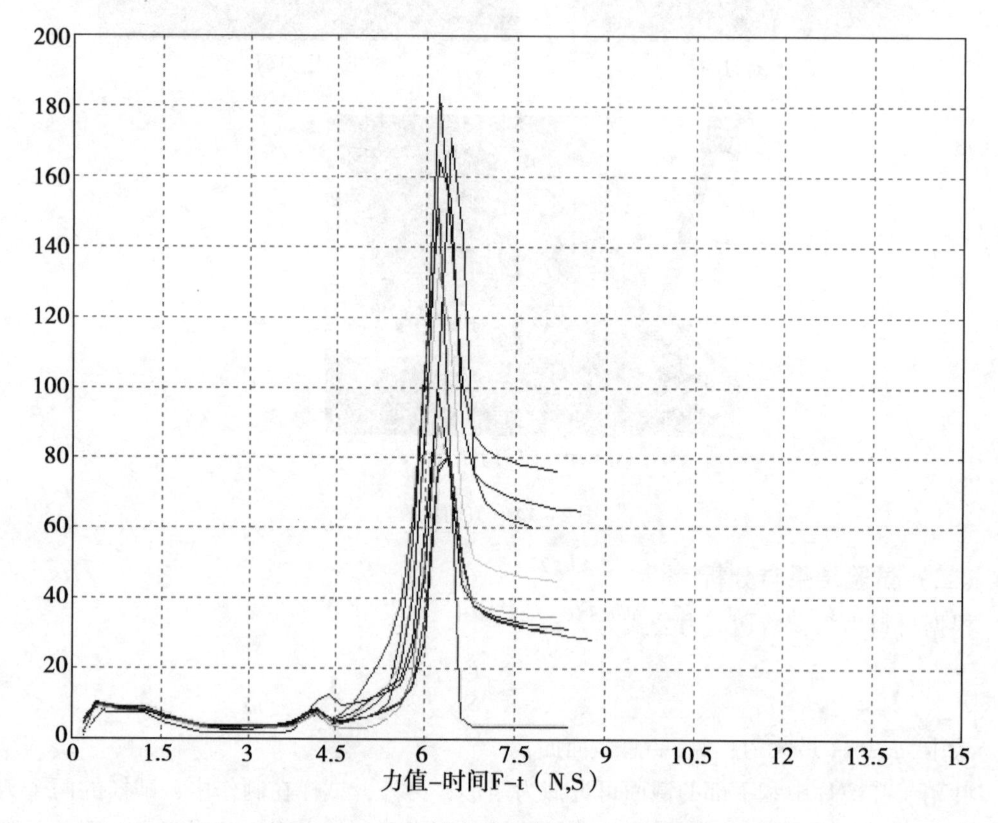

图2－15　新收蔗叶叶鞘剪切力—时间曲线

表2－11为新收蔗叶叶鞘剪切试验结果，从表中可以得出最大剪切力的平均值为127.56N，标准差为38.89N，最大剪切力的最大值为183.62N，最大剪切力的最小值为80.91N；最大剪切强度的平均值为6.09MPa，标准差为1.17MPa，最大剪切强度的最大值为7.62MPa，最大剪切强度的最小值为3.68MPa；最大剪切模量的平均值为183.01MPa，标准差为41.17MPa，最大剪切模量为264.48MPa，最小剪切模量为122.59MPa；平均水分为46.32%。

表 2－11　新收蔗叶叶鞘剪切试验结果

试样号	长度(mm)	宽度(w_1, mm)	宽度(w_2, mm)	厚度(d, mm)	水分含量(%)	最大力(F, N)	最大剪切强度(τ, MPa)	最大剪切模量(G, MPa)
1	90	16	14	0. 90	43. 66	183. 62	6. 80	204. 02
2	90	10	8	0. 78	15. 46	89. 94	6. 41	166. 55
3	90	16	14	0. 88	48. 12	170. 81	6. 47	189. 79
4	90	9	12	0. 76	26. 37	121. 60	7. 62	193. 02
5	90	13	11	0. 98	49. 49	133. 56	5. 68	185. 51
6	90	10	9	1. 10	55. 62	150. 75	7. 21	264. 48
7	90	10	11	0. 82	59. 17	81. 20	4. 72	128. 88
8	90	10	10	0. 82	62. 42	98. 34	6. 00	163. 90
9	90	14	12	1. 00	45. 45	164. 89	6. 34	211. 40
10	90	11	11	1. 00	57. 40	80. 91	3. 68	122. 59

图 2－16 为储存蔗叶叶鞘 10 个试样的剪切力—时间曲线图，图中 10 个试样的剪切曲线的走势基本一致，且曲线图与图 2－15 类似。表 2－12 为储存蔗叶叶鞘剪切试验结果，从表中可以得出最大剪切力的平均值为 115. 42N，标准差为 21. 17N，最大剪切力的最大值为 151. 48N，最大剪切力的最小值为 89. 59N；最大剪切强度的平均值为 4. 82MPa，标准差为 1. 40MPa，最大剪切强度的最大值为 7. 07MPa，最大剪切强度的最小值为 3. 04MPa；最大剪切模量的平均值为 204. 09MPa，标准差为 55. 03MPa，最大剪切模量为 271. 56MPa，最小剪切模量为 129. 84MPa；平均水分为 10. 65%。

表 2－12　储存蔗叶叶鞘剪切试验结果

试样号	长度(mm)	宽度(w_1, mm)	宽度(w_2, mm)	厚度(d, mm)	水分含量(%)	最大力(F, N)	最大剪切强度(τ, MPa)	最大剪切模量(G, MPa)
1	90	12	11	1. 20	12. 20	101. 71	3. 69	147. 41
2	90	13	11	1. 30	9. 30	128. 24	4. 11	178. 11
3	90	8	7	1. 10	12. 50	116. 73	7. 07	259. 40
4	90	11	11	1. 20	13. 04	94. 43	3. 58	143. 07
5	90	6	7	1. 30	9. 58	90. 91	5. 38	233. 11
6	90	9	7	1. 24	9. 20	130. 35	6. 57	271. 56
7	90	11	9	1. 32	9. 40	151. 48	5. 74	252. 47
8	90	10	12	1. 44	8. 75	114. 23	3. 61	173. 07
9	90	10	8	1. 40	11. 30	136. 53	5. 42	252. 84
10	90	11	12	1. 28	11. 23	89. 59	3. 04	129. 84

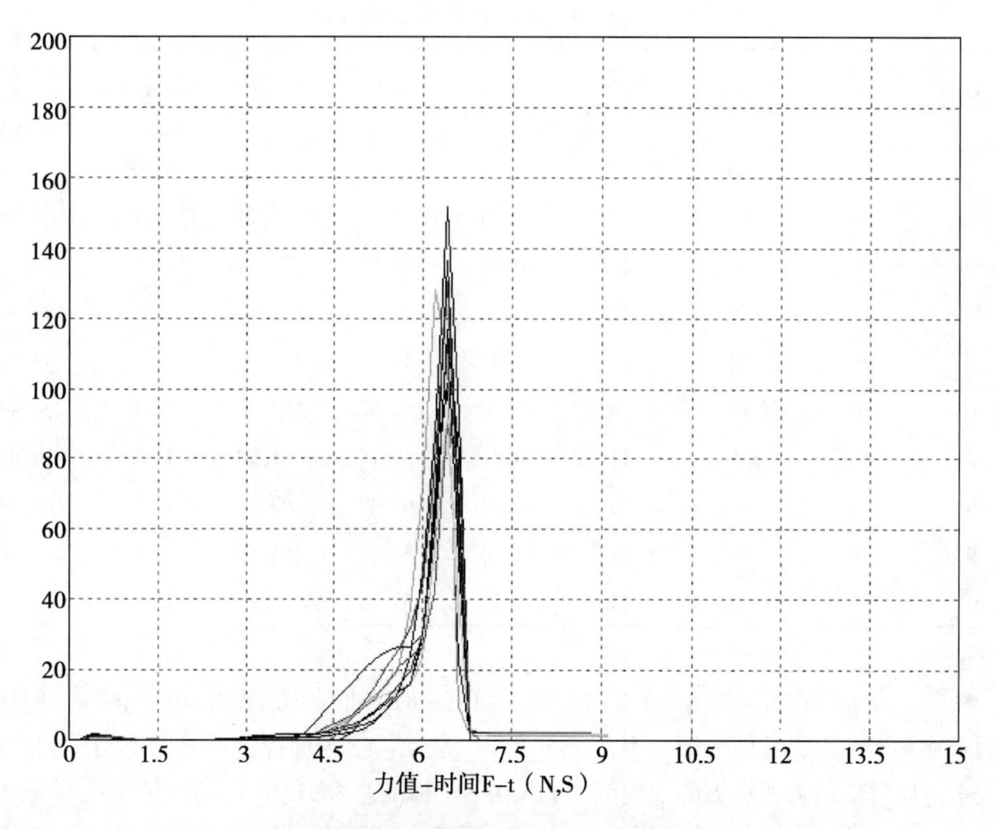

图 2－16　储存蔗叶叶鞘剪切力—时间曲线

由表 2－11 与表 2－12 的试验结果对比可知：储存蔗叶叶鞘的最大剪切力、最大剪切强度及最大剪切模量的四个衡量指标都小于新收蔗叶的值，由此可知，对于剪切试验，储存蔗叶叶鞘比新收蔗叶叶鞘更容易被破坏。

2. 叶脉下部剪切力学性能试验

图 2－17 为新收蔗叶叶脉下部 10 个试样的剪切力—时间曲线图，图中 10 个试样的剪切曲线的走势基本一致。剪切曲线的变化趋势与大部分秸秆植物的剪切曲线基本一致，曲线可分为三段，即剪切前克服阻力阶段、弹性变形阶段和突变阶段。值得一提的是，叶脉的截面是“月牙型”（由弧度不同的上下两条曲线构成），在剪切变形的过程中，随着剪切的进行，剪切力不是同比率增加，而是在叶脉剪切变形到一定位置时，剪切力有减小的趋势，而后又同比率增加。由试验发现，叶脉下曲线弧度越大，剪切力减小趋势越明显。

表 2－13 为新收蔗叶叶脉下部剪切试验结果，从表中可以得出最大剪切力的平均值为 173. 00N，标准差为 33. 62N，最大剪切力的最大值为 223. 06N，最大剪切力的最小值为 124. 78N；最大剪切强度的平均值为 6. 71MPa，标准差为 1. 12MPa，最大剪切强度的最大值为 9. 29MPa，最大剪切强度的最小值为 5. 31MPa；最大剪切模量的平均值为 453. 74MPa，标准差为 67. 26MPa，最大剪切模量为 557. 65MPa，最小剪切模量为 356. 51MPa；平均水分为 63. 77%。

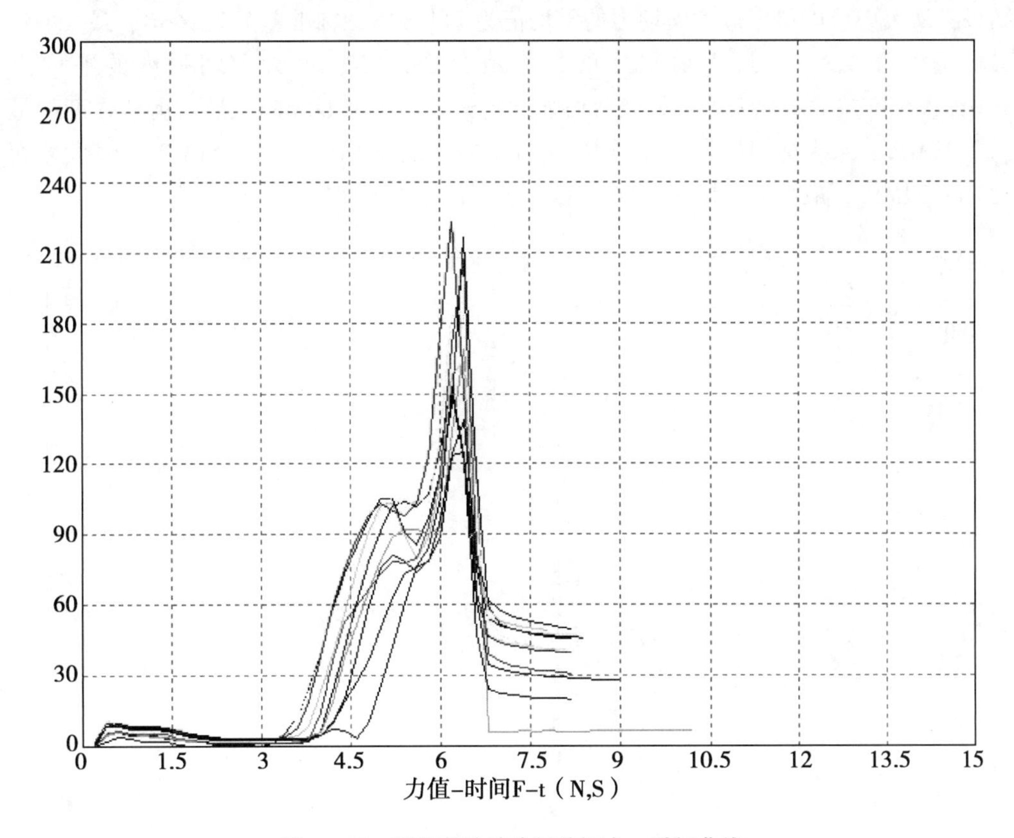

图 2－17　新收蔗叶叶脉下剪切力—时间曲线

表 2－13　新收蔗叶叶脉下剪切试验结果

试样号	长度（mm）	宽度（w，mm）	厚度（d，mm）	水分含量（%）	最大力（F，N）	最大剪切强度（τ，MPa）	最大剪切模量（G，MPa）
1	90	8	3.60	61.11	152.92	5.31	382.30
2	90	8	3.52	65.73	168.50	5.98	421.25
3	90	9	3.70	71.47	216.16	6.49	480.37
4	90	7	4.10	65.07	184.69	6.44	527.68
5	90	7	3.62	63.38	163.72	6.46	467.77
6	90	8	4.00	58.13	223.06	6.97	557.65
7	90	7	2.32	58.44	150.90	9.29	431.15
8	90	7	3.12	64.10	124.78	5.71	356.51
9	90	7	2.60	66.67	138.42	7.61	395.47
10	90	8	3.80	63.64	206.89	6.81	517.22

图 2－18 为储存蔗叶叶脉下部 10 个试样的剪切力—时间曲线图，图中 10 个试样的剪切曲线的走势基本一致，且曲线图与图 2－17 类似。表 2－14 为储存蔗叶叶脉下部剪切试

验结果，从表中可以得出最大剪切力的平均值为114.53N，标准差为22.66N，最大剪切力的最大值为156.83N，最大剪切力的最小值为78.20N；最大剪切强度的平均值为5.88MPa，标准差为1.97MPa，最大剪切强度的最大值为9.60MPa，最大剪切强度的最小值为2.72MPa；最大剪切模量的平均值为341.96MPa，标准差为78.61MPa，最大剪切模量为448.09MPa，最小剪切模量为195.49MPa；平均水分为10.30%。

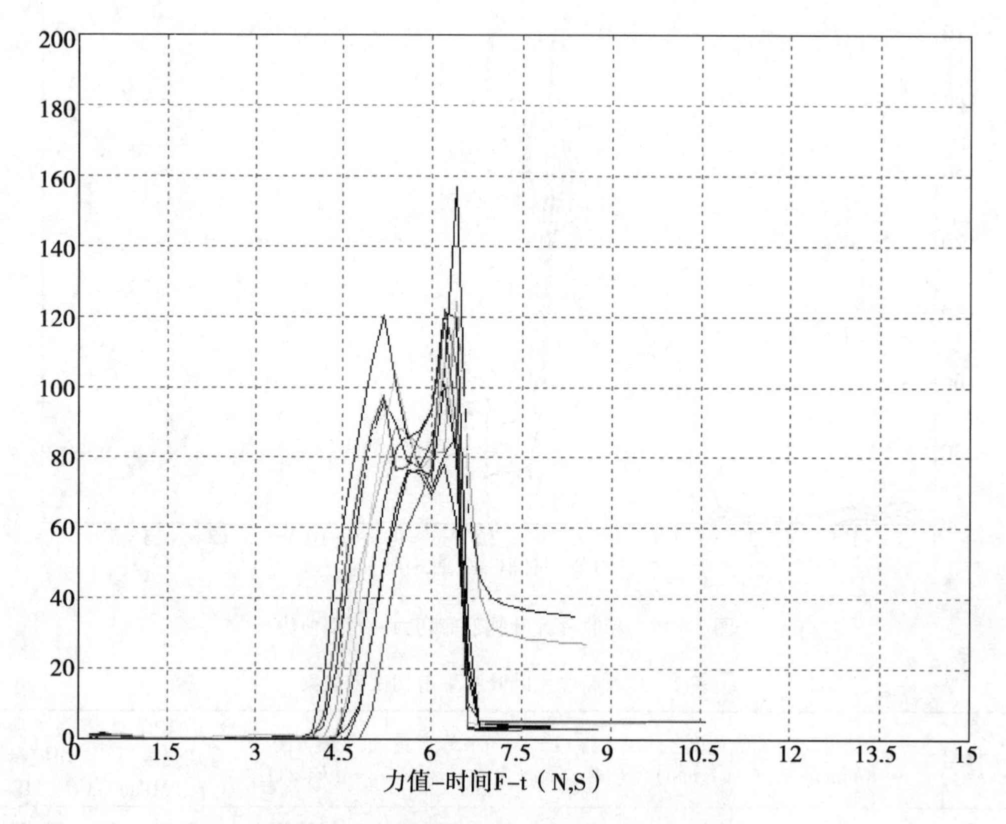

图2-18　储存蔗叶叶脉下剪切力—时间曲线

表2-14　储存蔗叶叶脉下剪切试验结果

试样号	长度（mm）	宽度（w，mm）	厚度（d，mm）	水分含量（%）	最大力（F，N）	最大剪切强度（τ，MPa）	最大剪切模量（G，MPa）
1	90	7	2.90	11.45	86.63	4.27	247.53
2	90	8	3.52	11.30	124.40	4.42	311.00
3	90	7	3.38	8.96	156.83	6.63	448.09
4	90	7	3.00	11.00	131.03	6.24	374.36
5	90	7	3.50	9.68	106.72	4.36	304.92
6	90	6	2.72	10.34	117.88	7.22	392.94

（续表）

试样号	长度（mm）	宽度（w，mm）	厚度（d，mm）	水分含量（%）	最大力（F，N）	最大剪切强度（τ，MPa）	最大剪切模量（G，MPa）
7	90	6	2.68	8.70	100.56	6.25	335.22
8	90	8	3.60	13.20	78.20	2.72	195.49
9	90	6	2.10	10.00	121.01	9.60	403.37
10	90	6	2.88	8.33	122.00	7.06	406.66

由表2－13与表2－14的试验结果对比可知：储存蔗叶叶脉下部的最大剪切力、最大剪切强度及最大剪切模量的四个衡量指标都小于新收蔗叶的值，由此可知，对于剪切试验，储存蔗叶叶脉下部比新收蔗叶叶脉下部更容易被破坏。

3. 叶脉中部剪切力学性能试验

图2－19为新收蔗叶叶脉中部10个试样的剪切力—时间曲线图，图中10个试样的剪切曲线的走势基本一致，且曲线图与图2－17类似。表2－15为新收蔗叶叶脉中部剪切试验结果，从表中可以得出最大剪切力的平均值为87.75N，标准差为18.84N，最大剪切力的最大值为118.55N，最大剪切力的最小值为61.35N；最大剪切强度的平均值为8.41MPa，标准差为1.66MPa，最大剪切强度的最大值为11.43MPa，最大剪切强度的最小值为5.77MPa；最大剪切模量的平均值为703.81MPa，标准差为75.34MPa，最大剪切模量为832.27MPa，最小剪切模量为599.69MPa；平均水分为58.76%。

表2－15　新收蔗叶叶脉中剪切试验结果

试样号	长度（mm）	宽度（w，mm）	厚度（d，mm）	水分含量（%）	最大力（F，N）	最大剪切强度（τ，MPa）	最大剪切模量（G，MPa）
1	90	6.0	2.60	58.59	89.95	5.77	599.69
2	90	5.0	2.22	62.60	96.22	8.67	769.79
3	90	7.0	2.72	65.03	118.55	6.23	677.44
4	90	5.0	2.28	57.02	93.97	8.24	751.74
5	90	6.0	2.40	57.25	107.84	7.49	718.93
6	90	4.0	1.50	54.55	68.60	11.43	685.99
7	90	4.0	1.82	46.07	63.31	8.70	633.05
8	90	4.0	2.10	59.62	83.23	9.91	832.27
9	90	4.0	1.68	61.04	61.35	9.13	613.46
10	90	5.0	2.20	65.81	94.47	8.59	755.77

图2－20为储存蔗叶叶脉中部10个试样的剪切力—时间曲线图，图中10个试样的剪切曲线的走势基本一致，且曲线图与图2－18类似。表2－16为储存蔗叶叶脉中部剪切试

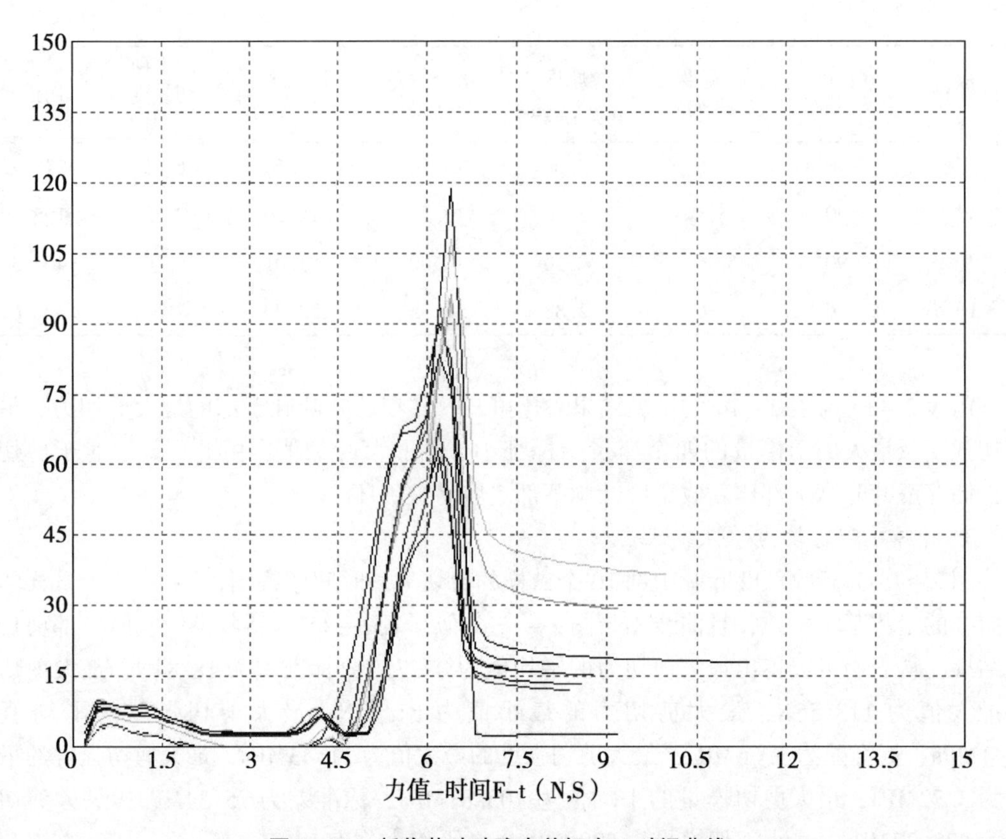

图 2－19　新收蔗叶叶脉中剪切力—时间曲线

验结果，从表中可以得出最大剪切力的平均值为 58.56N，标准差为 10.30N，最大剪切力的最大值为 79.19N，最大剪切力的最小值为 44.60N；最大剪切强度的平均值为 5.77MPa，标准差为 1.10MPa，最大剪切强度的最大值为 7.92MPa，最大剪切强度的最小值为 4.55MPa；最大剪切模量的平均值为 496.18MPa，标准差为 65.72MPa，最大剪切模量为 633.52MPa，最小剪切模量为 399.99MPa；平均水分为 9.32%。

表 2－16　储存蔗叶叶脉中剪切试验结果

试样号	长度（mm）	宽度（w，mm）	厚度（d，mm）	水分含量（%）	最大力（F，N）	最大剪切强度（τ，MPa）	最大剪切模量（G，MPa）
1	90	5.0	2.00	10.34	61.57	6.16	492.53
2	90	5.0	2.30	10.60	60.85	5.29	486.80
3	90	6.0	2.42	8.82	71.26	4.91	475.05
4	90	5.5	2.20	8.79	55.00	4.55	399.99
5	90	4.5	2.60	8.57	55.11	4.71	489.82

（续表）

试样号	长度（mm）	宽度（w，mm）	厚度（d，mm）	水分含量（%）	最大力（F，N）	最大剪切强度（τ，MPa）	最大剪切模量（G，MPa）
6	90	5.0	2.20	8.97	55.68	5.06	445.43
7	90	3.5	1.92	8.34	48.21	7.17	550.98
8	90	4.0	1.82	8.23	44.60	6.13	445.96
9	90	4.0	2.32	10.70	54.17	5.84	541.70
10	90	5.0	2.00	9.88	79.19	7.92	633.52

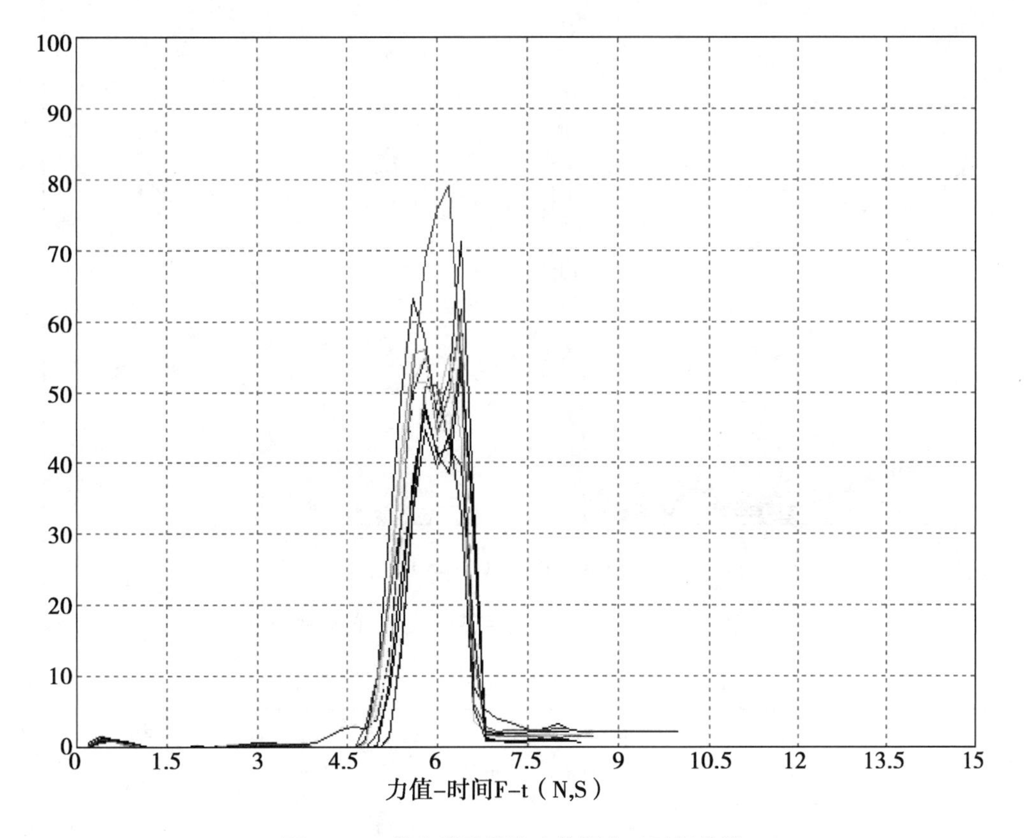

图 2－20　储存蔗叶叶脉中剪切力—时间曲线

由表 2－15 与表 2－16 的试验结果对比可知：储存蔗叶叶脉中部的最大剪切力、最大剪切强度及最大剪切模量的四个衡量指标都小于新收蔗叶的值，由此可知，对于剪切试验，储存蔗叶叶脉中部比新收蔗叶叶脉中部更容易被破坏。

4. 叶薄片下部剪切力学性能试验

图 2－21 为新收蔗叶叶薄片下部 10 个试样的剪切力—时间曲线图，图中 10 个试样的剪切曲线的走势基本一致，叶薄片和叶鞘截面均为矩形，所以曲线图与图 2－15 新收叶鞘的曲线图类似。表 2－17 为新收蔗叶叶薄片下部剪切试验结果，从表中可以得出最大剪切

力的平均值为47.06N，标准差为12.96N，最大剪切力的最大值为67.44N，最大剪切力的最小值为33.30N；最大剪切强度的平均值为9.22MPa，标准差为2.24MPa，最大剪切强度的最大值为13.29MPa，最大剪切强度的最小值为5.34MPa；最大剪切模量的平均值为324.72MPa，标准差为78.50MPa，最大剪切模量为443.09MPa，最小剪切模量为231.27MPa；平均水分为47.73%。

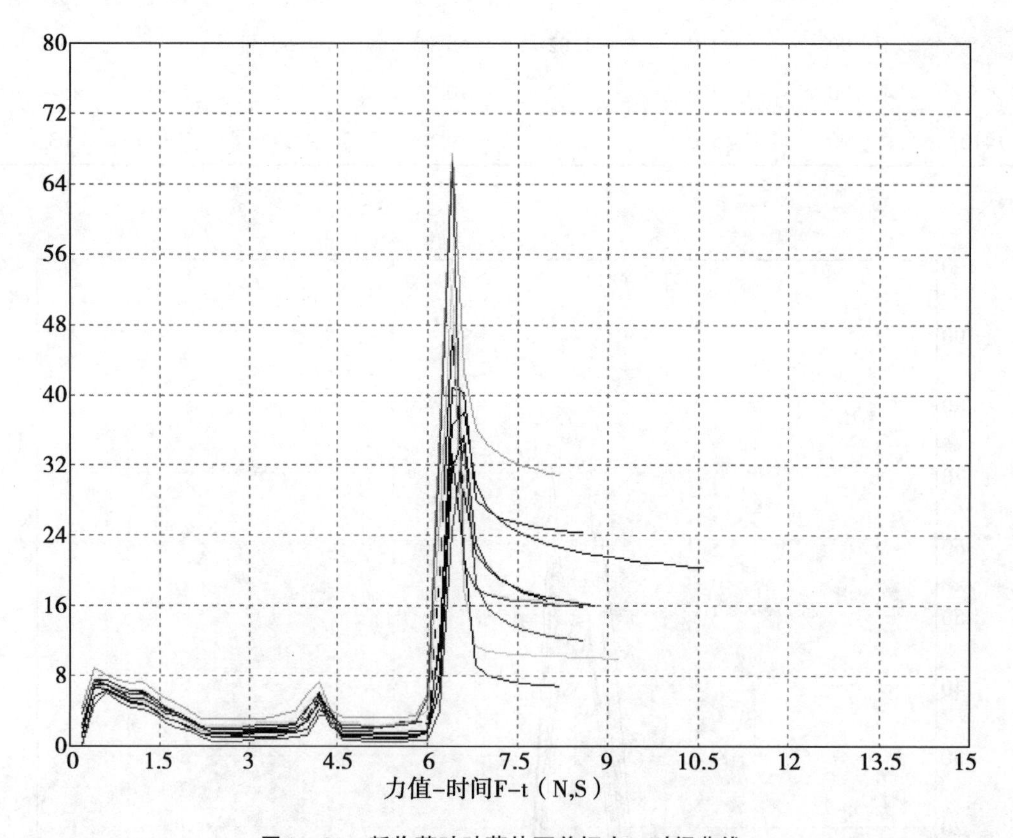

图2-21　新收蔗叶叶薄片下剪切力—时间曲线

表2-17　新收蔗叶叶薄片下剪切试验结果

试样号	长度（mm）	宽度（w_1，mm）	宽度（w_2，mm）	厚度（d，mm）	水分含量（%）	最大力（F，N）	最大剪切强度（τ，MPa）	最大剪切模量（G，MPa）
1	90	12	13	0.22	57.14	46.65	8.48	311.00
2	90	12	15	0.32	50.85	67.44	7.81	416.31
3	90	14	13	0.18	35.38	40.76	8.39	251.62
4	90	11	12	0.24	41.67	55.91	10.13	405.12
5	90	13	11	0.22	23.88	52.51	9.95	364.68
6	90	10	15	0.20	39.08	66.46	13.29	443.09

（续表）

试样号	长度（mm）	宽度（w_1，mm）	宽度（w_2，mm）	厚度（d，mm）	水分含量（%）	最大力（F，N）	最大剪切强度（τ，MPa）	最大剪切模量（G，MPa）
7	90	10	10	0.16	52.11	37.94	11.86	316.17
8	90	13	11	0.26	57.26	33.30	5.34	231.27
9	90	13	12	0.18	59.00	35.39	7.87	235.96
10	90	11	10	0.18	60.98	34.27	9.07	272.00

图 2－22 为储蔗叶叶薄片下部 10 个试样的剪切力—时间曲线图，图中 10 个试样的剪切曲线的走势基本一致，且曲线图与图 2－21 类似。

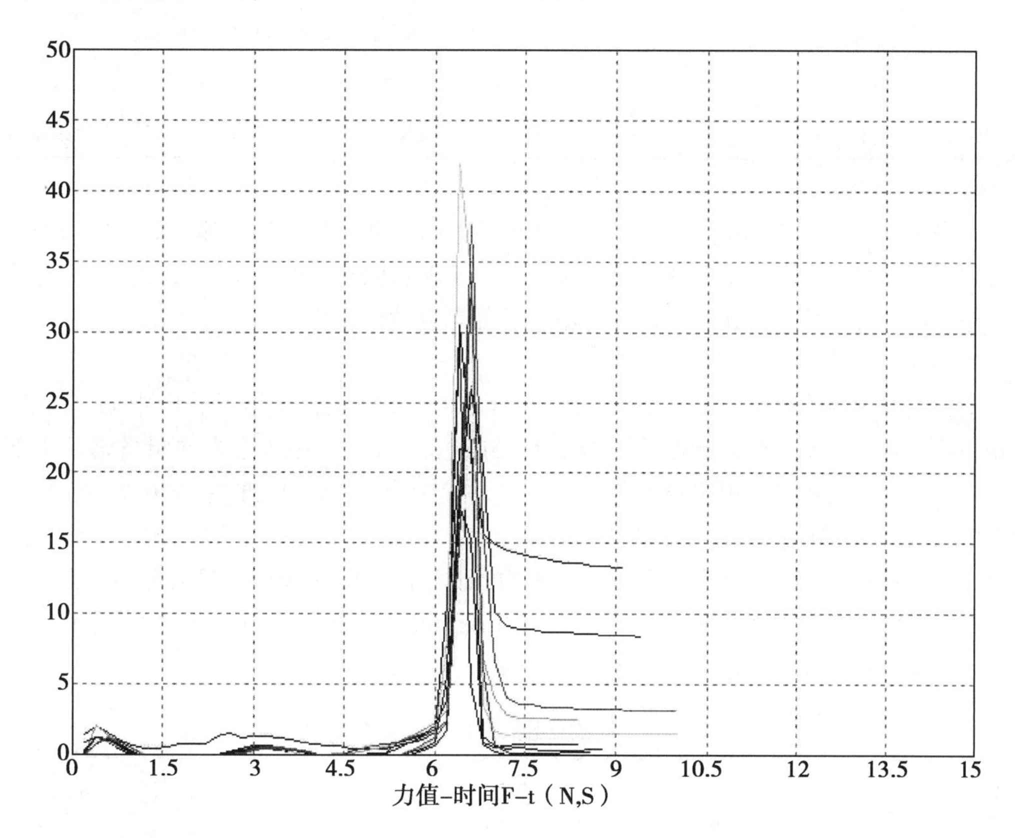

图 2－22　储存蔗叶叶薄片下剪切力—时间曲线

表 2－18 为储存蔗叶叶薄片下部剪切试验结果，从表中可以得出最大剪切力的平均值为 28.99N，标准差为 7.23N，最大剪切力的最大值为 41.93N，最大剪切力的最小值为 17.74N；最大剪切强度的平均值为 8.89MPa，标准差为 2.36MPa，最大剪切强度的最大值为 14.37MPa，最大剪切强度的最小值为 6.51MPa；最大剪切模量的平均值为 267.53MPa，标准差为 58.58MPa，最大剪切模量为 388.20MPa，最小剪切模量为 173.95MPa；平均水分为 10.36%。

表 2－18　储存蔗叶叶薄片下剪切试验结果

试样号	长度（mm）	宽度（w_1，mm）	宽度（w_2，mm）	厚度（d，mm）	水分含量（%）	最大力（F，N）	最大剪切强度（τ，MPa）	最大剪切模量（G，MPa）
1	90	7	7	0. 20	11. 30	21. 69	7. 75	258. 26
2	90	10	10	0. 18	11. 20	26. 12	7. 26	217. 70
3	90	8	8	0. 18	8. 54	28. 87	10. 02	300. 75
4	90	10	10	0. 20	11. 76	26. 04	6. 51	217. 00
5	90	8	10	0. 22	7. 80	41. 93	10. 59	388. 20
6	90	11	10	0. 20	11. 11	33. 51	7. 98	265. 92
7	90	8	9	0. 16	9. 68	17. 74	6. 52	173. 95
8	90	10	9	0. 18	9. 74	30. 53	8. 93	267. 81
9	90	7	8	0. 12	11. 20	25. 87	14. 37	287. 49
10	90	10	11	0. 20	11. 25	37. 57	8. 95	298. 19

由表 2－17 与表 2－18 的试验结果对比可知：储存蔗叶叶薄片下部的最大剪切力、最大剪切强度及最大剪切模量的四个衡量指标都小于新收蔗叶的值，由此可知，对于剪切试验，储存蔗叶叶薄片下部比新收蔗叶叶薄片下部更容易被破坏。

5. 叶薄片中部剪切力学性能试验

图 2－23 为新收蔗叶叶薄片中部 10 个试样的剪切力—时间曲线图，图中 10 个试样的剪切曲线的走势基本一致，且曲线图与图 2－21 类似。表 2－19 为新收蔗叶叶薄片中部剪切试验结果，从表中可以得出最大剪切力的平均值为 48. 18N，标准差为 10. 72N，最大剪切力的最大值为 61. 89N，最大剪切力的最小值为 32. 43N；最大剪切强度的平均值为 9. 12MPa，标准差为 1. 36MPa，最大剪切强度的最大值为 11. 17MPa，最大剪切强度的最小值为 6. 76MPa；最大剪切模量的平均值为 339. 42MPa，标准差为 70. 19MPa，最大剪切模量为 471. 57MPa，最小剪切模量为 256. 72MPa；平均水分为 51. 78%。

表 2－19　新收蔗叶叶薄片中剪切试验结果

试样号	长度（mm）	宽度（w_1，mm）	宽度（w_2，mm）	厚度（d，mm）	水分含量（%）	最大力（F，N）	最大剪切强度（τ，MPa）	最大剪切模量（G，MPa）
1	90	13	16	0. 24	52. 24	59. 15	8. 50	388. 54
2	90	15	15	0. 18	55. 49	53. 40	9. 89	339. 03
3	90	12	12	0. 20	55. 69	32. 43	6. 76	257. 39
4	90	11	11	0. 16	42. 86	33. 29	9. 46	288. 27
5	90	13	12	0. 26	41. 88	61. 89	9. 52	471. 57

（续表）

试样号	长度 (mm)	宽度 (w_1，mm)	宽度 (w_2，mm)	厚度 (d，mm)	水分含量 (%)	最大力 (F，N)	最大剪切强度 (τ，MPa)	最大剪切模量 (G，MPa)
6	90	13	13	0.18	42.96	35.04	7.49	256.72
7	90	11	11	0.20	51.45	49.14	11.17	425.44
8	90	15	16	0.16	55.35	52.89	10.66	324.98
9	90	16	15	0.20	56.74	52.28	8.43	321.26
10	90	15	16	0.18	63.11	52.25	9.36	321.02

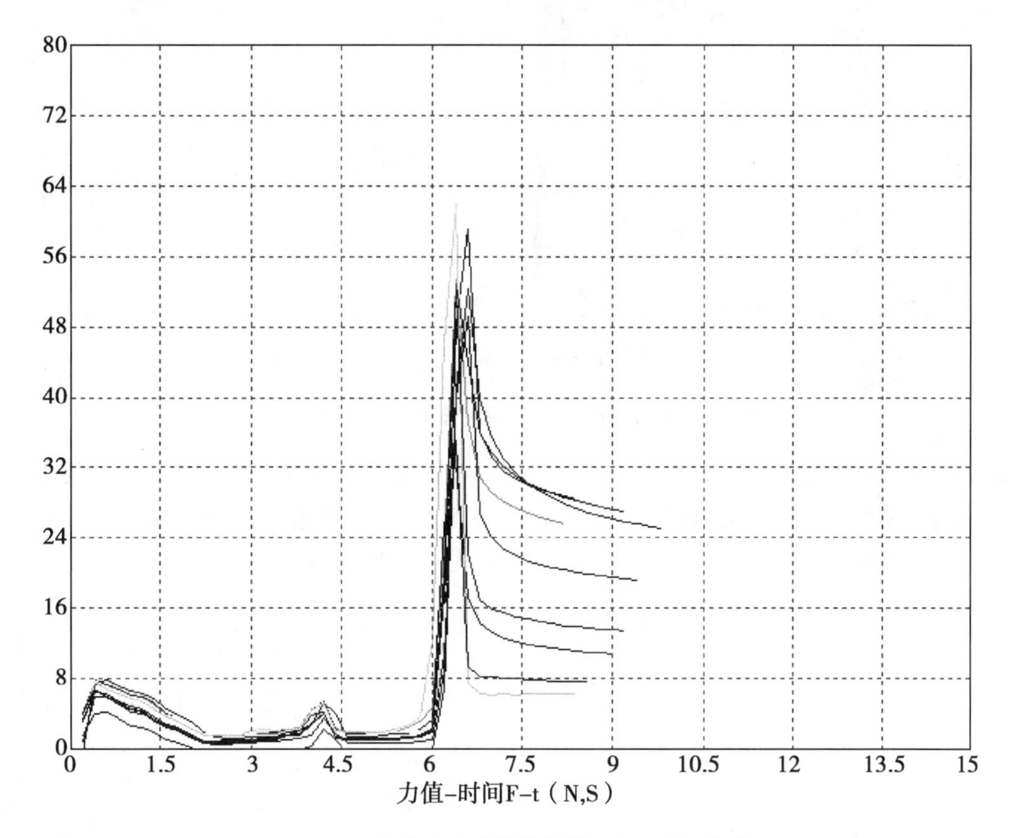

图 2－23　新收蔗叶叶薄片中剪切力—时间曲线

图 2－24 为储存蔗叶叶薄片中部 10 个试样的剪切力—时间曲线图，图中 10 个试样的剪切曲线的走势基本一致，且曲线图与图 2－22 类似。表 2－20 为储存蔗叶叶薄片中部剪切试验结果，从表中可以得出最大剪切力的平均值为 31.13N，标准差为 6.56N，最大剪切力的最大值为 39.41N，最大剪切力的最小值为 18.10N；最大剪切强度的平均值为 7.83MPa，标准差为 1.08MPa，最大剪切强度的最大值为 8.91MPa，最大剪切强度的最小值为 5.14MPa；最大剪切模量的平均值为 272.74MPa，标准差为 71.90MPa，最大剪切模量为 407.17MPa，最小剪切模量为 156.69MPa；平均水分为 11.06%。

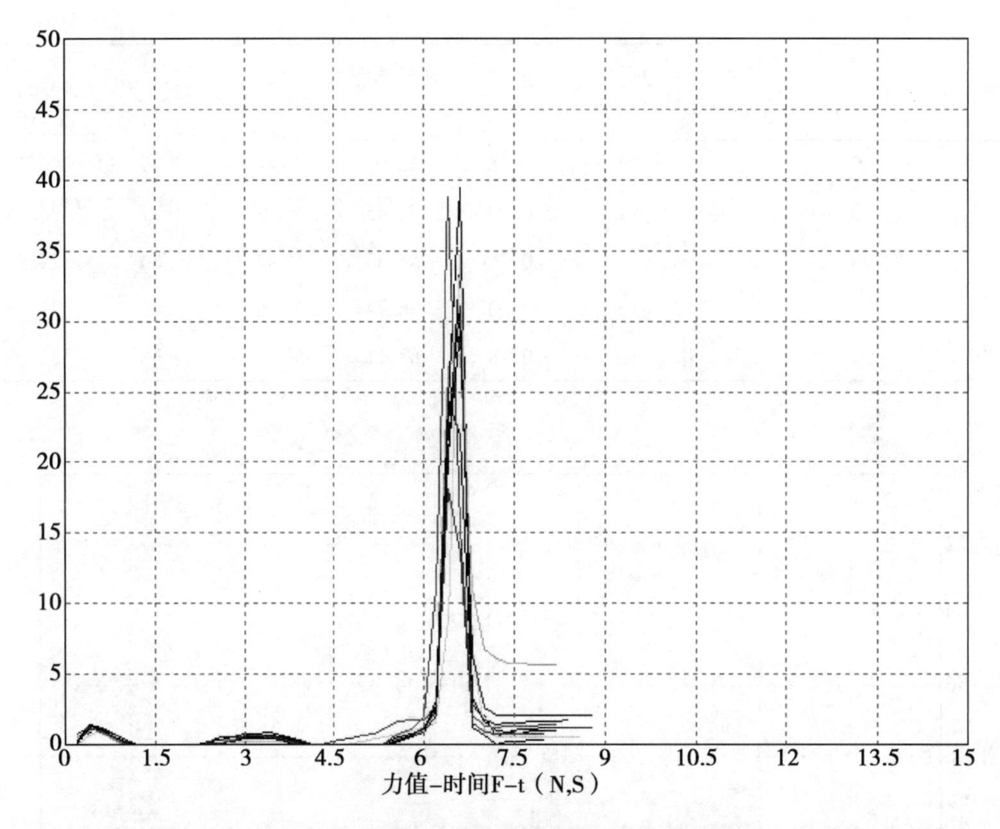

图 2－24　储存蔗叶叶薄片中剪切力—时间曲线

由表 2－19 与表 2－20 的试验结果对比可知：储存蔗叶叶薄片中部的最大剪切力、最大剪切强度及最大剪切模量的四个衡量指标都小于新收蔗叶的值，由此可知，对于剪切试验，储存蔗叶叶薄片中部比新收蔗叶叶薄片中部更容易被破坏。

表 2－20　储存蔗叶叶薄片中剪切试验结果

试样号	长度 (mm)	宽度 (w_1，mm)	宽度 (w_2，mm)	厚度 (d，mm)	水分含量 (%)	最大力 (F，N)	最大剪切强度 (τ，MPa)	最大剪切模量 (G，MPa)
1	90	7	9	0.24	12.23	34.20	8.91	407.17
2	90	11	12	0.14	10.45	27.62	8.58	228.73
3	90	10	12	0.22	9.87	39.41	8.14	341.22
4	90	12	11	0.20	13.63	33.75	7.34	279.52
5	90	12	12	0.18	12.37	34.68	8.03	275.27
6	90	11	11	0.16	9.52	18.10	5.14	156.69
7	90	11	11	0.14	8.70	24.31	7.89	210.52
8	90	11	9	0.20	14.25	29.38	7.35	279.83
9	90	13	13	0.14	10.30	31.04	8.53	227.42
10	90	11	12	0.20	9.30	38.77	8.43	321.04

四、甘蔗叶力学参数的确定

（一）甘蔗叶力学性能试验结果

通过拉伸、剪切等力学性能试验测试和计算，得出甘蔗叶不同水分状态下各部位的力学性能参数的平均值，如表 2－21 所示。

表 2－21　甘蔗叶力学性能试验结果

项目	叶鞘		叶脉下部		叶脉中部		叶薄片下部		叶薄片中部	
	新收	储存	新收	储存	新收	储存	新收	储存	新收	储存
σ (MPa)	28.21	11.48	44.60	29.45	44.24	33.18	21.13	21.35	30.84	22.00
E (MPa)	777.03	534.41	962.96	894.09	1234.69	1281.77	752.85	721.59	913.22	716.32
τ (MPa)	6.09	4.82	6.71	5.88	8.41	5.77	9.22	8.89	9.12	7.83
G (MPa)	183.01	204.09	453.74	341.96	703.81	496.18	324.72	267.53	339.42	272.74

分析甘蔗叶的力学性能，从碎解消耗的动力来说，储存甘蔗叶比新收甘蔗叶更容易被破坏，所需功率消耗要小，从甘蔗叶原料发酵成分来说，其碳、氮含量变化不大，所以为了减少功耗，应采用储存甘蔗叶进行碎解预处理会更合理。

（二）甘蔗叶力学参数的确定

通过对不同状态下的甘蔗叶的叶鞘、叶脉及叶薄片的不同部位进行的拉伸、剪切等力学试验，得出了甘蔗叶的一些弹性参数，结果表明，储存甘蔗叶水分含量少，比新收集水分含量大的甘蔗叶更容易被破坏。假设甘蔗叶的各部分结构均为各向同性材料，由各向同性材料理论可知，弹性模量 E 、泊松比 μ 、剪切模量 G 三者还满足弹性理论中的以下关系[2]：

$$G = \frac{E}{2(1+\mu)}$$

即材料的泊松比：$\mu = \frac{E}{2G} - 1$

选择水分含量少的储存甘蔗叶做厌氧发酵的原料，由于其更容易被破坏，在碎解前处理阶段将减小功耗的消耗。储存甘蔗叶的力学性能参数如表 2－22 所示。

表 2－22　储存甘蔗叶的力学性能参数

性参数	叶鞘	叶脉下部	叶脉中部	叶薄片下部	叶薄片中部
E (MPa)	534.41	894.09	1281.77	721.59	716.32
G (MPa)	204.09	341.96	496.18	267.53	272.74
μ	0.31	0.31	0.29	0.35	0.31

五、甘蔗叶力学性能试验小结

运用工程材料试验方法，参照国家相关标准对甘蔗叶的叶鞘、叶脉及叶薄片，在不同水分含量下的不同部位分别进行拉伸、剪切等力学性能试验，得出了一系列的载荷—位移及载荷—时间曲线。利用数据处理软件处理所得的数据，得出了不同水分含量下甘蔗叶的叶鞘、叶脉下部、叶脉中部及叶薄片下部、叶薄片中部的抗拉弹性模量、剪切模量、最大抗拉强度、最大剪切强度等力学参数。

从甘蔗叶力学试验数据分析得知：甘蔗叶同一部位，水分含量越小，试验中越容易被破坏；同一水分含量，叶薄片的力学性能变化不明显，叶脉下部的力学性能较中部的值小；同水分含量下力学参数大小的比较，叶脉最大，叶薄片次之，叶鞘最小。

根据不同水分含量的对比试验得出，水分含量少的储存甘蔗叶在试验中更容易被破坏，所以如选择储存甘蔗叶做厌氧发酵的原料，在碎解前处理阶段将减小功耗的消耗。甘蔗叶的力学性参数为甘蔗叶发酵预处理碎解机关键技术的研究提供理论支持。

第二节　3SY 系列甘蔗叶粉碎还田机

一、机具结构及原理

3SY 系列（包括 120 型、140 型、180 型）甘蔗叶粉碎还田机属于自捡式甘蔗叶粉碎还田机，粉碎原理是利用高速旋转的甩刀产生的负压和甩刀的共同作用将甘蔗叶捡起并卷入机壳内打击切割粉碎。典型的结构如图 2－25 所示，主要由机架、传动系统、甩刀、定刀和限位轮等组成。为了仿形，甩刀采用长刀和短刀，即在长甩刀与垄沟对应，短甩刀与垄面对应，甩刀离地间隙 3～10cm。如 FZ－100 型和 3SY 系列甘蔗叶粉碎还田机。

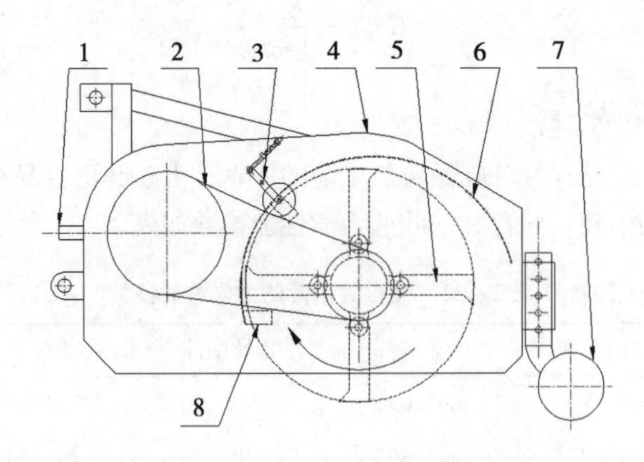

1. 变速箱　2. 皮带传动　3. 张紧装置　4. 机架　5. 甩刀　6. 机壳　7. 限位轮　8. 定刀

图 2－25　自捡式甘蔗叶粉碎还田机

机具工作原理及过程：粉碎机机壳底部开口，机壳内两侧装有轴承座并在两轴承座间装入限位轮，在限位轮轴上固定有成排的长甩刀和短甩刀，每排上的长、短甩刀依次交替排列好对应的垄型的甘蔗地，机壳内壁上国定与有长、短甩刀对应的长、短定刀。工作时，由拖拉机动力输出轴通过万向节将动刀传到粉碎机的变速箱后经传动装置变速后带动限位轮工作。限位轮在转动的同时，其上的长甩刀在蔗田垄沟下运行，短甩刀在蔗田的垄顶面上运行，运行时利用粉碎刀轴高速旋转产生的负压及甩刀片的作业将地上的甘蔗叶捡起并卷入机壳内切割粉碎，粉碎后的甘蔗叶从几个底部开口的后端落回甘蔗地中。

二、机具关键工作参数选择

（一）甩刀的刃角

甩刀刃角的大小直接影响甩刀切割阻力[4]。一般来说，刃角越小，切割越省力，剪切功率越小，但刃角过小易于磨损和破坏，本机具选取刃角的范围在 10°～40°[6]。

（二）粉碎刀轴的转速

刀轴的转速决定甩刀的切割速度及产生负压的太小，是影响切割性能及捡拾性能的主要因素。刀轴的转速高，产生的负压大，捡拾性能好。同时，刀轴的转速高，甘蔗叶易于粉碎，但考虑到刀轴的转速过高时会造成振动较大，轴承动载荷较大，甩刀和坚硬石块碰撞时刀轴轴承易于破坏鞥，因此，刀轴转速取 16～30r/s，这时刀端切割线速度大于 34m/s[7]。

（三）拖拉机的前进速度

拖拉机前进速度的快慢直接影响到甩刀的捡拾率和粉碎率。前进速度太快，容易引起漏检和漏切，使机具达不到所规定的工作性能要求。前进速度太慢，则造成重检和重切，虽然能够提高捡拾率和粉碎率，但会降低工作效率，增大功耗，提高作业成本。因此要使相邻两动甩刀间既不漏检和重切，必须使后一个刀尖与前一个刀根的运动轨迹相重合，设定为 0.5～1.2m/s[7]。

（四）粉碎刀轴离地高度

试验时通过调整限位轮轴的离地高度来调节甩刀的离地高度，甩刀离地高度的大小直接影响到甩刀捡抬甘蔗地里甘蔗叶性能好坏，即影响甘蔗粉碎机的捡拾率。离地高度过小，甩刀的捡拾率好，但容易造成甩刀碰到宿根蔗头或者地面，从而影响宿根蔗的生长并使得甩刀阻力过大，因其卡刀、堵塞等现象，降低切割效率。因此，碎叶的距离高度不应过低，设定高度为 39～44cm。

三、试验情况

试验在广西甘蔗研究所的甘蔗试验田中进行其土壤蔗叶及地块大小均符合试验条件要求蔗叶含水率为 13.5% 田块行距和垄高分别为 135cm 和 20cm，垄宽为 80cm；试验中选取了动刀片的刃角、刀轴转速（切割粉碎速度）、拖拉机的前进速度和刀轴的离地高度 4 个因素。

对垄面与垄沟两种不同试验条件下所测得数据分别进行整理与分析，结果表明：

垄面与垄沟的捡拾率和碎叶率有一定的差距。垄面上蔗叶的捡拾率和碎叶率都高于垄沟蔗叶的捡拾率和碎叶率。其原因，一是垄沟的蔗叶被拖拉机的轮子压过，二是甩刀在垄沟里捡拾不到湿度较大的蔗叶，这两者是垄沟捡拾率和碎叶率较垄面上的捡拾率和碎叶率要低的主要原因。但总的看来，碎叶的效果和捡拾的效果较好。

粉碎刀轴的旋转速度对捡拾率和碎叶率的影响最大，是4个试验因素中最显著的一个因素，其次是机具前进速度和刀片刃角的影响，但不显著；粉碎刀轴的离地高度对垄上的碎叶率影响显著，但对垄下的捡拾率影响却是最小的。由此得出最优组合碎叶轮轴的旋转速度为1 800r/min，机具的前进速度为0.71m/s，刀片刃角为40°，碎叶轮轴的离地高为39cm时，甘蔗碎叶机的捡拾率和碎叶率最好。在最优组合的条件下，甘蔗碎叶机在垄面上的捡拾率高达100%时，碎叶率也达到了92.4%，而在垄沟里的捡拾率达到94%时，碎叶率达到82.3%。可以得出捡拾率和碎叶率等性能指标均符合要求。

第三节　4F系列甘蔗叶粉碎还田机

一、机具结构及原理[5]

4F系列甘蔗叶粉碎还田机由万向节、齿轮箱、摆线针轮减速器、链条机皮带传动、机架及罩盖、粉碎刀球、捡拾器、固定刀片、行走轮等部分组成，如图2－26所示。

该机具设计了一种甘蔗叶捡拾机构，可以克服甘蔗叶在地面粉碎的诸多缺点。甘蔗叶粉碎作业质量的好坏，取决于捡拾器和粉碎刀球的设计是否合理。

为了适应不同地表情况的作业要求，采用弹齿捡拾器，用4排弹齿固定在转轴上，弹齿的高度可通过行走轮调节。弹齿在轴上的排列如图2－27所示。为了避免甘蔗叶缠绕刀球，刀球刀片采用活动直刀，且用分组方法配置，刀片在刀轴上的排列如图2－28所示。

机具的工作原理：该机与拖拉机配套悬挂作业，拖拉机动力由动力输出轴经万向节传至齿轮箱后分二路传动：一路经三角皮带传动带动粉碎刀球轴转动，另一路通过摆线针轮减速器后，经链条传动带动捡拾器转动。刀球轴增速后刀片获得很高的线速度，捡拾器减速后，获得合理的捡拾喂入量。机具随着拖拉机向前行进时，其捡拾器将甘蔗叶捡拾起，转动刀片将捡拾器喂人的甘蔗叶高速带入罩盖内。罩盖内装有一排固定刀片，甘蔗叶在罩内被转动刀片和固定刀片剪切（或撕裂）成碎段，剪切面碎段的甘蔗叶在离心力作用下沿罩盖内切线均匀抛撒到地上，至此完成甘蔗叶粉碎的全过程。

二、主要技术创新点

1. 后置式捡拾器

后置式捡拾器是本系列机具的独特设计，结构简单可靠、捡拾效果好。

2. 小质量片刀

目前，甘蔗叶粉碎还田机的粉碎用的甩刀都是采用10mm厚度，质量比较大（800～900g），如粉碎还田机工作时发生断刀故障，高速运转的刀辊也随着发生动静平行力改变，造成粉碎还田机产生震动损坏机具；本捡拾式甘蔗叶粉碎还田机的粉碎片刀，采用质量较轻（91～92g），厚度仅1.2mm，片刀长度尽可短一些，样机粉碎刀为12.8cm，高速运转

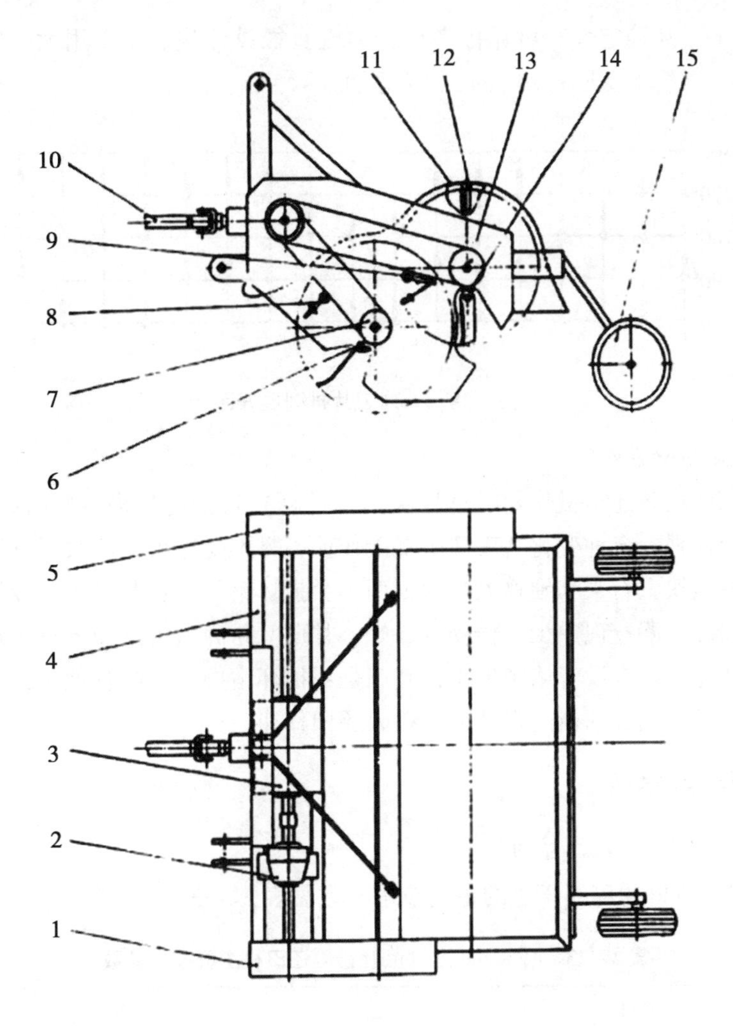

1. 链护罩　2. 摆线针轮减速器　3. 齿轮箱　4. 机架　5. 皮带护罩　6. 捡拾器总成　7. 链传动　8. 链张紧装置　9. 皮带张紧装置　10. 万向节　11. 罩盖　12. 固定刀片　13. 皮带传动　14. 粉碎刀球　15. 行走轮

图 2－26　4F 系列甘蔗叶粉碎还田机结构示意图

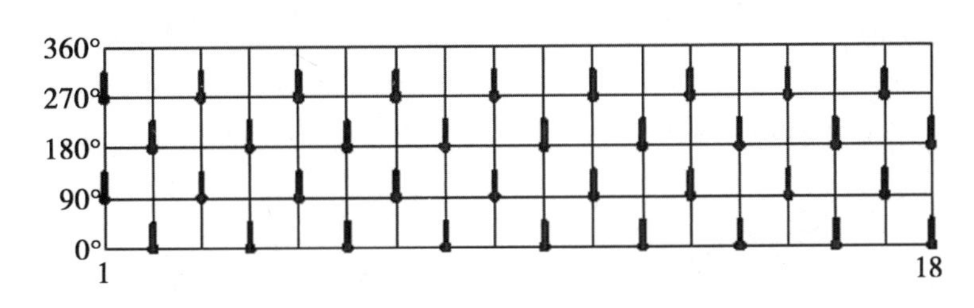

图 2－27　弹齿排列展开图

的钢片刀方法粉碎甘蔗叶与现有技术相比其有益效果：功率小，效率高，片刀费用少。

3. 粉碎刀辊

甘蔗叶粉碎还田机刀辊的设计是整体机主要考虑的问题，传统的还田机刀辊直径设计一般是 10～15cm，从稳定性和可靠性考虑，刀辊直径设计我们是采用大一些为宜，直径约为 20～22cm，刀辊的壁厚选用 6mm 较为适宜。

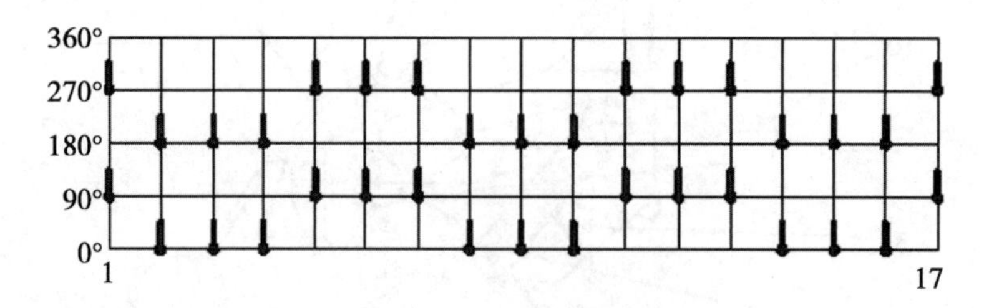

图 2－28　刀球刀片排列展开图

4. 不打伤蔗头和蔗苗

捡拾式甘蔗叶粉碎还田机作业时将甘蔗叶（秸秆）捡拾起来进行旋粉碎刀粉碎还田，其一是具有适应性强，多种变化地表情况都能作业，且不受雾天湿度大天气影响，粉碎片刀离开地面，在地块上石头和硬物大多留下而不会损坏钢片刀；其二是作业质量好，甘蔗叶都能捡拾起粉碎，漏捡现象少，粉碎效果好，甘蔗叶粉碎后可立即进行土地翻耕，或机械破垄施肥等作业，基本没有堵犁现象；其三是不损坏宿根甘蔗的甘蔗头，收获后有些甘蔗苗生长出来，不损伤甘蔗苗进行甘蔗叶粉碎还田作业。

三、主要技术参数

1. 4F－200 型甘蔗叶粉碎还田机

4F－200 型甘蔗叶粉碎还田机的主要技术参数见表 2－23。

表 2－23　4F－200 型甘蔗叶粉碎还田机主要技术参数

项目	参数
外形尺寸（mm）	2 450×2 130×1 030
配套动力（kW，hp）	73.5（100）
整机质量（kg）	1080
旋粉碎刀辊转速（$r \cdot min^{-1}$）	1 800
捡拾刀辊转速（$r \cdot min^{-1}$）	250
旋粉碎刀片数量（把）	24
旋粉碎刀片规格（长×宽×厚）（mm）	128×75×1.2
阻抗定刀数量（把）	26
刀类型	直片刀型
捡拾刀片数量（组）	12
最大工作幅宽（cm）	200
班次生产率（亩）（8h 每班）	80
捡拾率（%）	≥98

（续表）

项目	参数
粉碎率（甘蔗叶碎段≤20cm）（%）	≥85
耗油率（$kg \cdot 亩^{-1}$）	≤1.5

2. 4F－180 型甘蔗叶粉碎还田机

4F－180 型甘蔗叶粉碎还田机的主要技术参数见表 2－24。

表 2－24　4F－180 型甘蔗叶粉碎还田机主要技术参数

项目	参数
配套动力	菲亚特 80－90 型轮式拖拉机
外形尺寸（mm）	1 850×2 250×1 150
弹齿数量（个）	36
弹齿轴转速（$r \cdot min^{-1}$）	200
刀球刀片数量（把）	34
刀球轴转速（$r \cdot min^{-1}$）	2 000
固定刀片数量（把）	18
工作幅度（m）	1.8
粉碎长度（cm）	8－10
班次生产率（亩）	100
连接方式	半悬挂

四、试验情况

样机试制完成后，在国家龙头企业广东省丰收糖业发展有限公司下属的北和、海滨、西湖 3 个连队共进行了 200 多亩的性能试验，试验过程及效果如图 2－29、2－30 所示，试验结果表明：

整机结构和各种参数选择合理，作业顺畅。

适应性强。各种地表情况都能作业，且不受早上湿度大等潮湿天气影响。粉碎刀片离开地面，在石头的地块也能作业而不会损坏刀片。

作业质量好。全部甘蔗叶都能捡拾起粉碎，没有漏捡现象；粉碎效果好，甘蔗叶粉碎后可立即进行翻耕，覆盖率高，没胡堵犁现象。

工效高。机组作业时，因粉碎刀球刀片不与泥土接触，虽然工作幅度较大（相对之前粉碎机只有 1m 左右的工作幅度），但工作阻力较小，最快时拖拉机可用高 I 挡行走，小时生产率可达 16 亩（1.07hm^2）。但在试验中也发现一些问题：一是弹齿的结构及加工工艺不是很理想，较易变形；二是三角皮带的较易耐磨。

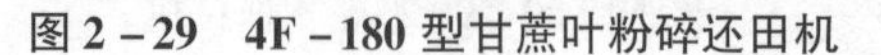

图 2－29　4F－180 型甘蔗叶粉碎还田机

图 2－30　机具作业效果

第四节　1GYF 系列甘蔗叶粉碎还田机

一、机具结构及原理

1GYF 系列甘蔗叶粉碎还田机主要机型有：1GYF－150 型（图 2－31）、1GYF－200 型、1GYF－250 型（图 2－32）。其中 1GYF－150 型甘蔗叶粉碎还田机结构（图 2－33），主要由带传动系统、机架、前挡板、动刀、定刀、刀辊、后挡板、限位轮和集叶器等组成，其中集叶器主要由斜杆和连接板等部件组成，通过三点悬挂结构挂接于拖拉机后，利用万向节连接动力输入轴 1（图 2－34），经过变速箱 2 加速将动力传递给粉碎机机身两侧的带传动机构，如图中对称分部在机架两侧的大带轮 3，和小带轮 4。经过带传动机构加速，将动力传递给粉碎刀辊 5，刀辊以 1 830r/min 的速度带动多组弯刀和直刀，集叶器将地表蔗叶集起喂入粉碎室，在刀辊上动刀和机架定刀的作用下将蔗叶撕裂、打碎，碎屑在离心力作用下抛洒覆盖于地表，完成甘蔗叶、秸秆的粉碎还田作业。

图 2－31　1GYF－150 型甘蔗叶粉碎还田机

图 2－32　1GYF－250 型甘蔗叶粉碎还田机

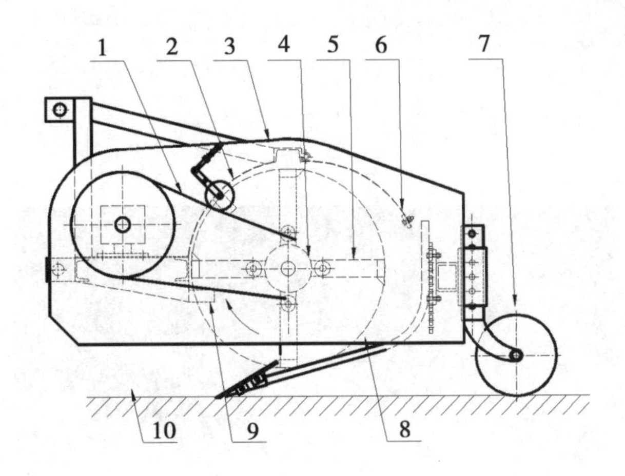

1. 带传动 2. 前挡板 3. 机架 4. 刀辊 5. 甩刀 6. 后挡板 7. 限位轮 8. 集叶器 9. 定刀 10. 地面

图 2-33 1GYF-150 型甘蔗叶粉碎还田机结构简图

二、机具关键工作参数选择

1. 变速箱的设计

变速箱箱体和开式锥齿轮均为铸造件，农业机械铸造齿轮精度 10 级，加工技术要求如表 2-25 所示，刀辊转速为 1 830r/min。影响甘蔗叶粉碎还田机作业性能的主要因素有：刀辊的转速、甩刀类型、定刀排列和数量、机具前进速度、甩刀刀头距地沟间隙等，经田间试验与数据分析，刀辊转速为 1 830r/min 时，机具作业质量最优，因此，本章将这个转速作为已知条件。如表 2-26 所示，在发动机标定转速下动力输出功率≤60kW 时，动力输出轴转速为 540r/min，由此可知变速箱为加速变速箱，参照机械设计手册参数制定如下，此处省略锥齿轮轴计算与校核，具体步骤详见机械设计手册。

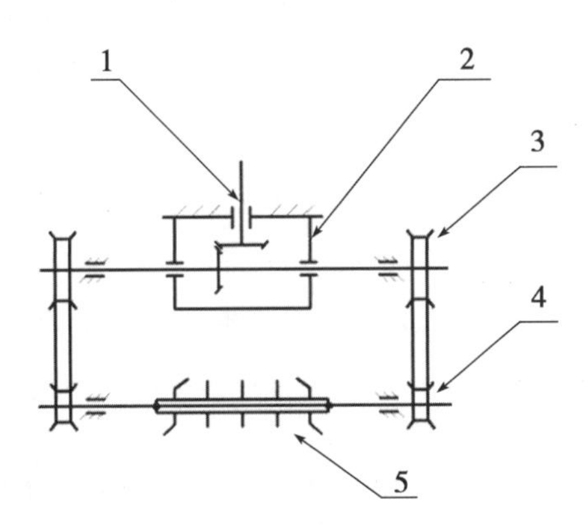

1. 动力输入轴 2. 变速箱 3. 大带轮 4. 小带轮 5. 粉碎刀辊

图 2-34 1GYF-150 型甘蔗叶粉碎还田机传动系统简图

利用 Solid Edge ST4 对粉碎机整机建模，通过零件图装配，检验机构合理性，变速箱零件装配爆破图，如图 2-35 所示。

$$I_{变速箱} = n_{主动}/n_{从动} = Z_{从动}/Z_{主动} = 0.4$$

$$I_{带传动} = n_{小带轮}/n_{大带轮} = D_{大带轮}/D_{小带轮} = 1.35$$

$$m = 5$$

$$Z_{主动} = 44 \ Z_{从动} = 18$$

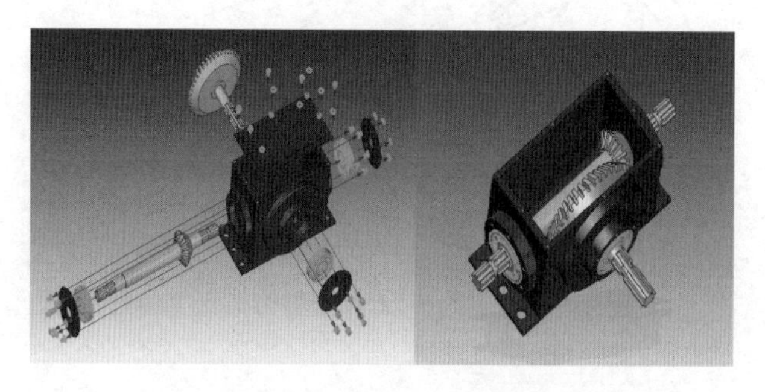

图 2-35　变速箱零件装配爆破图

表 2-25　变速箱加工工艺要求

部件名称	材　料	参考标准	性能要求
变速箱箱体	QT400-17	GB/T1348	
齿　轮	20CrMnTi	GB/T3077	1. 齿面渗碳处理，渗碳厚度为齿轮模数的 10% ~15%。 2. 齿面淬火热处理硬度为 58~64HRC，芯部硬度为 33~45HRC。 3. 加工精度符合 GB/10095、GB/T11365 要求。
花键轴	45	GB/T 3077	1. 表面高频淬火处理后进行磨削加工。 2. 花键尺寸、公差和检验应符合 GB/T1144 中的有关规定。

表 2-26　动力输出轴形式特性

动力输出轴类型	公称直径（mm）	花键齿数与类型	动力输出轴标准转速（r/min）	发动机标定转速下推荐的动力输出轴功率（kW）
1	35	6，齿矩形花键	540	≤60
			1 000	≤92
	48	8，齿矩形花键	540 或 1 000	≤115
2	35	21，齿矩形花键	1 000	≤115
3	45	20，齿矩形花键	1 000	≤275

注：①发动机标定转速按照 GB/T 3871.3—2006《农业拖拉机试验规程第三部分：动力输出轴功率试验》或 OECD 规则 1 或 2 的规定确定；②本选择不适合勇于北美地区；③8 齿、φ48mm 矩形花键动力输出轴仅推荐在国内生产的拖拉机上使用。在图样和技术文件中标记为 φ48 型。

2. 双侧带传动的设计

1GYF-150 甘蔗叶粉碎还田机，属于拖拉机牵引机械，工作动力由拖拉机后输出轴来提供。经过图 2-33 中所示 1 万向节联轴器，2 变速箱传递到带轮。由公式：

$$P_{输出} - P_{输入} \cdot \vartheta_{总}$$

$$\vartheta_{总} = \vartheta_{万向节} \cdot \vartheta_{变速箱}$$

其中拖拉机后输出动力由 GB/T 3871. 3—2006《农业拖拉机试验规程第三部分：动力输出轴功率试验》表查得，配套拖拉机后输出轴 540r/min 系列，六齿矩形花键轴发动机标定转速下动力输出功率[8]，根据《机械设计手册》常用机械传动方式传动效率表[9]查得，变速箱中为农用机械铸造开式锥齿轮，齿轮精度为 10 级，传动比已知，传递效率，经计算，具体参数见表 2－27。

工况系数 K_A，条件：工作时间≤10，软启动，载荷变动较大。

设计功率 P_D，公式：

$$P_D = K_A \times P_{输出}$$

带型：B，根据 P_D和相应带轮转速查表确定。

单根 V 带额定功率：P_1由带轮直径和转速查表 B 型带获得，$P_1 = 11.84$kW。

V 带传动具有结构简单、性能稳定、噪音低、缓和载荷冲击、传递功率大、成本低、易安装的优点[10]。国内现有类型的粉碎机，单侧传动皮带负载过大，导致使用寿命过短。

V 带根数 Z：

$$Z = \frac{P_D}{(P_1 + IP_1)\ K_a K_l}$$

代入参数计算得 $Z = 6.54$。

确定双侧带传动机构，每侧 4 根 V 带。

表 2－27　带传动运算参数（参照机械设计手册）

符号	数值	备注
K_A	1.2	工况系数
P_D	60	设计功率
i	1.35（1 830/1 350）	传动比
P_1	11.84	单根 V 带基本额定功率
ΔP_1	0.87	额定功率增量
a	530	实际轴间距
a_1	169.73°	小带轮包角
K_a	0.98	小带轮包角修正系数
K_l	0.84	带长修正系数

3. 刚体力学有限元分析

利用 Solid Edge ST4 对粉碎机各个零部件三维建模，在装配环境下添加约束，构建虚拟样机如图 2－36 所示，通过软件干涉检验功能审核粉碎机结构合理性。通过软件仿真模块对粉碎机主传动轴进行刚体力学的有限元分析，如图 2－37 所示。对带轮装配位置添加重力和皮带预紧力，变速箱轴承和机架轴承位置添加纵向主要承重力和次要径向力，划分网格经有限元分析，发现应力集中区域位于变速箱两侧轴承位置，按照图示应力屈服极限分析，虽有应力集中，但双侧传动，受力均衡，如没有极恶劣环境，负载过大情况，工作状态安全。

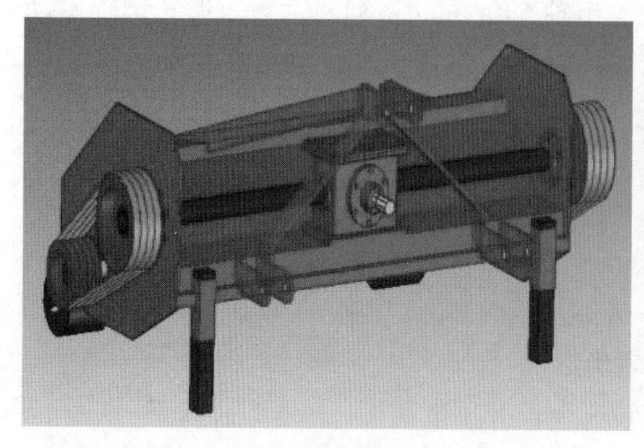

图 2－36　1GFY－150 甘蔗叶粉碎还田机虚拟样机

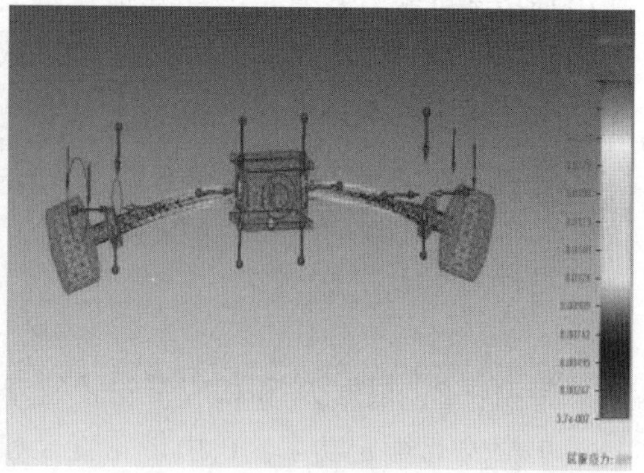

图 2－37　主传动轴力学有限元分析

4. 机具甩刀及刀辊设计

（1）甩刀形状种类

甘蔗叶粉碎还田机的甩刀形状不仅直接影响甘蔗叶粉碎还田机的粉碎效果，而且在一定程度上影响刀轴的设计和定刀的排列。甩刀按形状可分为直刀，L 型及其改进型刀，T 型刀，锤爪，Y 型甩刀型。结构简图见图 2－38。

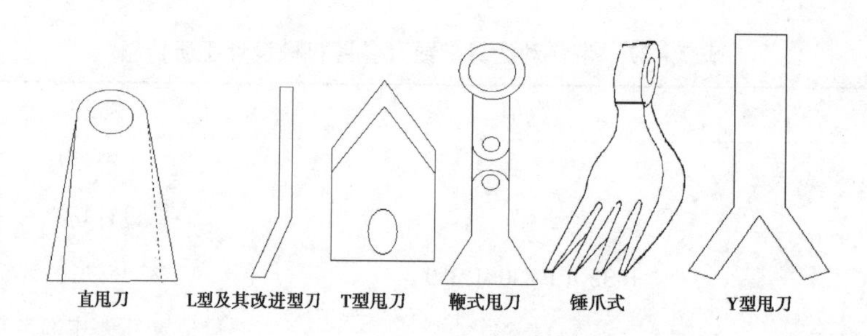

图 2－38　甩刀形状结构图

直刀型。直刀工作部位一般开刃，以砍切为主，滑切为辅的切割方式，结构简单，制造容易。通常两把或三直刀为一组，间隔较小，排列较密。其高速旋转时，有多个甩刀同时参与切断粉碎，使粉碎效果较好，尤其针对有一定的韧性类秸秆，更为明显。同时由于该类甩刀体积小，运转时阻力小，消耗的功率较小[11]。

锤爪型。采用锤爪型粉碎还田机的工作原理是利用高速旋转的锤爪来捣碎，撕剪甘蔗叶，由于自身质量较大，锤击惯性力大，粉碎质量较好。同时锤爪表面积大，切碎过程中能产生较大吸力，将甘蔗叶拾起。锤爪一般采用高强度耐磨铸钢，强度大且耐磨。若种植地块横横畦较多较高，工作过程中就会产生很大阻力，使负载明显增大。

Y 型甩刀。Y 型甩刀切割部位多数开刃，这样增加了它的剪切力，甘蔗叶粉碎率高。因刀具为 Y 型，其对甘蔗叶的捡拾较好。体积和重量均小于锤爪，所受阻力较小。所以其消耗拖拉机的功率较小。

T 型甩刀。T 型甩刀特点是既有横向切割，又有纵向切割，即在切碎的同时还通过刀柄的刃部将打裂。但结构较复杂，主要是用于立式粉碎还田机[11]。

L 型及其改进型刀。吴子岳提出 L 型曲刃刀，即正切刃是圆弧曲线刃，圆弧半径 214mm，滑切角度为 10°～30°，侧切刃是直刃，每刀作业宽度 80mm。采取曲刃刀可以实现滑切的方式切断根茬，减少切割阻力，滑切比砍切能明显降低却断速度。

鞭式刀具。鞭式刀具[12]主要采用 3 节鞭式刀具结构，其由刀座、刀柄、刀头 3 节组成。刀组按螺旋线对称排列，一组刀头通过销轴连接在刀柄上，刀柄通过销轴连接在刀座上，刀座按刀组排列位置焊接在刀轴上。鞭式刀具以“三节鞭”抽打方式作用于甘蔗叶、根茬，刀头速度高，既可切碎甘蔗叶，又能同时入土破茬，使碎甘蔗叶与土壤均匀混拌，达到免耕播种要求。

（2）甩刀结构参数设计

目前，用于甘蔗叶粉碎还田的刀具主要为直刀和 L 型改进型刀等。主要的结构参数[13]有弯折角，正切面刃角，弯曲半径，切削宽度，刃厚和刀辊半径。弯折角即甩刀正切面与侧切面夹角，弯折角过大，刀尖接触土壤增加甩刀阻力和加速其磨损；弯折角过小，工作时弯折处首先接触甘蔗叶和土壤，滑向侧切刀，刀辊易堵塞，阻力增大。正切面刃角小，甩刀比较锋利，功耗小，但寿命短。

由于甩刀具有较高的旋转速度，为防止刀片在作业时碰到坚硬的障碍物（石头等）而损坏。刀片与刀座间用铰接方式联接，当甩刀端点以较高线速度旋转时，在离心力的作用下，甩刀处于径向射线位置，与转子形成一旋转整体。甩刀工作时部分动能用来克服切割阻力而产生偏距，并在离心力作用下恢复到原位。其满足公式以下[13]：

$$\sin\beta = \left(\frac{Tb}{m} - f\omega^2\rho T\right)\frac{1}{\alpha(g + \omega^2 R)}$$

式中，β——甩刀偏转角度（°）；T——甩刀端部的切割阻力（N）；f——摩擦系数（$f=0.15$）；R——甩刀回转半径（mm）；ω——甩刀角速度（rad/s）；ρ——质心离旋转中心的距离（mm）；g——重力加速度（m/s^2）；a——甩刀质心离甩刀铰接处的距离（mm）。

由上式可知：偏转角 β 过大不利于粉碎。当甩刀几何尺寸及甩刀安装尺寸一定时，增大质量 m，β 减小；m 一定时增大 ρ 时增大，β 值减小，即质量一定时甩刀质量重心向刀端移动，以减小偏转角；提高转子转速也可减小偏转角。在刀辊转速一定时，增大甩刀回转半径 R 能使甩刀刀端的绝对速度增大即提高切割速度，提高粉碎效果；但 R 增大使机具尺寸增大，刀辊动不平衡因素增大，同时增大功率损耗。

（3）甩刀速度

甩刀速度与甘蔗叶粉碎还田机的粉碎效果有直接关系，速度过小造成粉碎腔内负压小降低捡拾率影响粉碎效果，速度过大造成不必要的功率损耗。所以须设计合理的甩刀速度，根据甘蔗叶粉碎机甩刀刀端的运动轨迹方程：

$$x = R\cos(wt) + v_m t$$
$$y = R\sin(wt)$$

式中，w——角速度（rad/s）；v_m——机组前进速度（m/s）；R——甩刀回转半径

(mm)。

对轨迹方程进行一次求导可得：

$$v_x = \frac{dx}{dt} = v_m - wR\sin(wt)$$

$$v_y = \frac{dy}{dt} = wR\cos(wt)$$

因此可求得切削速度为：

$$v = \sqrt{{v_x}^2 + {v_y}^2} = \sqrt{{v_m}^2 - 2v_m wR\sin(wt) + w_2 R_2}$$

简化可得：

$$v = v_l\sqrt{1 + \frac{1}{\lambda^2} - \frac{2(R-h)}{\lambda R}}$$

其中：

$$v_l = wR = \frac{\pi n}{30}R, \lambda = \frac{v_l}{v_m}$$

式中，v_l——甩刀圆周切线方向速度（m/s）；

v_m——机组前进速度（m/s）；

n——刀辊转速（r/s）；

R——甩刀回转半径（mm）。

(4) 刀具数量与排列

对于秸秆还田机，甩刀数量要合理，并非数目越多，粉碎质量越好。刀具数量少，秸秆没有被充分的切碎打击，使粉碎出的物料块大秆长；数目多，功耗明显增大。甩刀数量可采用如下公式[14]计算：

$$N = C \cdot L$$

式中，N——甩刀总数（片）；C——甩刀密度（片/mm）；L——甩刀在主轴上分布的长度（mm）。

对于甩刀密度直刀一般取0.05～0.07片/mm，L型及其改进型取0.02～0.04片/mm，T型取0.01片/mm。

利用上公式计算出总刀数后进行排列就可以设计出刀座的排列方式，刀轴理论上刀座数目：

$$N = 2ZP_1P_2$$

式中，N——刀座数；Z——刀排数；P_1——同时参与切割的刀座数目；P_2——周向上刀座数目。

甩刀的排列方式对甘蔗叶粉碎还田机设计至关重要，合理的甩刀排列方式不仅可以提高粉碎质量，保证平衡性，减少振动；而且使作业时不堵塞、不漏耕、不重耕。甩刀排列的形式主要有螺旋排列、对称排列、交错排列、对称交错排列等等。

现在采用的刀具排列为螺旋对称排列，其应满足的条件：在同一回转平面上，若配置两把以上的甩刀，应保证进切量相等；在刀轴回转一周过程中，刀轴每转过一个相等的角度时，在同一相位角必须是一把刀工作，保证机具工作的稳定性和刀轴负荷均匀；相续工作的甩刀在刀轴上的轴向距离越大越好，以免发生堵塞。

根据甩刀排列的条件和刀座数目的计算公式，甩刀的排数为7，同时参与切割的刀座数目为2，周向上刀座数目为2，则理论上刀辊上的刀座数仅为28个。如果每组组合刀的数量为2，则共需56把，采用两把直刀和一把L型改进型则需84把。

（5）甩刀的耐磨性能

由于甘蔗叶粉碎还田机是典型的地面机械，工作环境极其恶劣，当甩刀与甘蔗叶，松软，粘湿的土壤接触时产生阻力，甚至使刀具严重磨损，造成机具的不平衡引起整机振动。因此甩刀应具备足够的强度和刚度，提高其耐磨性。

郝建军等[15]在45#钢基体制备了火焰喷焊Ni60和NiWC喷焊层，分析了鞭式刀具的失效机理，刀具破坏的原因是：磨粒对刀具工作面的切削和凿削；冲击造成的塑性变形冲击坑，尝试微区冷作硬化，反复作用下原来有一定塑性的表面逐渐变脆削落；摩擦的无数次反复冲击，使刀具发生周期弹性变形，造成接触疲劳破坏。用金相显微镜观察了刀具宏观磨损形貌和喷焊层的结合情况，运用能模拟刀具实际工作状况的自制磨损机进行了磨损试验，对比了65Mn淬火回火与火焰喷焊Ni60和NiWC喷焊强化刀具的耐磨性能。结果表明喷焊试样的耐磨性均高于对比试样淬火回火的65Mn试样，高达3.63倍，镍基自熔性合金粉末Ni60中加入铸造WC可提高喷焊层的耐磨性。证实了NiWC火焰喷焊层具有良好的耐磨性，可用于甩刀的表面强化和修复。

马跃进等[16]为解决刀具成本高，寿命短的问题，在不显著增加成本的基础上，运用热喷涂技术，对氧－乙炔火焰喷焊NiWC合金粉末强化刀具耐磨性进行研究，并对喷焊NiWC工艺进行了优化，通过正交试验确立了最佳方案，得出在实验范围内涂层配比为Ni60＋35%WC，预热温度为450℃，乙炔流量为1 000L/h，喷涂距离为40mm。表明了WC含量，喷焊层工艺对涂层耐磨性有较大差异，当WC加入量超过35%时，喷焊工艺降低，导致喷焊层中缺陷增多，硬质相分解，耐磨性不再继续提高，会有所降低。与65Mn材料比较，采用NIWC合金粉末喷焊强化的还田机刀具具良好的性价比。

孟海波等[17]对秸秆揉切机甩刀进行断裂失效分析，他们得出产生断裂的原因为应力集中，不均匀的索氏体组织是65Mn钢刀具脆性断裂的原因，对65Mn钢作为材料的甩刀经过淬火，等温淬火，回火等热处理后，甩刀不出现断裂现象且耐磨性大大提高了。

（6）刀辊的平衡研究

甘蔗叶粉碎还田机在工作过程中刀辊高速旋转运动，机具产生较大振动，影响机具的粉碎质量和使用寿命。刀辊为均质回转轴，空转时其上离心合力近视为零，所以振动产生的原因主要是由于甩刀及其附件产生的离心惯性力。甩刀的离心惯性力产生的振动再通过轴承支点传递给机架引起整机的振动。根据理论力学碰撞冲量对绕定轴转动刚体的作用及撞击中心理论，应使甩刀的主要工作刃口与甩刀撞击中心重合，即满足

$$D = J_z/Ma$$

式中，D——撞击中心至转轴的长度（mm）；J_z——转动刚体对转轴的转动惯量（kg·m^2）；M——转动刚体的质量（kg）；a——转动刚体质心至转轴的长度（mm）。

当甩刀作用于秸秆受到撞击，甩刀的摆心的速度为零，销轴及刀轴不受力，使销轴和

轴承受力较小。由于甩刀转速较高，为防止甩刀碰到坚固物体损坏，甩刀与刀座采用铰接方式联接，工作时，甩刀处于径向射线位置，与轴形成旋转整体。切割秸秆时，甩刀的部分动能用来克服甩刀产生偏转，粉碎完成后，甩刀在离心力作用下恢复到原位。所以工作时甩刀受到重力 G、离心力 p、摩擦力 F 及切割阻力 T。甩刀受力图如图 2－39 所示。

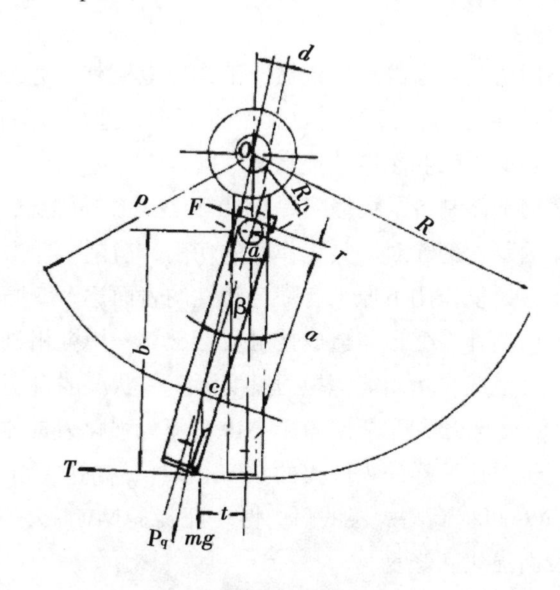

图 2－39　甩刀受力图

其中：β——甩刀偏转角度（°）；T——甩刀端部的切割阻力（N）；f——摩擦系数（$f=0.15$）；R——甩刀回转半径（mm）；ω——甩刀角速度（rad/s）；ρ——质心离旋转中心的距离（mm）；g——重力加速度（m/s^2）；a——甩刀质心离甩刀铰接处的距离（mm）。

为保证刀辊轴承动反力为零且刀辊不产生振动，必须使甩刀产生的惯性离心力系主矢为零，且其对于 X，Y 轴的矩也等于零。也即应满足：

$$F_{AX} = F + \sum_{i=2}^{k+1} \frac{s_i}{s} F\cos\theta_i$$

$$F_{AX} = \sum_{i=2}^{k+1} \frac{s_i}{s} F\sin\theta_i$$

$$F_{EX} = \sum_{i=2}^{k+1} \frac{s - s_i}{s} F\cos\theta_i + F\cos\theta_{k+2}$$

$$F_{BY} = \sum_{i=2}^{k+1} \frac{s - s_i}{s} F\sin\theta_i + F\sin\theta_{k+2}$$

式中，θ_i——第 i 把甩刀刀辊周向角（°）；F——甩刀及刀座产生的离心力（N）；S——刀辊两基面距离（mm）；S_i——第 i 把刀离 B 面的距离（mm）。

（7）甩刀工作参数

甘蔗叶粉碎还田机甩刀的运动是由拖拉机经万向节传到变速箱，经传动轴传到皮带轮，再由皮带轮带动刀辊转动，从而甩刀才运动，本机具采用正转的运动方式，在粉碎还田的过程中，甩刀随拖拉机做直线运动的同时伴随刀辊做回转运动，因此甩刀在工作时的绝对运动是合成运动。甩刀随拖拉机前进的直线运动称为牵连运动（其速度为牵连速度 v_0）；刀辊转动时甩刀绕刀辊旋转所形成的圆周运动为甩刀的相对运动（其速度为相对速度 v_m，也是甩刀刀端的圆周速度）。故可以得到甩刀的绝对速度 v 的矢量方程为 $\vec{v} = \vec{v}_0 + \vec{v}_m$。甩刀运动轨迹图见图 2－40。

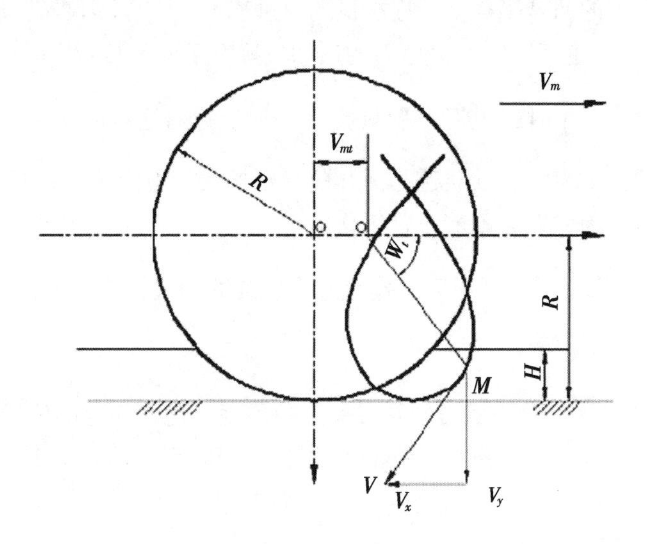

图 2－40　甩刀运动轨迹图

当知道了甩刀的回转半径 R、旋转角速度 w 及拖拉机前进速度 v_m 时就可以推导出甩刀的运动轨迹曲线方程。甘蔗叶粉碎还田机甩刀的运动轨迹曲线由运动着的刀端 M 点所形成，即 M 点的运动轨迹。以刀端 M 点位于前方水平位置的刀辊轴心 o 为固定坐标系的原点，拖拉机前进方向为 x 轴的正方向，y 轴正向垂直地表向下。甩刀的运动轨迹如图 2－39。

则在时间 t 内通用刀片端点 M（x，y）绝对运动轨迹的参数方程可表示为：

$$\begin{cases} x = v_{mt} + R\cos\omega t \\ y = R\sin\omega t \end{cases}$$

式中，ω ——刀辊回转的角速度（rad/s）；R——甩刀回转半径（mm）；v_m ——拖拉机前进速度（m/s）；ωt ——甩刀转角（rad）。

由上述方程式可以得到 M 点运动轨迹方程为：

$$x = \frac{v_m}{\omega}\arcsin\frac{y}{R} + \sqrt{R^2 - y^2}$$

粉碎速比是甩刀的牵连速度和拖拉机的前进速度的比值（即甩刀相对速度与牵连速度的比值），记为 λ，即

$$\lambda = \frac{v_o}{v_m} = \frac{R\omega}{v_m}$$

由上式得 $\frac{v_m}{\omega} = \frac{R}{\lambda}$ 进一步可得出甩刀刀端 M 点的运动轨迹方程为

$$x = \frac{R}{\lambda}\arcsin\frac{y}{R} + \sqrt{R^2 - y^2}$$

此方程为摆线的方程，也称为旋轮线，由此得出甩刀在工作时的运动轨迹为摆线。

(8）刀片运动轨迹的性能特征分析

通过分析甩刀的运动轨迹方程，从甩刀刀端 M 点运动的轨迹方程式可得出，甩刀运动轨迹的形状与甩刀的回转半径 R，拖拉机的前进速度 v_m 以及刀辊转动的角速度 ω 有关。当 R, v_m，ω 变化时 λ 也不同，所以甩刀的运动轨迹有下面的特点：

当 $\lambda = \frac{v_0}{v_m} = \frac{R\omega}{v_m} < 1$ 时，甩刀刀端 M 点在任何位置的绝对运动水平位移的方向与拖拉机前进的方向相同，甩刀的运动轨迹是无扣的短幅摆线，甩刀不能向后抛甘蔗叶。甩刀对甘蔗叶的作用不大，因此甩刀不能正常工作。

当 $\lambda = (\frac{v_0}{v_m} = \frac{R\omega}{v_m} = 1$ 时，甩刀工作轨迹为标准的摆线，且 L = 2πR（L 为拖拉机走过的距离）。

当 $\lambda = \frac{v_0}{} = \frac{R\omega}{} > 1$ 时，甩刀旋转过一定的角度，达到一定部位的时候，甩刀端点的绝对运动的水平位移就会和拖拉机前进的方向相反，因而甩刀的刀刃就可以把甘蔗叶向后抛，增加甘蔗叶在粉碎腔内的时间，使甘蔗叶粉碎效果更好。

(9）甩刀的加速度

当刀辊或甩刀以角速度 ω 匀速旋转，拖拉机以 v_m 做等速前进时，甩刀刀端只有指向转动中心的向心加速度 a_n。对甩刀的运动方程求二阶导数可得到甩刀的分加速度方程：

$$\begin{cases} a_x = -R\omega^2\cos\omega t \\ a_y = -R\omega^2\sin\omega t \end{cases}$$

可得甩刀的绝对加速度为：

$$a_n = \sqrt{a_x^2 + a_y^2} = R\omega^2$$

(10）动刀在刀辊上的排列选择

在刀具排列方面，既要保证甘蔗叶的粉碎质量，又要尽量避免刀具过密带来的功率损耗过大等问题。动刀排列的合理与否直接影响机具的捡拾、粉碎效果及刀辊的平衡。动刀排列应满足[18]：①机具工作性能。在不产生漏切割和保证粉碎质量的条件下，刀片的排列应使相继切割秸秆刀片的轴向间距应尽可能大些，径向相邻两刀片夹角也应尽量大些，以免干扰和阻塞。②降低机具磨损，提高其稳定性。刀片排列从整体上看，在轴向分布均匀，径向上呈等角分布，以便使机具空载时刀轴负荷均匀，刀片产生的离心力施加到刀轴上的合力为零。③提高机具经济性能。结构简单，制造、装配和更换方便，功率消耗小，经济实用。

一般动刀采用按螺旋线对称排列方式，并从轴中间等距离反方向等值分布，以在刀轴上按动刀径向距离相等的条件作为基础[19]，这样排列方式适用于相对规则和均匀的秸秆，如玉米秸秆等。但甘蔗叶杂乱无章、互相牵连，粉碎还田机两端的甘蔗叶因可能附近的甘蔗叶也会同时喂入，使两端粉碎量大，两端粉碎效果会比中间相对要差些。因此。可采用刀轴轴向不等距排列动刀方法，适量增加粉碎还田机两端的动刀数量，使两端动刀密度大，以增加两端吸入甘蔗叶的打击次数，提高两端的粉碎质量。1GYF 系列机具具体布置如图 3－41、图 3－42 所示。

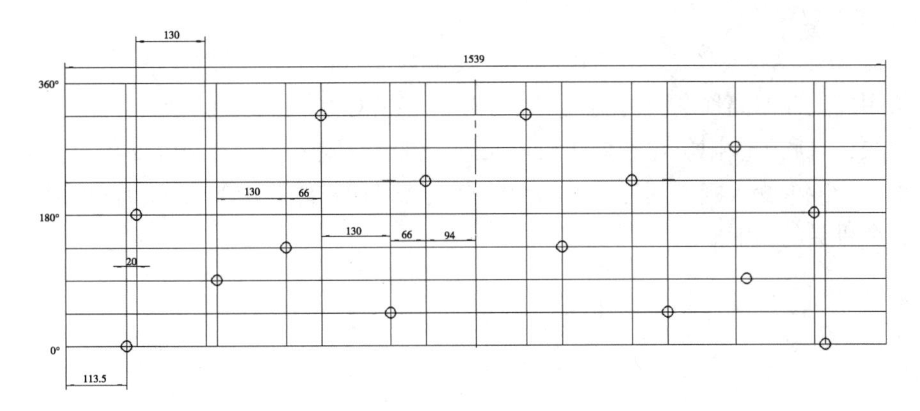

图 2－41　1GYF－150 型甘蔗叶粉碎还田机动刀排列与布置示意图

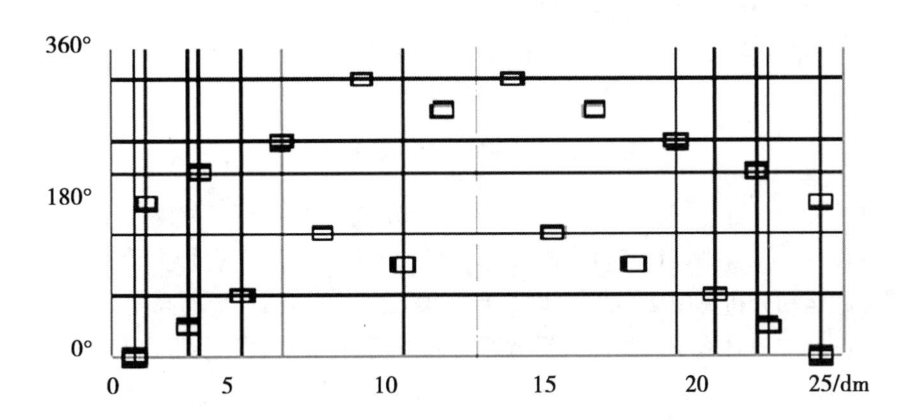

图 2－42　1GYF－250 型甘蔗叶粉碎还田机动刀排列与布置示意图

为了防止刀轴产生设计上固有的不平衡因素，现对刀轴布置进行动平衡计算。对于每组动刀都可以看成是在刚性轴上的一个质量为 m 的质心，到轴心的距离为 r 的配重。各个刀组产生的惯性力相加后互相抵消，在两端轴承上产生的惯性力的合力和合力矩为零。

以刀轴上安装轴承的轴肩位置为原点，对于每个轴承都可以有以下计算公式[20]：

$$F = mv^2/r$$

$$\sum M_x = F\cos\alpha_1 L_1 + F\cos\alpha_2 L_2 + \cdots\cdots + F\cos\alpha_{20} L_{20}$$

$$\sum M_y = F\sin\alpha_1 L_1 + F\sin\alpha_2 L_2 + \cdots\cdots + F\sin\alpha_{20} L_{20}$$

其中 $\sum M_x$、$\sum M_y$ 为各质心在轴承位置的合力矩，m 为质心质量，r 为质心到旋转轴心的距离，F 为每个质心产生的惯性力。α_n 为每个质心所处相位角，L_n 为质心到每个轴肩的轴向距离。

对于粉碎还田机两边的轴承位，分别以设计中总的刀组数（150 型 18 组，250 型 20 组）的相位角和刀组中心点到轴肩位置轴向距离的实际数字代入上面式子，经过计算后均可以得到$\sum M_x = \sum M_y = 0$。

采用不等距双螺旋线对称排列，并合理适量增加刀辊两端动刀的数量，保证两端粉碎质量，适应不同拖拉机动力配套作业的需要，满足甘蔗叶粉碎质量和生产农艺要求。

5. 集叶器的设计

集叶器[21]的结构见图2－32部件8，主要由弯管、底尖、连接板和多孔板等组成，其中多孔板用以集叶器离地高低的调整。集叶器安装呈对称分布且可调节其间距来适应不同行距的地块，且底尖、限位轮和拖拉机后轮处于同一直线上。通过集叶器可以大大提高甘蔗叶捡拾率，减少受天气或其他因素的影响造成难以被粉碎腔内的气流吸起的甘蔗叶，从而提高整个机具的性能。

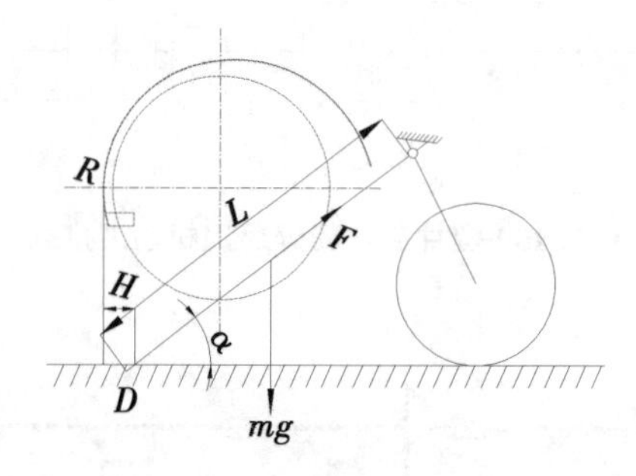

图2－43 甘蔗叶在集叶器上的运动

由于甘蔗叶杂、乱、多，且甘蔗地不平整，要使集叶器的底尖始终与限位轮保持一定以利提升甘蔗叶，需合理设计集叶器弯管与地块的夹角，对地表进行大致的仿形。甘蔗叶在集叶器上的运动分析见图2－43，其中H为集叶器尖底与前挡板的高度。

要使甘蔗叶能随着拖拉机的前进沿着弯管向上挪动且不能发生翻滚以免造成阻塞，需满足$F > mg\sin\alpha + \mu mg\cos\alpha$，其中$F$为甘蔗叶对集叶器切线的受力，单位为N；$m$为集叶器上甘蔗叶质量（kg）；u为弯管的摩擦系数，$u = \tan\theta$；θ为弯管的摩擦角。则可求出保证较好收集甘蔗叶，与地面的最佳角度α满足以下条件：

$$a < \arcsin(\frac{F}{mg}\cos\theta) - \theta$$

通过理论分析并结合试验得出1GYF－150型甘蔗叶粉碎还田机的基本结构和主要参数：仿形集叶器中弯管倾角为45°～60°；甩刀采用直刀和L型改进型组合结构，并按螺旋线对称排列，其厚度均为10mm，销轴端宽度约为50mm，甩刀刀口宽度为80mm，且直刀与定刀径向重叠为25～40mm，L型改进型刀重叠为12～25mm；当刀辊回转半径为250mm，切割线速度为48m/s，刀辊转速为1 830r/min，机具前进速度为1.0m/s。

6. 可转向地轮的设计

甘蔗是垄作种植的作物，甘蔗叶粉碎还田机通常配置有地轮装置。其地轮装置一般是由轮子、轮轴、销轴等组成，通过销轴上下移动来调整机具刀具与地面的高低。由于机具刀辊高速转动，大多数刀辊转速为1 800转/分以上，致使整个机具容易产生振动。而其中地轮装置也会产生振动，尤其是地头转弯提升时，更会产生剧烈的振动，进一步加剧了甘蔗叶粉碎还田机的振动，严重时会破坏刀辊轴承等重要部件和零件，影响机具的工作可靠性。

可设计将地轮既可上下调整也可相对固定不动，在作业过程和地头转弯提升均不会产生跳动或移动，大大减少了对机具产生的振动，有效地保证机具工作可靠性。但是拖拉机必须直线行驶，在地头换行转弯时仍需要提升机具，让地轮离地面足够高度才能拐弯。如操作不当较容易损坏地轮，尤其是在不平整或者形状不规整的地块作业时，甚至还会损坏粉碎还田机，进一步增加拖拉机的动力消耗。因此，如能实现可直接转向行驶，可以有效提高甘蔗叶粉碎还田机的工作效率与可靠性。

设计的可转向地轮如图 2－44 所示，主要由连接管、轮叉、套管、轮子、轮轴、螺栓和垫圈等组成，采用垫圈和转动式套管设计，使地轮既可上下调整也可灵活转动。这样，甘蔗叶粉碎还田机在作业过程中或地头转弯均可以不提升直接在地面转弯，不但解决了提升时会产生跳动或移位而产生振动的现象，且机具可以直接拐弯行驶，大大提高机具工作效率和保证机具工作可靠性。

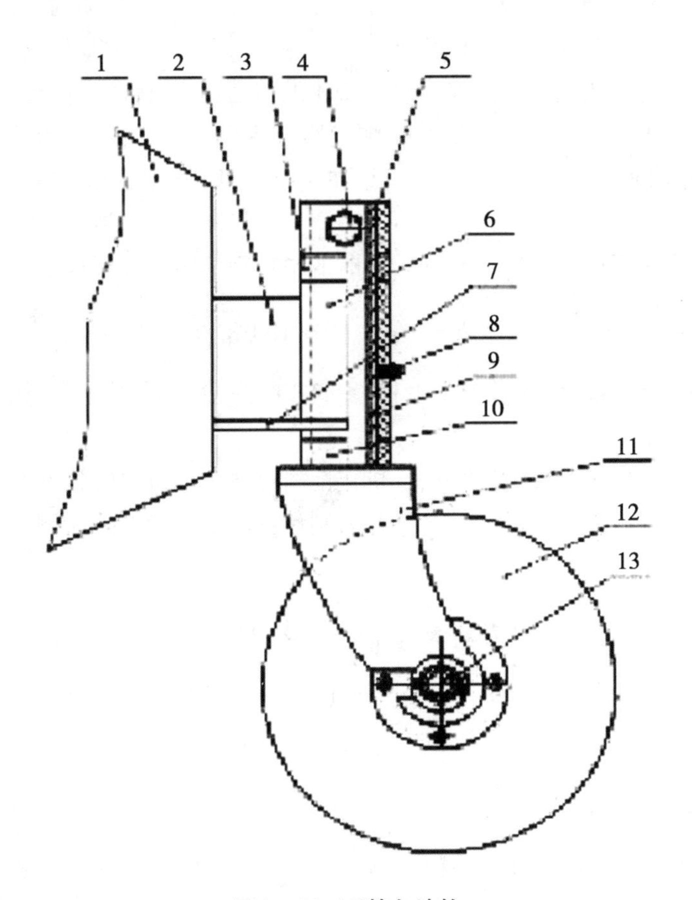

图 2－44　可转向地轮

三、甘蔗叶粉碎还田机影响因素及田间试验研究

1. 影响甘蔗叶粉碎还田机性能指标

甘蔗叶粉碎还田机整机的工作指标主要有甘蔗叶捡拾率（η）和甘蔗叶粉碎率（θ）。其中捡拾率由未捡拾的蔗叶质量和总的甘蔗叶质量决定即满足公式：

$$\eta = \left(1 - \frac{\text{未捡拾的甘蔗叶质量}}{\text{甘蔗叶总质量}}\right) \times 100\%$$

甘蔗叶粉碎率以粉碎后甘蔗叶长度不大于20cm来衡量即不大于20cm的甘蔗叶质量和总的甘蔗叶质量来测定。即满足公式

$$\theta = \frac{\leqslant 20\text{cm 的甘蔗叶质量}}{\text{甘蔗叶总质量}} \times 100\%$$

2. 甘蔗叶粉碎还田机的工作参数

由于实验条件的限制，我们以甘蔗叶粉碎还田机的甩刀速度、拖拉机行驶速度、定刀间距、甩刀刀端离地间隙[22]为影响因子，在甘蔗叶含水率为28.3%时，风向1～3级，天气晴好的情况下进行了相应的田间试验。

甩刀速度通过拖拉机的功率和变速箱、带轮的传动比进行计算得出。

拖拉机前进速度是用秒表记录机组在测定距离内所用的时间，计算出速度即 $v = s/t$。其中 v——机组前进速度（m/s）；s——机组在测定时间内行驶路程（m）；t——测定的时间（s）。

拖拉机打滑率由后驱动轮转过相同转数时的空行程的距离计算得出。

$$\delta = \frac{(S_k - S_g)}{S_k} \times 100\%$$

式中，δ——机组打滑率（负值为滑移）（%）；S_k——机组空行程距离（m）；S_g——机组工作行程距离（m）。

甘蔗叶覆盖率，每个工况测定3点，耕作前每点按1m^{2}面积的甘蔗叶，称其重量，耕作后按照相同的方法测得粉碎后的质量，并分别计算出耕前和耕后所测3点的平均值，即按以下公式计算：

$$F_b = \frac{(W_g - W_k)}{W_g} \times 100\%$$

式中，F_b——甘蔗叶覆盖率；W_g——耕前甘蔗叶平均值（g）；W_k——耕后甘蔗叶平均值（g）。

3. 甘蔗叶粉碎还田机田间试验

（1）试验目的

为了提高粉碎质量和降低作业成本，通过对影响1GYF－150型甘蔗叶粉碎还田机作业质量的主要因素进行试验与分析，对影响甘蔗叶粉碎还田的影响因素进行正交试验分析。主要对不同类型的甩刀（L型改进型和直刀）组合、不同甩刀排列方式、不同甩刀数量等因素对机具的捡拾率、粉碎率和整机性能的影响进行了试验分析。

（2）实验仪器和条件

一辆90马力纽荷兰拖拉机，一架1GYF－150型甘蔗叶粉碎还田机及配套不同类型的甩刀、不同间距的定刀，秒表，电子秤，塑料袋若干，卷尺和米尺，未粉碎或焚烧的甘蔗地。

（3）实验方案

影响甘蔗叶粉碎还田机的性能主要因素有：甩刀线速度、机具行驶速度、定刀间距、甩刀刀端离地沟间隙等，在甘蔗叶含水率为28.3%时，分别做了这些因素的单因素和多因素对甘蔗叶捡拾率和粉碎率的影响，并对相关结果进行了分析。

（4）单因素影响对比试验与结果分析

A. 甩刀排列方式对捡拾和粉碎性能的影响

为使甘蔗叶粉碎还田机更好捡拾、粉碎，刀辊受力均匀，减少振动，保护刀辊轴承，甩刀排列应满足：一是降低机具振动，提高其稳定性。在轴向分布均匀，径向上呈等角分布，以便使机具空载时刀轴负荷均匀，刀片产生的离心力施加到刀轴上的合力为零；二是保证机具工作性能。在不产生漏切割和保证粉碎质量的条件下，刀片的排列应使相继切割秸秆刀片的轴向间距应尽可能大些，径向相邻两刀片夹角也应尽量大些，以免干扰和阻塞；三是提高机具经济性能。结构要简单，制造、装配和更换方便，功率消耗小，经济实用。已有虚拟样机仿真和试验表明：甩刀在刀辊上的排列是影响甘蔗叶粉碎还田机作业质量、功率消耗及振动和平衡的重要因素之一，刀辊系统的动态不平衡及多甩刀同时与坚硬石块碰撞是造成机具振动大、轮轴轴承损坏的主要原因。最初采用每组2把L改进型刀结构，排列方案如图2－44（a）所示。

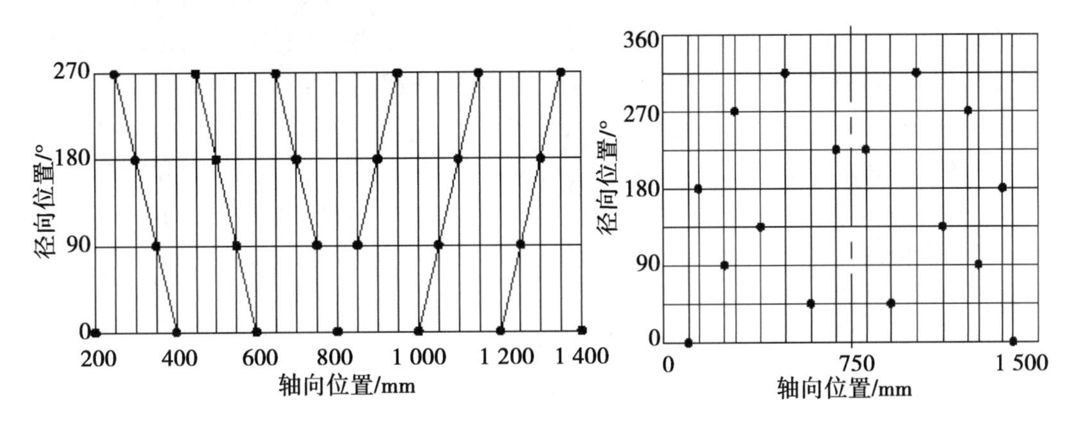

a. 改进前甩刀在刀辊上排列图　　b. 改进后甩刀在刀辊上排列图

图2－45　改进前后甩刀排列图

由图2－45（a）可知，工作时同一时刻有6组甩刀共12把参与粉碎作业，可能使甩刀与坚硬石块碰撞的力过大，造成轴承的受力超过其能承受的动载能力。显然，减少同一时刻参与粉碎的甩刀数量，可以减少轴承破坏的可能性。为此，对甩刀结构和排列方案进行了大量探讨与结合田间试验，并充分考虑其与定刀结构关系和要求，最终甩刀结构采用每组2把直刀和1把L改进型刀的组合，并按双螺旋线对称排列，排列方案展开见图2－

45（b），每转过45°有2组甩刀仅6把同时作业，可避免多个甩刀同时作业，大大减少了工作阻力，在恶劣工况条件下，能有效降低振动和轮轴轴承的受力，避免刀辊两端轴承损坏，提高了机具的使用寿命。

B. 甩刀类型对捡拾率与粉碎率性能的影响

甘蔗叶粉碎还田机的甩刀按形状分类主要有直刀、L型及其改进型刀、T刀以及锤爪等4类。为提高粉碎质量和降低作业成本，笔者对不同甩刀进行了大量的研究探讨。在不同甘蔗叶含水率条件下，不同类型甩刀对比田间试验结果见表2－28。

表2－28　甩刀类型对捡拾率和粉碎率影响分析

甩刀类型及数量	捡拾率（%）		粉碎率（%）	
	原料含水率18.5%	原料含水率31.8%	原料含水率18.5%	原料含水率31.8%
直　刀42	94.5	76.3	88.9	85.8
L改进型刀42	99.3	98.8	84.6	86.1
直刀14＋L改进刀28	98.2	98.5	90.2	86.8
直刀28＋L改进刀14	98.1	98.1	95.2	94.4

可见，甩刀类型对甘蔗叶粉碎还田机的工作质量影响很大。采用直刀结构，由于甩刀可和定刀径向重叠量大，增强了切割与粉碎能力，在甘蔗叶原料含水率低时，其捡拾与粉碎效果均有保证，但其转动惯量小，使捡拾和打击性能差，在原料含水率高时，甘蔗叶特性类似塑性材料[23]，柔韧性较好，不易断裂，使粉碎率显著降低；而采用L改进型刀，转动惯量大，捡拾性能好，但甩刀和定刀径向重叠量小，作用机理以打击为主，属于无支撑切割粉碎，使切割和粉碎性能差；而采用直刀和L改进型刀组合，尤其是每组2把直刀和1把L改进型刀因其中更多的直刀可在两片定刀之间间隙中穿过，并和定刀径向重叠量大，使粉碎间隙在定刀处突然减少，甩刀与甘蔗叶发生相对运动，利用直刀和定刀的刃口将甘蔗叶进一步切碎，改善了无支撑切割粉碎的条件，使在较低线速度条件下，在保证了较高捡拾率的同时提高了粉碎率。为此，选择每组甩刀采用2把直刀和1把L改进型刀的组合结构。

C. 甩刀线速度对捡拾率和粉碎率性能的影响

在不同甘蔗叶含水率条件下，不同甩刀线速度对比田间试验结果见图2－46。

在试验中观察发现：甘蔗叶柔韧性较好，在粉碎过程中，甩刀线速度变化较大，明显降低。线速度低，在甘蔗叶原料含水率低时，其捡拾与粉碎效果均有保证，但含水率越高，甘蔗叶所占质量也就越大，甩刀捡拾和粉碎所需惯性力也就越大，且秸秆特性类似塑性材料，含水率越高柔韧性越好，越不易断裂和粉碎，捡拾率和粉碎率则越低。而甩刀线速度高，转动惯量大，不管甘蔗叶含水率高低，其捡拾率与粉碎率均高，但甩刀线速度高，粉碎功耗增大，平衡性差，振动和噪声也增大，对机具作业很不利，在满足甘蔗叶粉碎质量农艺要求的前提下尽可能选择较低甩刀线速度，并经过大量田间试验验证，甩刀线速度确定为48m/s。

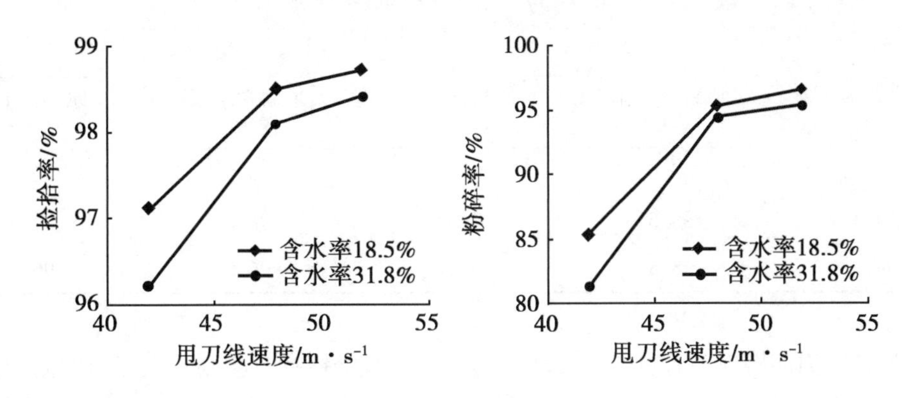

图 2－46　甩刀线速度对性能影响

D. 甩刀离地间隙对捡拾率和粉碎率性能的影响

甩刀离地间隙对甘蔗叶粉碎还田机的捡拾率和粉碎率的影响见表 2－29。

表 2－29　甩刀离地间隙对捡拾率和粉碎率影响分析

甩刀离地沟间隙（cm）	捡拾率（%）		粉碎率（%）	
	原料含水率 18.5%	原料含水率 31.8%	原料含水率 18.5%	原料含水率 31.8%
25	97.1	96.2	86.4	81.3
20	98.5	98.1	95.2	94.4
12	99.3	98.5	96.1	95.1

由表 2－29 可知，甩刀离地沟间隙与甘蔗叶捡拾和粉碎性能相关，甩刀离地沟间隙高，在甘蔗叶原料含水率低时，其捡拾与粉碎效果均有一定的保证，但甘蔗叶含水率越高，其所占质量也就越大，同时，甩刀的喂入距离增大，甩刀捡拾和粉碎所需惯性力也就越大，使捡拾率和粉碎率随之降低，且柔韧性越好，越不易断裂和粉碎，使粉碎率显著降低；而甩刀离地沟间隙较低，甩刀的喂入距离缩短，便于甘蔗叶喂入粉碎室，从而提高了捡拾率，但甩刀离地沟间隙过低，小于垄高，很难避免甩刀会切入土壤，造成动力消耗大和甩刀寿命短，且干燥天气作业时粉尘较大，“尘土飞扬不见天”，对拖拉机进气和散热系统也会造成不良的影响，工作环境较恶劣等，因此，甩刀离地沟间隙以超过垄高且甩刀不直接接触垄面为宜，取值范围可为 10～20cm。

E. 定刀间距对捡拾率和粉碎率性能的影响

在不同甘蔗叶含水率条件下，不同定刀间距对比田间试验结果见表 2－30。

表 2-30　定刀的影响结果分析

定刀间距（cm）	捡拾率（%）		粉碎率（%）	
	原料含水率 18.5%	原料含水率 31.8%	原料含水率 18.5%	原料含水率 31.8%
80	98.5	98.1	86.5	80.1
60	98.5	98.1	95.2	94.4
40	98.5	98.1	96.5	96.1

可见，定刀间距对与甘蔗叶粉碎率影响较大，对捡拾率影响则不大。定刀间距宽，在甘蔗叶原料含水率低时，粉碎效果均有一定的保证，但甘蔗叶含水率高时，支撑条件差，且柔韧性较好，不易断裂和粉碎，使粉碎率显著降低；而定刀间距小，有利切割与粉碎，粉碎效果好，但定刀间距过小，定刀与甩刀易发生碰撞，进一步造成部件损坏，因此，定刀间距可选择约为60cm。

F. 拖拉机行驶速度对捡拾率和粉碎率性能的影响

在不同甘蔗叶含水率条件下，不同机具行驶速度对比田间试验结果见下图 2-47。

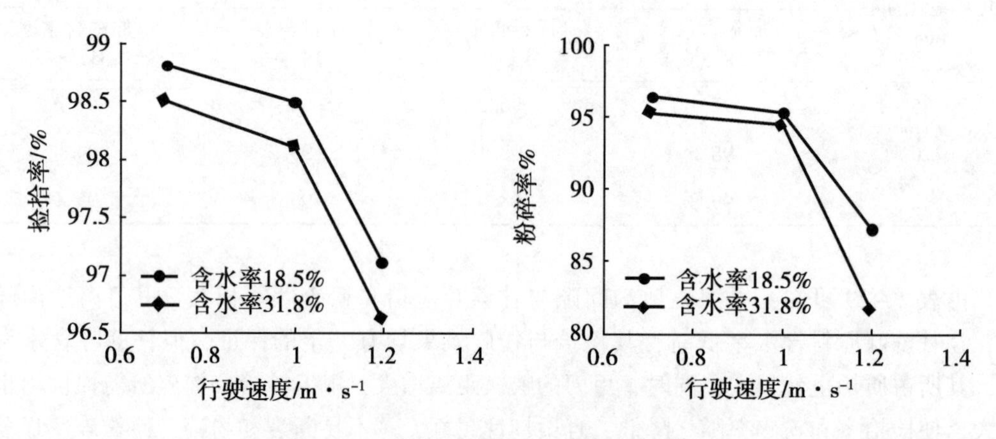

图 2-47　拖拉机行驶速度对性能的影响

可见，机具行驶速度与捡拾和粉碎性能相关，行驶速度越高，捡拾率和粉碎率也就越小。且在甘蔗叶原料含水率低时，其捡拾与粉碎效果均有一定的保证，但甘蔗叶含水率高时，其质量也就增大，单位时间喂入原料量显著增大，使捡拾率和粉碎率显著降低；而行驶速度低，单位时间喂入量显著减少，有利捡拾与粉碎，其捡拾与粉碎效果均好，但作业效率降低，作业成本大大增加，因此综合考虑确定机具行驶速度为 1.0m/s。

（5）多因素试验

为进一步明确各单因素对甘蔗叶粉碎还田机性能的影响的强弱程度，对线速度、拖拉机行驶速度、定刀间距和甩刀离地间距进行四因素三水平的正交试验 L_9（3^4），因子水平编码表和试验设计见表 2-31。

表 2-31　试验水平编码表

水平	A 线速度 ($m \cdot s^{-1}$)	B 行驶速度 ($m \cdot s^{-1}$)	C 定刀间距 (cm)	D 甩刀离地间隙 (cm)
1	52	0.70	40	12
2	48	1.0	60	20
3	42	1.20	80	25

为获得实验结果，需对原始实验数据进行二次处理，主要有以下分析：

A. 极差分析

极差分析法是通过简单 i 的计算和判断，求得试验的优化结果。计算公式为

$$R_j = \max[\overline{k_{j1}}, \overline{k_{j2}}, \overline{k_{j3}}] - \min[\overline{k_{j1}}, \overline{k_{j2}}, \overline{k_{j3}}]$$

其中 k_{ji} 为第 j 因素 i 水平所对应的试验指标，$\bar{k}_{ji}$ 为 k_j 的平均值。由 $\bar{k}_{ji}$ 的大小可判断因素 j 的优水平，各因素优水平的组合即为最优组合。k_j 为第 j 因素的极差。

B. 方差分析

方差分析能评估试验误差并判断试验因素的主次与显著性，给出试验结论的置信度，同时确定最优组合及置信区间。其计算过程为：

$$s = \sum_{j=1}^{a}(k_i - k)^2 = \sum_{i}^{a} k_i^2 - \frac{1}{a}(\sum_{i=1}^{a} k_i)^2$$

$$S = \frac{a}{b}\sum_{i=1}^{b}(k_{ji} - k)^2 = \sum_{i}^{a} k_i^2 - \frac{1}{a}(\sum_{i=1}^{b} k_i)^2$$

式中 S 为总偏差平方和，列偏差平方和 k_i（$i=1$，2，3）及相应的自由度 f 和 f_i；

总平方和的自由度 f 等于正交表的试验号 $a-1$，即 $f=a-1$；

第 i 列偏差平方和的自由度等于该列水平数 $b-1$，即 $f_i = b-1$。

C. 显著性检验

试验中采用 F 检验法对因素进行显著性检验，如 A 因素的 F 比为

$$F_A = \frac{S_A/f_A}{S_e/f_e}$$

式中试验误差的偏差平方和 S_e 和自由度 f_e 分别为

$$S_e = \sum S_i$$

$$f_e = \sum_{c} f_j$$

D. 重复试验显著性检验

通常等水平多因素试验用 $L_a(b^c)$ 正交表进行试验方案设计，如果每项试验重复 n 次，则实验数据的总偏差平方和 s 及其自由度 f 为

$$S = w - p$$

$$f = aT - 1$$

$$w = \sum_{i=1}^{a}\sum_{t=1}^{T} k_{it}^2$$

$$p = \frac{1}{aT}(\sum_{i=1}^{a}\sum_{t=1}^{T}k_{it})^2$$

式中 k_{it} 为第 i 号试验的第 t 次重复试验的结果，$t=1$，2，$\cdots T$。

多因素试验四因素三水平的正交试验方案见表 2－32。

表 2－32　正交试验方案

试验号	A	B	C	D	捡拾率（%）	粉碎率（%）
1	1	1	1	1	98.8	95.2
2	1	2	2	2	97.6	94.6
3	1	3	3	3	96.9	92.3
4	2	1	2	3	96.6	92.1
5	2	2	3	1	98.6	93.3
6	2	3	1	2	96.9	93.8
7	3	1	3	2	96.4	83.6
8	3	2	1	3	96.7	81.5
9	3	3	2	1	96.6	84.1
k_1	293.3	291.8	292.4	294	因素主次	
k_2	292.1	292.9	290.8	290.9	D＞A＞B＞C	
k_3	289.7	290.4	291.9	290.2	$k_1+k_2+k_3=875.1$	
R_1	3.6	2.5	1.6	3.8		
k_4	282.1	270.9	270.5	272.6	因素主次	
k_5	279.2	269.4	270.8	272	A＞D＞C＞B	
k_6	249.2	270.2	269.2	265.9	$k_4+k_5+k_6=810.5$	
R_2	32.9	1.5	1.6	6.7		

分析结果见表 2－33 及表 2－34。

表 2－33　捡拾率方差分析

方差来源	平方和	自由度	均方	F	Pr＞F
A	16.74	2	8.37	358.71	＜0.000 1
B	1.52	2	0.76	32.57	＜0.000 1
C	0.86	2	0.43	18.43	＜0.000 1
D	6.62	2	3.31	141.86	＜0.000 1
Error	0.42	18	0.02		
Total	26.16	26		R－Square＝0.983 94	

表 2-34　粉碎率方差分析

方差来源	平方和	自由度	均方	F	Pr > F
A	561.93	2	280.96	12 041.3	<0.000 1
B	2.05	2	1.02	43.86	<0.000 1
C	0.61	2	0.30	13.00	0.000 3
D	0.85	2	0.42	18.14	<0.000 1
Error	0.42	18	0.02		
Total	565.85	26		R - Square = 0.999 258	

通过上表实验结果分析可知，对捡拾率来说甩刀离地沟间隙的极差最大，甩刀离地沟间隙是主要因子，其次是甩刀线速度，再次是机具行驶速度，最后是定刀间距。对于粉碎率来说甩刀线速度的极差最大，为粉碎率的主要因子，其次是甩刀离地沟间隙，再次是定刀间距，最后机具行驶速度。因此，降低机具的行驶速度和提高甩刀线速度可以提高捡拾率和粉碎率，但相应的降低了作业效率和增加了能耗，提高了作业成本。而在一定的甩刀线速度和机具行驶速度条件下，减少甩刀离地沟间隙对提高捡拾与粉碎性能效果显著。因此，研制专用的集叶器或捡拾装置对改善机具的性能意义重大。

（6）田间试验与总结

通过虚拟样机机构校核和仿真分析，1GYF 系列机具粉碎机基本定型，经海南省农机产品质量监督检验站、农业部热带作物机械监督检验测试中心等实地监测检验，参照 Q/RJ 01-2008《甘蔗叶粉碎还田机》鉴定 1GFY 系列粉碎还田机合格。与国内外同类机型技术参数及性能比较，如表 2-35 所示，与现有机型相比，机身性能更稳定，捡拾率有所提高了 5%，作业效率提高 15%，粉碎后长度由 30cm 或 25cm 降低到 20cm 以下，V 带使用寿命延长至少一倍，不损伤甘蔗头。

表 2-35　1GYF-150 型甘蔗叶粉碎还田机与国内同类机型技术参数及性能比较表

项目	型号					
	1GYF-150	1GYF-200	1GYF-250	3SY-140	FZ-100	4F-1.8
生产率（hm^2/h）	≥0.2	≥0.33	≥0.47	≥0.133	≥0.2	≥0.8
工件幅宽（cm）	150	200	250	140	100	180
捡拾率（%）	≥95	≥95	≥95	≥90	≥90	≥90
粉碎率（%）	≥95	≥93	≥92	≥80	≥80	≥80
粉碎长度（cm）	≤20	≤20	≤20	≤30	≤25	≤10
配套动力（kW）	36~58	58~73.5	75~85	36~58	36~58	58~66
工作可靠性	可靠	可靠	可靠	较可靠	较可靠	不可靠

第五节 1GYFH 甘蔗叶粉碎混埋还田机

一、结构参数

1GYFH 甘蔗叶粉碎混埋还田机如图 2-48 所示，整机主要由粉碎变速箱（加速）总成、旋耕变速箱（减速）总成、机架总成、粉碎刀轴总成、旋耕刀轴总成、粉碎刀、旋耕刀、和限深地轮总成等装置组成，整机结构如图 2-49 所示。机具配套动力 $P=73.5\sim103$kW，工作幅宽 $B=1\ 500$mm，作业速度 $\gamma=2\sim5$km/h，生产率 $T\geqslant0.20$hm^2/h。

图 2-48 1GYFH 甘蔗叶粉碎混埋还田机

二、工作原理

整机为粉碎、旋耕两工序同时进行，前面粉碎甘蔗叶，后面旋耕把甘蔗叶和泥土混在一起。这样既保证了后续机耕及甘蔗种植播种的顺利进行，又可最大限度地减少了拖拉机进地次数，减少对土壤的压实，保护土壤墒情。

该机采用标准后三点悬挂方式与拖拉机连接，拖拉机动力输出轴输出的动力经万向节联轴器进入粉碎变速箱，再经两皮带轮带动粉碎刀轴高速旋转，完成甘蔗叶粉碎程序；同时，动力通过与进入粉碎变速箱的一根通轴，经花键联轴器进入旋耕变速箱，经旋耕刀轴一侧的一组齿轮变速箱带动旋耕刀轴上的旋耕刀片旋转，完成旋耕作业。

旋耕刀轴在粉碎刀轴的后下方，其转动方向和粉碎刀轴的转动方向相同。粉碎刀轴和旋耕刀轴相对位置如图 2-50 所示。

三、动力传递

为提高变速箱使用寿命，降低部分轴和齿轮的工作载荷，采用了变速箱动力直通传递结构。通过简单的直通动力传递结构，将拖拉机输出动力有效分解，并设计粉碎刀轴的皮带轮传动机构与旋耕刀轴齿轮变速箱组分别位于机具左右两侧以平衡机具重量分布，减少工作过程中整机的振动，达到降低载荷的目的。动力传递结构如图 2-51 所示。

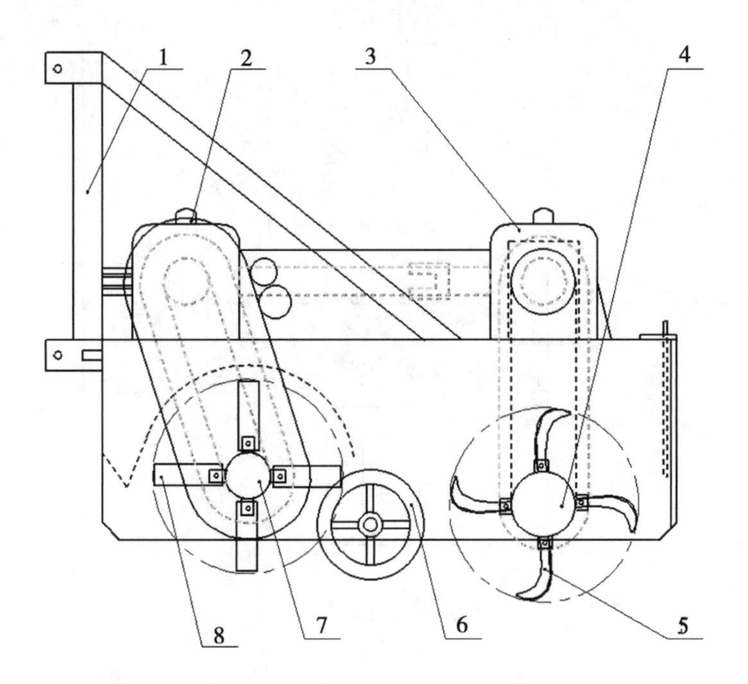

1. 机架总成　2. 粉碎变速箱总成　3. 旋耕变速箱总成　4. 旋耕刀轴总成
5. 旋耕刀　6. 限深地轮　7. 粉碎刀轴总成　8. 粉碎刀

图 2－49　1GYFH 甘蔗叶粉碎混埋还田机简图

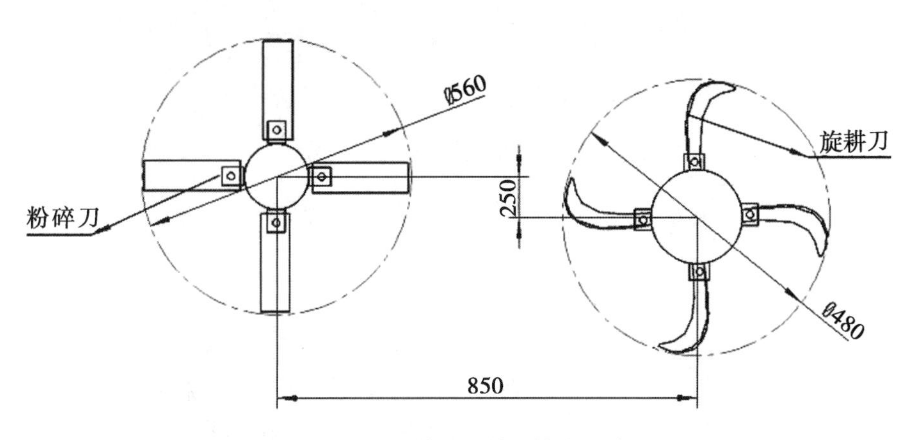

图 2－50　粉碎刀轴和旋耕刀轴的相对位置

四、关键部件设计

1. 甩刀类型的选择

甘蔗叶粉碎还田机的甩刀形状不仅直接影响甘蔗叶粉碎还田机的粉碎效果，而且在一定程度上影响刀轴的设计和定刀的排列。甩刀按形状可分为直刀，L 型及其改进型刀，T 型刀，锤爪，Y 型甩刀型。结构简如图 2－52 所示：

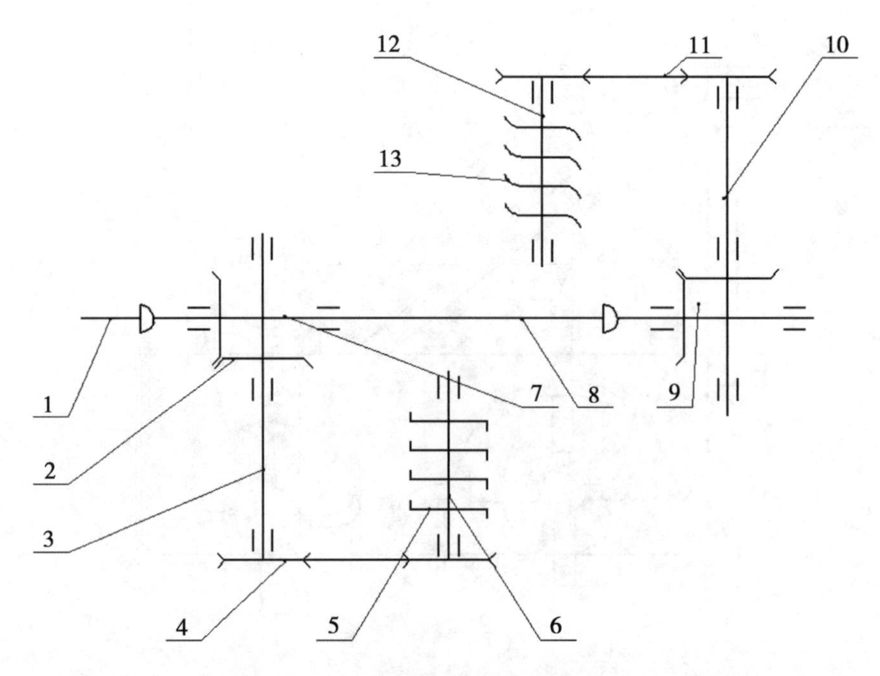

1. 拖拉机万向传动输出轴　2. 粉碎变速箱　3. 粉碎传动轴　4. 皮带传动装置　5. 粉碎刀　6. 粉碎刀轴　7. 粉碎变速箱通轴　8. 万向传动轴　9. 旋耕变速箱　10. 旋耕传动轴　11. 旋耕齿轮传动箱组　12. 旋耕刀轴　13. 旋耕刀

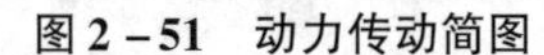

图 2－51　动力传动简图

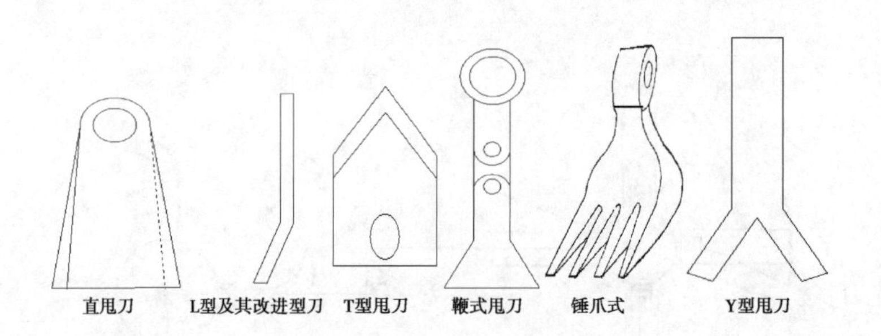

图 2－52　甩刀形状结构图

本样机设计选用的两把 L 型及其改进型刀组成一组刀组，因 L 型刀具相对于直刀型捡拾效果好，尽管粉碎效果较好一些，但在刀轴高速旋转时作业时，相对来说甘蔗叶的捡拾作业影响更大；锤爪型刀具自身质量较大，锤击惯性力大，粉碎质量较好，因种植甘蔗的地块有较多的垄沟，工作过程中产生的阻力会很大，负载明显的增大。对于鞭式甩刀，加工成本较高，更换比较麻烦，而 T 型甩刀捡拾较差。因此，选用 2 把 L 型及其改进型刀组合，因其加工成本低，更换方便；组合结构简单，通过销轴以铰接方式与刀座联接，如图 2－53 所示。

甩刀的工作过程：当刀轴高速旋转时，甩刀端点也以较高的线速度旋转，捡拾地面甘蔗叶，并在离心力作用下，甩刀处于径向射线位置，与刀轴、甘蔗叶形成一个旋转体，进入到粉碎室，通过与定刀相对运动，横向和纵向切割、断打甘蔗叶，完成粉碎甘蔗叶工作。

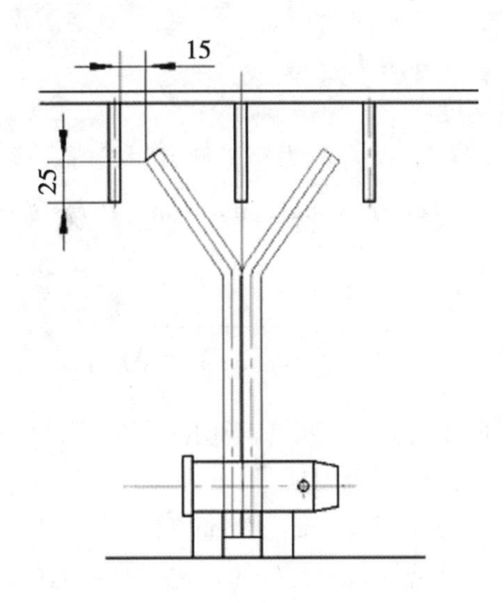

图 2－53　甩刀刀组结构

2. L 型及其改进型甩刀结构参数设计

工作时甩刀作作高速旋转，由于离心力的作用，甩刀近似处于圆周径向位置。假设粉碎甘蔗叶时甩刀端部受到均匀的切割阻力 F_2 ，则甩刀部分动能用来克服切割阻力，于是甩刀产生偏转角 α，如图 2－54 所示。

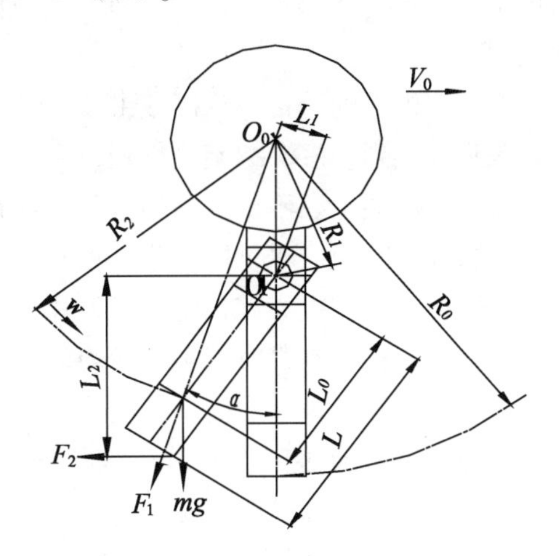

图 2－54　工作时甩刀的受力分析

若略去销轴对甩刀的的摩擦力矩，则甩刀相对于 O 点产生力距的力主要有重力 mg 、离心力 F_1 、切削阻力 F_2 ，它们的力臂分别是 $L_0\sin\alpha$、L_1 、L_2，设定从甩刀销计刀长为 L ，略去刀宽，则存在如下关系：

$$L_2 = L\cos\alpha$$

$$\frac{R_2}{R_1} = \frac{L_0\sin\alpha}{L_1}$$

于是：切削阻力力距 = $F_2L_2 = F_2L\cos\alpha$

重力力距 = $mgL_0\sin\alpha$

离心力距 = $m\omega^2R_2L_1 = m\omega^2R_1L_0\sin\alpha$

式中：ω 为刀辊的角速度。

作用在甩刀上对甩刀相对于 O_1 点的力矩平衡方程式可写成：

$$F_2L\cos\alpha = mgL_0\sin\alpha + m\omega^2R_1L_0\sin\alpha$$

经整理可得：

$$\tan\alpha = \frac{F_2}{m\frac{L_0}{L}(g + \omega^2R_1)}$$

因此，甩刀工作时，偏角 α 过大，不利于切割和粉碎，由式（2－57）可知：①甩刀几何尺寸及安装尺寸一定时，增大甩刀质量，α 将变小，有利于切割和粉碎，因此甩刀的质量不宜过小。选择四种甩刀厚度（6mm、8mm、10mm、12mm）进行对比试验表明，捡拾率随着甩刀厚度的增加而显著提高，粉碎质量也提高，但单位时间燃油消耗量随之也相应增加，参考已有甘蔗叶粉碎还田机，并考虑到甘蔗地工作条件恶劣，选择甩刀厚度为8mm；② L_0/L 增大时，α 将变小，说明，甩刀的质量一定时，把甩刀的质量中心向刀端移动，可以获得减小甩刀工作偏角的效果，因此甩刀可设计成刀口端大销轴端小的结构形式，即销轴端宽度取值约为50mm，刀口端宽度取值约为80mm；③增加刀辊角速度 ω，同样可以使甩刀工作偏角减小，以获得较好的切割和粉碎效果，但动力消耗相应增大，对动平衡要求也较高，因此必须选择合适的刀辊角速度，即刀辊的转速。

3. 甩刀在刀轴上的排列选择

甩刀排列的合理与否直接影响机具的捡拾、粉碎效果及刀轴的平衡等。目前，甩刀排列方式有单螺旋线排列、双螺旋线排列、多头螺旋线排列、星形排列、对称排列、均力免震法排列等，应满足：①机具工作性能。在不产生漏切割和保证粉碎质量的条件下，刀片的排列应使相继切割秸秆刀片的轴向间距应尽可能大些，径向相邻两刀片夹角也应尽量大些，以免干扰和阻塞；②降低机具磨损，提高其稳定性。刀片排列从整体上看，在轴向分布均匀，径向上呈等角分布，以便使机具空载时刀轴负荷均匀，刀片产生的离心力施加到刀轴上的合力为零；③提高机具经济性能。结构简单，制造、装配和更换方便，功率消耗小，经济实用。刀轴系统的动态不平衡及多刀片同时与坚硬石头碰撞是造成机具振动大、轮轴轴承损坏的原因，经过虚拟样机仿真和试验表明：甩刀采用不等距双螺旋线对称排列方式，如图2－55所示，可避免多个刀片同时作业，以减少工作阻力，在恶劣工况作业时，能有效降低振动和轮轴轴承的受力．避免刀辊两端轴承损坏，可提高机具的使用寿命。

（1）甩刀回转半径的确定

甩刀回转半径大小将直接影响粉碎还田机的工作效果及刀辊的平衡、振动等，在刀辊转速一定的情况下，增大甩刀回转半径能使刀端的绝对速度增大，即提高切割速度，有利于切割与粉碎。但甩刀回转半径增大，会使机具整体尺寸增大，刀辊的动不平衡因素也增大[24]，振动激增。目前，国内已有秸秆粉碎还田机的甩刀回转半径在240mm～300mm范围内，为保证在不太高的甩刀线速度下能粉碎甘蔗叶，参考已有甘蔗叶粉碎还田机，选取

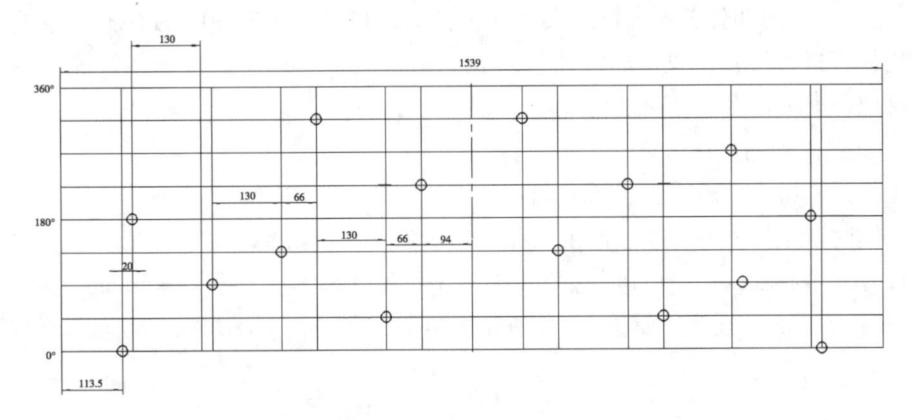

图 2-55　甩刀在刀辊上排列图

粉碎刀辊回转半径值为 250mm。

（2）刀辊转速的确定

由粉碎部件的刀辊转向和机具的前进方向，根据速度合成原理：

$$\vec{V} = \vec{V}_0 + \vec{V}_e$$

式中，$\vec{V}$——甩刀刀刃的绝对速度；$\vec{V}_0$——甩刀刀刃的相对速度，即机具前进速度，按拖拉机慢二档为 1m/s；$\vec{V}_e$——甩刀刀刃的牵连速度。

$$\vec{V}_e = \omega R = \frac{\pi n R}{30}$$

为满足无支撑切割粉碎的条件，应使甩刀切割线速度 $V_a \geqslant 48$ m/s，一般情况下甘蔗叶切割点均在甩刀回转轨迹的最下端，此时 $\vec{V}_e$ 和 $\vec{V}_0$ 同方向，与机具的前进方向相同。

$$\vec{V} = \vec{V}_0 + \vec{V}_e = \vec{V}_0 + \frac{\pi n R}{30} \geqslant 48\text{m/s}$$

给定的 R 值为 25cm，经计算得刀辊的最小转速为 $n_{\min} \geqslant 1\ 830$r/min。

同时经田间试验证实，甩刀的线速度与甘蔗叶粉碎质量相关，当甩刀线速度在大于 48m/s 时，才能满足甘蔗叶粉碎质量（粉碎后甘蔗叶长度小于 20cm 的占 85% 以上）的农艺要求。

4. 旋耕刀的选择及旋耕刀轴的设计

（1）旋耕刀的选择

旋耕部分由旋耕刀、刀轴、刀座等部件组成，有较好的碎土平地能力。旋耕部分的主要部件为旋耕刀辊，由刀轴和在刀轴上按螺旋线排列多把旋耕刀构成。其工作原理是旋耕刀片连续不断地切削土壤，并将切下的土块向后抛掷与盖板相撞击，使土壤壤进一步破碎再落到地面，旋耕刀片直接影响耕作质量。

弯刀切削工作时，先由侧切刃沿纵向切削土壤，并且是先由离轴心较近的刃口开始切割，由近及远，最后由正切刃横向切开土壤，这种切削过程，可把草茎及残茬压向未耕地，进行有支持切割。这样草茎及残茬较易切断，即使不被切断，也可利用刃口曲线的合理形状，使其滑向端部离开弯刀，弯刀不易缠草，从而不易堵塞，适用于黏重土壤和一般十壤；所以根据南方热区土壤的粘重的特点，本机选用弯刀，其回转半径为 245mm，用

65Mn 钢制造，切削部分必须进行淬火处理，淬火区硬度为 HRC50 ~ HRC55；旋耕弯刀加工时采用样板进行检查，刃口曲线的形状误差不得大于 3mm，刃口的残缺深度不得大于 2mm，每把刀上不得多于二两处残缺。

（2）旋耕刀轴的设计

在工作过程中，刀轴受土壤反力和发动机的驱动力矩作用而产生弯曲、扭转等复杂组合变形，同时产生激烈的振动、冲击。在不影响强度和使用要求的前提下减少刀轴的横截面积，设计成窄心轴，这样可以节省大量的材料，根据计算，外径 D = 76mm，内径存 d = 60mm，材料为 235 热轧无缝钢管，刀座间距 70rnm，刀座与刀轴焊接，刀座与旋耕刀用螺栓连接，并一端锁定。

第六节　甘蔗叶粉碎深埋还田机

一、整机结构

甘蔗叶粉碎深埋还田机如图 2 – 56 所示，主要由变速箱、机架、引导装置、刀架、粉碎刀、和单边平底开沟装置构成（如图 2 – 57 所示）。该甘蔗叶粉碎深埋还田机通过标准 3 点悬挂与拖拉机后面，所需拖拉机动力为 50kW，适合我国甘蔗规模化发展生产的中小型拖拉机配套的甘蔗叶粉碎深埋还田机。

图 2 – 56　甘蔗叶粉碎深埋还田机

二、工作原理

拖拉机动力输出轴通过传动系统中万向传动轴将动力传递到变速箱后，由变速箱驱动刀架，带动粉碎刀旋转。作业过程中，甘蔗叶经粉碎刀甩起进行切割粉碎；同时悬挂与机架后方的单边平底开沟装置，在拖拉机的牵引下进行甘蔗地深松开沟；被粉碎的甘蔗叶根据空气动力学原理，在刀架高速旋转时产生气流带动甘蔗叶碎屑经过引导装置抛送至单边平底开沟装置开好的沟内，被回土覆盖，完成粉碎深埋作业流程。

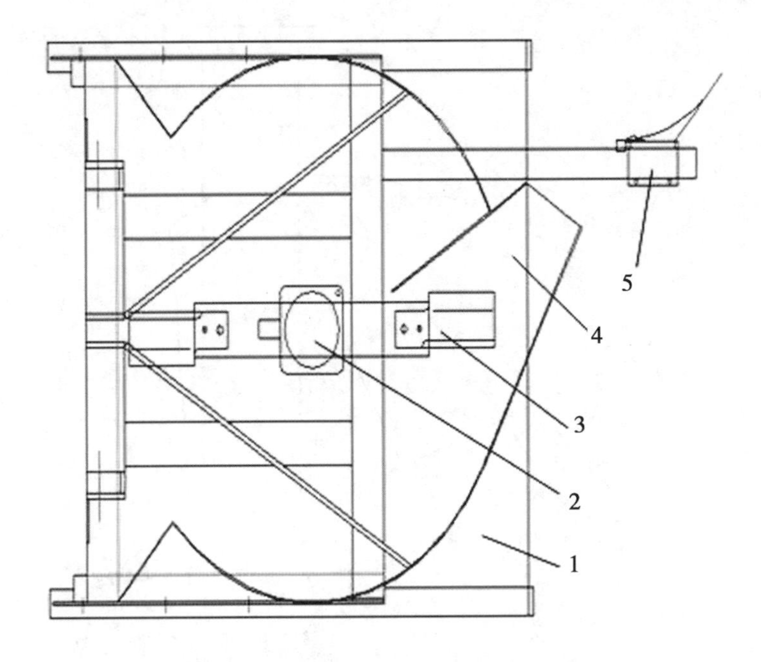

1. 机架　2. 变速箱　3. 粉碎刀　4. 引导装置 5. 单边平底开沟装置

图 2－57　甘蔗叶粉碎深埋还田机结构简图

三、主要部件

1. 单边平底开沟装置的设计分析

（1）设计原理

单边平底开沟装置是甘蔗叶粉碎深埋还田机的关键部件之一，其功能是按照要求开出合适的沟槽，将粉碎的甘蔗叶进行深埋。种植两年的甘蔗地，地表坚实，有大量的甘蔗叶覆盖；土质为砖红壤，土层深厚，质地粘重，开沟装置入土困难，阻力大，需要有良好的破垄入土能力。同时甘蔗地地下甘蔗根须茂密，应有良好的切断根须能力。结构设计因合理，避免甘蔗叶堵塞开沟装置。

根据以上的开沟要求，设计了单边平底开沟装置，由深松犁头、三角侧翼、犁体曲面组成。深松犁头有很好的入土性能，在开沟的同时对甘蔗地进行土壤深松，增加土壤蓄水保墒的能力。三角侧翼有锋利的刃口，可切开土垡以及切断甘蔗根须。扭柱型犁体曲面的设计，有较强的翻土和碎土能力，同时设计的犁体曲面还有一定的回土能力，能将甘蔗叶深埋在沟槽中。

（2）整体结构

单边平底开沟装置的结构如图 2－58 所示，自行设计的单边平底开沟装置的结构与铧式犁犁体类似，其结构由犁柱、犁壁、三角侧翼、深松犁头组成，通过螺栓固定连接在机架偏右侧后方。

（3）深松犁头

由于蔗区的种植土地多为砖红壤，其性状黏重坚硬，故设计出的深松犁头应具有较强

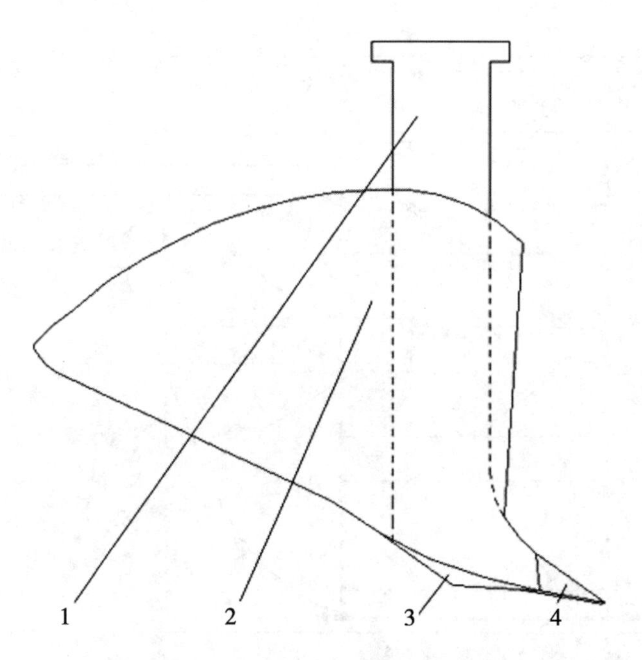

1. 犁柱　2. 犁体曲面　3. 三角侧翼　4. 深松犁头

图 2－58　单边平底开沟装置示意图

的松碎土壤能力，同时还要具有足够的强度、刚度和耐磨性能。深松犁头选用的是常见的凿形犁头，通过螺栓与犁柱固定联结。其优点是，可在犁头磨损坏后快速替换。

深松犁头安装角 α 的取值范围为 25°～30°，当 α 减小时，翻土能力加强；当 α 增大时，碎土能力加强。考虑到犁体曲面的翻土能力，取 α 为 25°。

（4）三角侧翼

三角侧翼是由厚度为 10mm 的锰钢板或 45 号钢板经过调质处理加工而成的。其轮廓被设计成三角形，一侧焊接在犁柱上，靠近深松犁头；另外两侧开刃口，刃口厚度仅为 1mm，能够有效的切割土壤，割断甘蔗的根系，降低开沟阻力；同时增加开沟的下底宽度，能够很好地满足甘蔗叶深埋的技术要求。三角侧翼质量轻、制造方便、价格低廉，可以在磨损后直接更换。由于经常更换三角侧翼，能够保持翼口的锋利度，有效地减少了作业阻力，降低拖拉机油耗，综合效益更高。

2. *粉碎甩刀刀*

（1）设计原理

粉碎甩刀是甘蔗叶粉碎深埋还田机的主要部件之一，要求既能将甘蔗叶粉碎成小块，同时让甘蔗叶通过引导装置，抛送到单边平底开沟装置开好的沟中进行深埋，粉碎甩刀设计为向上有一定弧度，在高速旋转时，刀片下面形成负压，粉碎室产生向上的气流，对喂入的甘蔗叶具有一定向上拉力，使被打碎的秸秆向上抛洒，与箱体发生碰撞，回落过程中再次遇到粉碎刀击打，如此反复，可完成多次切割，提高粉碎效果。

粉碎装置的甩刀在工作过程中具有两个方向的运动：一个是以其轴为中心，进行高速自转运动；另外一个则是随机具进行的水平运动，这个运动过程必须匀速的，即形成的运动轨迹就如同摆线。

（2）粉碎刀结构

粉碎甩刀（如图2－59所示）通过螺栓和刀座固定连接，在拖拉机动力输出作用下高速旋转，对甘蔗叶进行甩打切割，该粉碎装置便于拆装、机构不复杂。粉碎甩刀一边有一向上的弧度15°，刀片下面形成负压，粉碎室产生向上的气流。

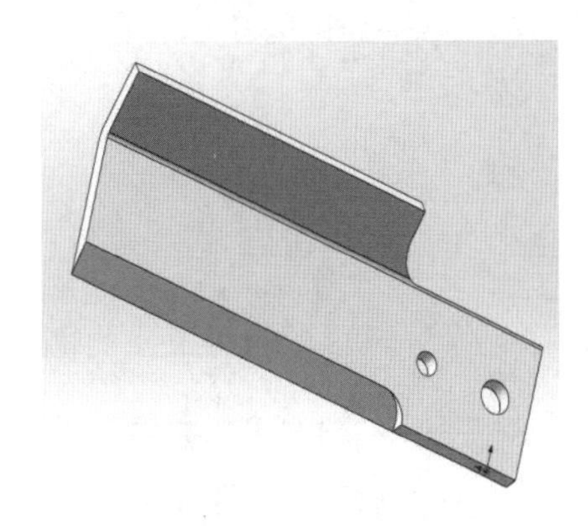

图2－59　粉碎甩刀

（3）运动参数及转速的确定

粉碎装置的甩刀在工作过程中具有两个方向的运动：一个是以其轴为中心，进行高速自转运动；另外一个则是随机具进行的水平运动，这个运动过程必须匀速的，即形成的运动轨迹就如同摆线[25]。如图2－60所示的就是粉碎装置甩刀的运动轨迹，整个坐标建立在刀具做旋转运动的平面上，轴心用O表示，轴线x正向表示的就是穿过轴心指向机具前行的方向，通过圆心作垂直于x轴的方法就能得到xoy坐标系的y轴。

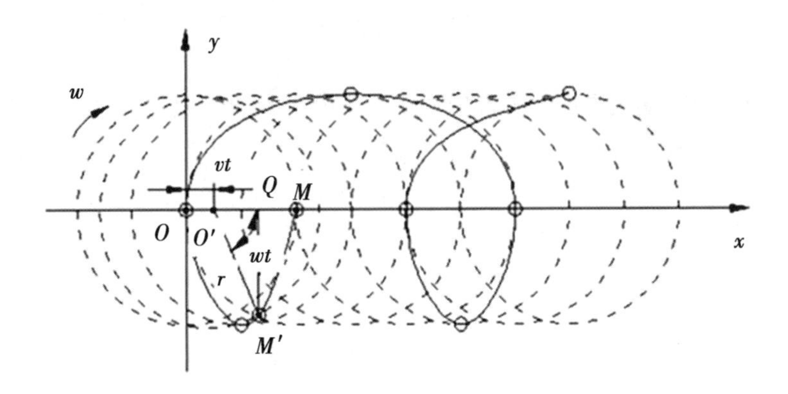

图2－60　角速度为w时的甩刀运动轨迹

注：O为刀具的转动轴心，M为刀具上任一点；O'为经时间t后轴心所在位置；M'为M经时间t后所在位置；r为刀具上所取点的回转半径，Q为M与x轴的垂直交点；w为甩刀的角速度；v为甩刀轴的行进速度；vt为经时间t后甩刀轴的行进距离；wt为经时间t后甩刀上点M转过的角度。

如图所示，以M点为起点，对运动过程中任意一点M'进行研究。设M'点的坐标为（x，y）有：

$$\begin{cases} x = \overline{OO'} + \overline{O'Q} \\ y = -\overline{M'Q} \end{cases}$$

进行极坐标转换，可得：

$$\begin{cases} x = vt + r\cos wt \\ y = -r\sin wt \end{cases}$$

式中：v—机器行进速度，m/s；w—粉碎甩刀旋转角速度，rad/s；r—粉碎甩刀上端点M的回转运动半径，mm；t—工作时间，s。

由上式得：

$$t = \frac{-\arcsin\dfrac{y}{r}}{w}$$

根据三角函数关系：$\sin^2 wt + \cos^2 wt = 1$，可得 M 点的轨迹方程：

$$y^2 + \left(x + \frac{v}{w}\arcsin\frac{y}{r}\right)^2 = r^2$$

由余摆线的解析性质可知，只有当 $r > v/w$，即 $rw/v > 1$ 时，其运动轨迹才能构成余摆线。引入粉碎装置运动参数 λ，令 $\lambda = rw/v$，显然当 $\lambda > 1$ 时，甩刀的运动轨迹为余摆线[26]。

将 $\lambda = rw/v$ 代入得：

$$y^2 + \left(x + \frac{r}{\lambda}\arcsin\frac{y}{r}\right)^2 = r^2$$

由式可知，随着 λ 值的变大，甩刀余摆线运动轨迹特征越明显，转速越大甘蔗叶被粉碎甩刀打击的次数越多，粉碎效果越好，然而带来的问题是功率消耗也越大，因此应多方面综合考虑，以选取甩刀合适转速。

粉碎装置的粉碎甩刀在工作过程中具有两个方向的运动：一个是以其轴为中心，进行高速自转运动；另外一个则是随机具进行的水平运动，这个运动过程必须匀速的，即形成的运动轨迹就如同摆线。

要想达到较好的粉碎效果而又不浪费功率，粉碎甩刀的转速尤为重要。研究表明，粉碎甩刀的转速应与机具行进速度相配合，通过机具行进速度来确定其合适的转速，两者的配合决定了甘蔗叶的粉碎效果。定义单位长度甘蔗叶被打切次数为甘蔗叶被打击率，按公式（2-65）计算：

$$\varepsilon = \frac{n_1}{60v_{机具}}$$

式中，ε—秸秆被打击率，r/m；n_1—粉碎甩刀转速，r/min；$v_{机具}$—机具行进速度，m/s，取值0.5～0.8m/s。

由试验可知，当秸秆被打击率 ε 为20～25r/m 的取值范围时，甩刀粉碎秸秆可达80%的粉碎率，且甩刀功率消耗为19.8～32.3kW，此范围可取。将其代入式，计算得 n_1 为600～1 440r/min。

3. 引导装置

(1) 原理

引导装置的作用是将粉碎的甘蔗叶导入开好的沟中，被粉碎的甘蔗叶根据空气动力学原理，在刀架高速旋转时产生气流带动甘蔗叶碎屑经过引导装置抛送至单边平底开沟装置开好的沟内。

（2）结构组成

引导装置主要由内环壁和外挡板组成。内环壁是沿着粉碎甩刀末端的圆形引导通道，距离粉碎甩刀末端70mm，切碎的甘蔗叶在气流的作用下与内环壁碰撞，被粉碎甩刀反复切割，同时沿着内环壁运动。外挡板长约750mm与内环壁相切，末端指向单边平底开沟装置，保证抛出的甘蔗叶被引导进开好的沟内，随机具前行回土覆盖，完成作业流程。

四、田间试验方案

试验地选择：为保证试验结果可靠准确，试验地应平坦，最大坡角≤5°，地宽满足机具要求，长度不小于100m。

试验指标：甘蔗叶粉碎率≥85%，深埋率≥75%，样机工作效率≥0.2hm^2/h。

从粉碎区随机选取6个测量区（长1m×宽1m），测量未埋入沟内的甘蔗叶重量G'，测量每个区的甘蔗叶碎屑，用天平称其质量为G，并从中随机选取100根甘蔗叶碎屑，计算出其平均长度，即为每个测量区的甘蔗叶切碎长度L0。从G质量甘蔗叶碎屑中选出长度大于250mm的甘蔗叶碎屑物，称其质量为g，计算出每个试验区的机器对甘蔗叶的粉碎合格率η。最后得出6个测量区甘蔗叶切碎长度和合格率，求取平均值即可。

$$\eta = (1 - \frac{g}{G}) \times 100\%$$

$$\eta' = (1 - \frac{G'}{G}) \times 100\%$$

式中，η——甘蔗叶粉碎合格率，%；η'——甘蔗叶深埋合格率，%；G——随机选取的甘蔗叶碎屑质量，kg；G'——未埋入沟内甘蔗叶重量，kg；g——甘蔗叶碎屑中长度大于250mm的粉碎物的质量，kg。

机器单位时间作业面积。记录机器田间完成一个取样试验单位所需要花费的时间，其工作效率根据公式计算。

$$\psi = \frac{3.6LI}{10\,000q}$$

式中，ψ——机器工作效率，hm^2/h；L——取样单位长度，m；I——作业幅宽，mm；q——作业一个取样试验单位所花费时间，s。

第七节　甘蔗叶粉碎还田机使用说明

一、安全注意事项

正确安装万向节总成。

严禁带负荷起动机具。

作业时机具前、后及侧边严禁近距离站人或跟踪。

机具运转时，严格控制提升高度，禁止猛提猛放。

严禁带负荷转弯或倒退，提升粉碎机应先停止动力输出轴。

机具在运转过程中，若有异常现象，应立即停机排除故障。

检查、保养和排除故障时必须停止机具运转。

机具在路上行驶或地块转移时，应先切断动力输出轴动力。

使用前齿轮箱内应加足齿轮油（出厂时齿轮箱内不加油），油面淹没主动齿轮 1/3 即可；并在各轴承润滑点加注高速黄油，包括粉碎轴两端轴承、变速箱输出轴轴承及张紧轮轴承。初次使用40h 后，应进行一次齿轮间隙调整。

每班作业前检查易损件，紧固螺栓螺母。较潮湿天气作业时需要及时清理前、后盖板内积泥，以避免振动大、刀具变形等，影响机具正常工作。

机具安全警示标志见图 2－61。

图 2－61　机具安全警示标志

二、安装说明

把万向节传动轴的两部分分别配合装入拖拉机和机具合适位置上，用开口销把销钉紧固好。安装时候主意不能敲击两个十字架的各处轴承，敲击产生的变形严重会影响万向节传动轴的寿命。

拖拉机行驶合适位置慢慢倒退插入传动轴，万向节如图 2－62 所示对肩安装，若安装不正确机具运行会引起很大的声响和震动导致机具部件的破坏。安装后的万向节应使机具在工作和提升时候不顶死，在放下机具的状态下，如图中 H 不少于 2cm。万向节长度要求安装后重合 5cm 以上且方轴不突出至母头的叉顶处，运转灵活、顺畅为宜。对准花键上开槽的地方插好销，并向油杯加注黄油。

拖拉机提升三点悬挂下拉杆至对准三点悬挂下面两点的销孔，安装销钉。由于机具运转速度高，拖拉机三点悬挂各处的销钉连接的要求也相对提高。

在平整地面通过调整拖拉机悬挂机构调整机具的位置，机具提起状态下调节两提升杆，使机具水平方向平衡。调整下拉杆的两个紧固铰链，固定机具位置对中，用手侧推不发生晃动。

机具撤除支撑杆，在放下状态下调整上拉杆的长度和调节限位轮的高度调整机具的姿

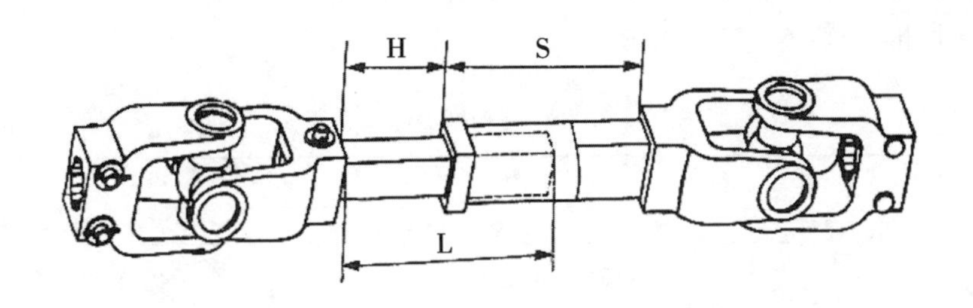

图 2－62　万向节传动轴安装示意图

态。在平地上观察控制动刀离地最低距离为 12～15cm，万向节传动轴基本水平。

安装完毕后试运行，观察拖拉机和机具是否运转正常，有关震动和声响是否正常。

三、机具的调整

机具新安装或重新安装前，需要作整体检查保养，检查并拧紧各个紧固件。用黄油枪在各油杯加注黄油，在变速箱加注齿轮油，油面高度加至大齿轮 1/3 位置为止。使用后重新安装的机具，需要对各部分检查调整。部分调整方法如下。

1. 齿轮箱位置调整

调整齿轮箱位置需要先卸下传动皮带。对于单边传动机型，稍稍松开齿轮箱螺栓，利用连接处的长孔或者位置调整螺母调整齿轮箱位置，使传动轴和刀辊平行。简便检验方法是使两 V 带轮外端面平行或者完全对齐。对于双边传动的机型，则使变速箱轴承和两端传动轴轴承成一直线。紧固齿轮箱螺栓后，用手转传动轴，转动平稳、流畅为佳。

2. 圆锥齿轮啮合印痕的检查及其调整

（1）圆锥齿轮啮合印痕的检查

先在大锥齿轮或小锥齿轮的工作面上，涂上一层均匀的红丹油，转动齿轮，看印痕大小及其分布，该项齿轮面的正常啮合印痕应是：其长度不小于齿宽的 40%，高度不小于齿高的 40%，且应分布在节圆附近稍偏大端。

（2）锥齿轮副齿侧间隙的调整

适当的齿侧间隙是齿轮正常工作的条件之一，间隙过小，则润滑不良；间隙过大，运转中产生较大的冲击和噪音。总之，都将导致齿轮加速磨损。

（3）齿轮间隙的测取方法

用保险丝或其他软金属，弯曲成“S”形，置于齿轮非啮合面之间，按正常工作方向转动齿轮将保险丝挤扁，然后取出，测量靠近大端处被挤压的厚度即为齿侧间隙。正常值为 0. 26～0. 65mm，如果齿侧间隙超过 0. 8mm，即应调整。

（4）调整注意事项

调整锥齿轮啮合印痕和齿侧间隙时，当调整小锥齿轮时，其小锥齿轮轴前、后轴承压盖垫片的总厚度不得增减，即只能把一边抽去的垫片相应地加到另一边去，这样做是为了防止破坏已调整好的小锥齿轮轴承间隙当调整大锥齿轮时，其左、右压盖端纸垫总厚度不得改变，即只能一端纸垫厚度减小，另一端则增加相应厚度的纸垫。这样做是为了防止破坏已调整好的大锥齿轮轴轴承间隙。

锥齿轮副侧隙调整表见表 2 – 36。

表 2 – 36　锥齿轮副侧隙调整表

印痕大小及分布情况	调整方法		
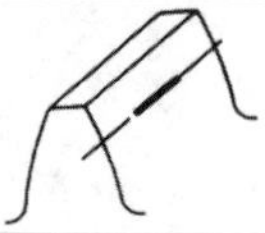	正常印痕	小锥齿轮正常的啮合印痕的长度应不小于齿宽的 40%，印痕的高度应 不少于齿高的 40%，并分布在分度圆锥的素线附近，不需调整。	
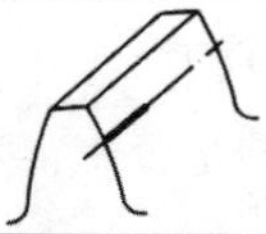	不正常印痕	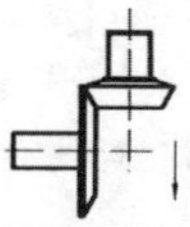	减少轴承套环与中间箱体之间的调整纸垫，使小锥齿轮向箭头所示方向移动。
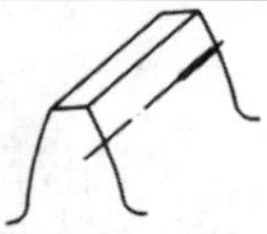		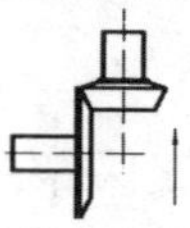	增加轴承套环与中间箱体之间的调整纸垫，使小锥齿轮向箭头，所示方向移动。
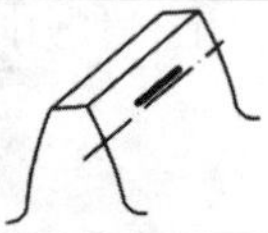		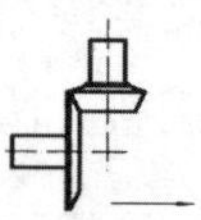	减少中间箱体中第二轴左轴承盖与箱体之的调整纸垫，将取下的垫片加到第二轴右轴承盖与箱体之间，使大锥齿轮向箭头方向移动。
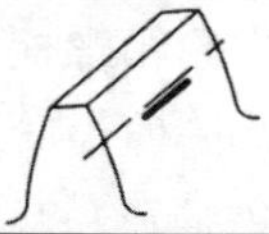		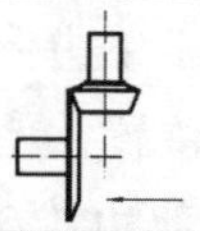	减少中间箱体中第二轴右轴承盖与箱体之的调整纸垫，将取下的垫片加到第二轴左轴承盖与箱体之间，使大锥齿轮向箭头方向移动。

在调整过程中，当齿侧间隙与啮合印痕有矛盾时（即啮合印痕合适而齿侧间隙不合适，或者相反），应以啮合印痕为准，可不保证齿侧间隙（但齿侧间隙不得小于 0. 2mm）。

3. V 带轮位置的调整

V 带轮位置出现不平行或者错位会降低传动 V 带的寿命和传动效率。首先，需要选用形位精度好的 V 带轮。通过调整变速箱位置可使两 V 带轮平衡。如果仍然有错位，可在 V 带轮内侧添加垫片。

4. V 带张紧调整

由于 V 带使用一段时间后会发生磨损和伸长，适时调整张紧装置可以防止因为打滑而使 V 带加速磨损。

5. 刀辊的调整和检查

重新安装调整的刀辊可能出现转动不畅的情况，检查各个可能接触的零部件并调整其位置，使刀辊可以徒手转动。检查各个甩到和定刀的相对位置，确保高速运行时动刀与定刀不发生相互碰撞现象。

6. 圆锥齿轮箱的调整

齿轮箱长期使用磨合，有可能发生松动的情况，应进行适当的调整。虽然齿轮箱外观不尽相同，但是一般都是通过调整垫片厚度和调节调整螺母的拧紧程度。齿轮箱轴承调整至能灵活转动又无明显间隙为好。齿轮啮合间隙可以用塞尺或用铅丝来检验，其正常间隙为0.15～0.35mm（沿圆周均布测量三次，取平均值）。

四、机具的使用

1）场地要求。进行粉碎作业前需要进行场地调查和清理，要求没有石头，大块树根树枝等杂物，作业地块地头留3～5m的宽度作为拖拉机拐弯回转地带。作业场地平整为宜，坡度不大于15度。

2）机具初启动时要空负荷低速启动，空转2～3min待发动机运行平稳达到额定转速后，方可进行带负荷前进作业。带负荷启动或突然高速启动则会因突然接合，冲击过大而造成动力输出轴和花键套的损坏，并且容易造成甘蔗叶堵塞等。空运转期间同时观察机具的震动和声响特征，以判断拖拉机和机具的运转状况。

3）作业时后三点调整为悬挂浮动状态。由于机具根据地形高低浮动，因而只能在平地里调整三点悬挂以控制动刀的离地高度。

4）作业速度以尽量利用拖拉机的功率，保持输出轴高转速，保证粉碎作业质量为原则作出选择和调整，一般采用慢三档。

5）在甘蔗叶量过多的地方，拖拉机负荷过大时，可适当放慢拖拉机速度，必要时原地停止下来使甘蔗叶充分粉碎后再继续前进工作。

6）新机安装运行一小时，轴承和齿轮箱温升稳定后，观察和测定轴承温升是否符合要求，若温升过高即为轴承间隙过大或缺油所至，应及时调整或加油，应适当调整各轴承座位置，以保证粉碎轴的同心度。

7）在地面不平整的地方可稍稍提升机具通过，以防动刀打土，机具打土现象频繁则应重新调整机具姿态，提高动刀离地高度。

8）完成一行后在地头转弯时，放慢油门降低动力输出轴转速，同时稍稍提升机具使限位地轮离地进行转弯，同时严格控制提升高度，以免损坏传动轴。机具的升降应平稳，不宜过急过快，也不宜过高或过低，否则容易损伤机具。

9）作业中，应随时检查V带的张紧程度，以免刀轴转速降低而影响粉碎质量或加速V带磨损。

10）作业时机具附近特别是机具后方严禁近距离站人或跟踪，以免抛出的硬杂物伤人；机具产生震动、响声异常时，须立刻停止工作并检查排除。

11）在土壤较潮湿地块作业时需要及时清理机具内积泥缠草，否则会引起振动加大、刀具变形、加剧刀具磨损等，影响机具正常工作。清除积泥缠草或排除故障必须停机进行。

12）每班次工作后检查轴承和变速箱温升，检查紧固件连接和刀具状况，以及时排除故障隐患。

13）机具在路上行驶或地块转移时，应先切断动力输出轴动力，提起机具再行走。

五、维修与保养

1）适时清理机具上和内部的杂物。检查并拧紧各连接处紧固件。

2）在各轴承润滑点加注高速黄油，主要包括粉碎刀辊两端轴承、变速箱输出轴轴承、张紧轮轴承、万向节传动轴的十字轴润滑点、地轮轴承等。

3）检查齿轮箱密封情况，静结合面不漏油，动结合面不滴油，必要时更换密封圈或油封。

4）检查动刀磨损情况，必要时应更换（每组动刀之间质量差应不大于10g），以保持刀辊动平衡。

5）检查刀辊上各销钉的紧固状况，更换失效销钉。

6）检查万向节十字轴挡圈是否错位或脱落，必要时进行调整或更换。

7）新机具在使用50h后需要更换变速箱的齿轮油，以后每季度工作后更换1次。

8）每季度使用后，彻底清理机上的杂物，清理机壳体内及各工作部件的泥土和杂物等并在各轴承润滑点加注高速黄油，主要包括粉碎刀辊两端轴承、变速箱输出轴轴承、张紧轮轴承、万向节传动轴的十字轴润滑点、地轮轴承等。

9）机器应停放在通风干燥的地方，避免日晒雨淋。传动V带应放松张紧轮或者取下置于阴凉干燥地方保存。

六、机具的常见故障及排除

甘蔗叶粉碎还田机常见故障分析见表2－37。

表2－37　甘蔗叶粉碎还田机常见故障分析表

故障情况	故障原因	排除方法
作业质量差	①动刀磨损严重，机具工作一段时间后动刀磨损粉碎效果差 ②机具离地过高或者过低 ③刀辊转速不足，机具和拖拉机的转速设定不配合 ④行进速度过快 ⑤V带打滑或者翻转	①更换刀具 ②调整限位轮位置或调整上拉杆的长度改变机具姿态 ③调整V带轮的配比来调整 ④降低行进速度，一般选用拖拉机慢三挡 ⑤及时张紧或者更换V带
机具异常震动	①万向节传动轴安装不正确 ②动刀折断、脱落或者不均匀磨损 ③紧固螺栓有松动 ④轴承损坏 ⑤动刀与定刀等有碰撞 ⑥零件有断裂毁坏	①正装和调整角度使传动轴平行地面 ②及时增补动刀，每组动刀进行配重，尽量控制每组重量差不大于10g ③及时拧紧 ④及时更换并注意加注黄油 ⑤检查并排除 ⑥检查排除并焊接加固
V带磨损严重	①机具负荷过大或刀具入土 ②动刀或者机体粘泥严重 ③V带长度不一致 ④张紧度张紧不够 ⑤V带轮位置不平行	①及时更换 ②立即清除 ③及时更换 ④调整张紧轮 ⑤调整变速箱位置，使V带轮平行，在皮带轮内加减垫片使其共面。
变速箱杂音	①齿轮间隙不合适 ②齿轮磨损、断齿 ③齿轮箱缺油或加油过多 ④轴承配合不当或者损坏	①通过添加或去掉变速箱纸垫来调整啮合间隙 ②及时更换 ③检查油量及时添加或放油 ④应调整好轴承间隙或者更换轴承

（续表）

故障情况	故障原因	排除方法
刀辊轴承温升高	①缺油或油失效 ②机具震动太大，负荷过重 ③轴承间隙过大或者过小 ④轴承损坏	①及时加注高速黄油 ②检查解决 ③调整解决 ④更换

主要参考文献

[1] 李坚．生物质复合材料学［M］．北京：北京科学出版社，2008.

[2] 刘鸿文．材料力学四［M］．北京：高等教育出版社，2006.

[3] 叶园伟．甘蔗叶发酵预处理碎解机关键技术研究［D］．海口：海南大学，2012.

[4] 金跃迁．3SY－140 型甘蔗叶碎叶机的虚拟研究［D］．南宁：广西大学，2004.

[5] 梁明．4F－1.8 型甘蔗叶粉碎还田机研制［J］．现代农业装备，2005（z2）：99－100.

[6] 胡少兴，等．根茬粉碎还田机除茬刀滚功耗模型的建立［J］．农业机械学报，2000（3）：35－38.

[7] 吴子岳，等．玉米秸秆切断速度和切断功耗的试验研究［J］．农业机械学报，2001，32（2）：38－41.

[8] 廖汉平．拖拉机动力输出轴标准分析及讨论［J］．机械工业标准化与质量，2010（5）：36－41.

[9] 成大先．机械设计手册［M］．北京：化学工业出版社，2008.

[10] 张少军，万中，刘光连．V 带疲劳寿命最长的全局优化设计［J］．中国机械工程，2011（4）：403－407.

[11] 文立阁，李剑桥，崔占荣．我国灭茬机具及其刀具的发展现状［J］．农机化研究，2006（5）：10－13.

[12] 张世芳，赵树朋，马跃进，等．秸秆还田机鞭式刀具的研究［J］．农业机械学报，2004，35（2）：59－61.

[13] 毛罕平，陈翠英．秸秆还田机工作机理与参数分析［J］．农业工程学报，1995，11（4）：62－66.

[14] 涂建平，徐雪红，夏忠义．秸秆还田甩刀及甩刀优化排列的研究［J］．农机化研究，2003（2）：102－104.

[15] 郝建军，马跃进，刘占良，等．鞭式刀具的失效及火焰喷焊 NiWC 强化的可行性研究［J］．农业工程学报，2005，21（8）：74－77.

[16] 马跃进，郝建军，申玉增，等．根茬粉碎还田机灭茬甩刀喷焊 NiWC 工艺优化［J］．农业工程学报，2005，21（2）：92－95.

[17] 孟海波，韩鲁佳，刘向阳，等．秸秆揉切机用刀片断裂失效分析［J］．农业机械学报，2004，35（4）：51－54.

[18] 涂建平，徐雪红，夏忠义．秸秆还田机刀片及刀片优化排列的研究［J］．农业化研究，2003（2）：102－104.

[19] 杨坚，梁兆新，莫建霖，等．3SY－140 型甘蔗叶碎叶机振动仿真［J］．农业机械学报，2005，36（11）：68－71.

[20] 姬江涛，李庆军，蔡苇．刀具布置对茎秆切碎还田机振动的影响分析［J］．农机化研究，2003（4）：63－64.

[21] 李明，王金丽，邓怡国，等．1GYF－120 型甘蔗叶粉碎还田机的设计与试验［J］．农业工程学报，2008，24（2）：121－125.

[22] 李明，王金丽，邓怡国．甘蔗叶粉碎还田机集叶器的设计与试验［J］．农业机械学报，2008，39（3）：67－70.

[23] James G. Effect of knife angle and velocity on the energy required to cut cassava tubers［J］. Journal of Agricultural Engineering Res－earch，1996，64（2）：99－106.

[24] 金跃进，杨坚，梁兆新，等．甘蔗碎叶机的试验研究［J］．农机化研究，2004（4）：137－138.

[25] 甘声豹，李粤，张喜瑞，等．喂入式立轴甩刀香蕉秸秆粉碎还田机设计与试验［J］．农业工程学报，2014，30（13）：10－19.

[26] 胡炼，罗锡文，严乙桉，等．基于爪齿余摆运动的株间机械除草装置研制与试验［J］．农业工程学报，2012，28（14）：10－16.

第三章　甘蔗叶粉碎还田对土壤和甘蔗生长效应研究

甘蔗收获期的蔗叶一般占蔗茎产量的12% ~20%，蔗叶干物质中氮、磷、钾含量分别为0.7%、0.31%、2.2%，还含有丰富的有机质及甘蔗生长所需的多种中、微量营养元素。常年连作甘蔗，蔗地肥力得不到恢复，大量施用无机化肥，不施用有机肥，结果造成大量的养分损失，部分蔗区的土壤肥力明显退化，特别是有机质含量下降，土壤容重变大、粘结、通气不良对蔗根生长不利，排水不畅，造成甘蔗单产降低，宿根年限缩短。从长远的角度来讲，实施甘蔗叶还田可以使甘蔗叶不断释放出 N、P、K 和其他中、微量元素养分，供作物生长利用。这对减少农田化肥的用量，缓解氮、磷、钾肥施用比例失调的矛盾，增加土壤有机质，改善土壤结构，以及整个甘蔗产业的可持续发展具有重要意义。

但因甘蔗叶量大，且其本身的纤维含量高达78.6%，大量还田之后，从短期的影响来讲可能会对作物造成不利的影响，因此，对甘蔗叶还田后相关效应的研究分析是很有必要的。

第一节　国内外甘蔗叶还田效应研究概况

一、国外蔗叶粉碎还田对土壤效应的研究现状

世界上凡是农业发达的国家，都很重视施肥结构的科学合理，澳大利亚、巴西等大部分蔗叶粉碎还田，每亩施100kg标肥，同时施厩肥1 500 ~2 000kg，使土壤中有机质含量不断提高，化肥施用量控制在施肥总量的1/3，有机肥占2/3。全世界的蔗糖产量约70%产自甘蔗，它成长期长、需肥量大，对地力的消耗尤其是对土壤中的养分比其他的作物要大。国外的一些机构对甘蔗收获及加工方面的科技进展以及其相关产业体系的发展迅速，主要是对给土壤理化条件带来的影响进行了研究。澳大利亚对蔗叶进行处理：包括燃烧后废弃物和新鲜废弃物、行间翻耕和收获后没有翻耕的各种组合对土壤碳含量及团聚体稳定性的研究，结果显示可持续发展的甘蔗种植制度为尽可能少耕作并保留废弃物的制度。南非埃奇库姆山甘蔗研究所对甘蔗残留物管理、有机质肥料和化肥的应用对土壤有机质及土壤不同深度层的有机成份含量的影响（长达59年）观察试验研究，表明甘蔗残留物或是化肥的投入都能提高微生物量，由于甘蔗作物残留物每年对土地不断的投入，沉积的土壤有机质不断增加，使得土壤有机质总量增量比例更大。美国对关于土壤质量和农业的可持续性发展，分析比较深入，对作物残留和耕作管理，单一施肥和土壤质量的影响，土壤有机质（SOM）和有机碳改造，耕作方式对碳和氮的分布产生重大影响，以及有机物质的分解和氮矿化率等做了相关的研究，表明适当的轮作的方式可增加和维护土壤有机物的数量

和质量，并且改善土壤化学和物理特性；单独的化肥或作物秸秆可能不足以维持有机 C（SOC）的水平，适当的应用化肥与农家肥相结合可以提高土壤养分和 SOC，减少耕作的频率及化肥和有机肥适当比例的补充可以更好保存 SOC。

目前，国外发达国家如澳大利亚、美国等由于采用切段式甘蔗联合收获机作业，集收获和蔗叶粉碎于一体，在收获的同时，已将甘蔗叶切碎还田了，取得较好的效果，使土壤松碎、肥沃，地力保持较好，甘蔗产量高。

产糖大国巴西，相当部分甘蔗园实行甘蔗叶切碎还田，甘蔗产量约可保持在每公顷 90 吨，甘蔗叶还田培肥和增产增收作用相当显著。一些发展中国家积极发展甘蔗联合收获机作业，考虑甘蔗叶粉碎还田的积极作用也是主要因素之一。

二、国内蔗叶粉碎还田对土壤效应的研究现状

传统的蔗叶处理有沤制还田和就地焚烧两种方式。蔗叶沤制还田劳动强度大，生产效率低；随着我国经济的发展，石油液化气、沼气等能源进入到农村，蔗叶作为生活燃料的用量正逐步减少，就地焚烧处理蔗叶就占了主流，这种方式不但存在火灾隐患，还会造成环境污染。

蔗叶还田现有的方式有烧灰还田、堆沤腐解还田、直接覆盖还田和机械粉碎还田。田间焚烧可以在一定程度上减轻病虫害，防止过多的有机残体产生有毒物质与嫌气气体或在嫌气条件下造成 N 的大量反硝化损失。但总的说来，田间烧灰还田弊大于利[5]。堆沤腐解还田主要是将干燥好的残枯蔗叶放在厩棚里，自然沤制，然后还田；也有的是用快速堆腐剂产生大量纤维素酶，可在较短的时间内将蔗叶堆制成有机肥。堆沤腐解方法效果好，但工效低，劳动量大。直接覆盖还田是把当年甘蔗收获后遗留在蔗田的蔗叶（梢）翻入蔗沟盖土直接还田，这种方法工序简单，但因大量的甘蔗叶集堆一起，有可能形成土壤架空现象，使土壤水分容易蒸发，不利于甘蔗生长对水分和养分的吸收，从而影响蔗苗的生长。机械粉碎还田主要是采用配套动力机械一次作业将田间的蔗叶直接粉碎还田，粉碎程度在 10～25cm，工作效率高，粉碎后的蔗叶翻埋于土中，可加速蔗叶在土壤中的腐解，进一步改善土壤的团粒结构和理化性能[1]。

综上，蔗叶还田的效应研究包括：对土壤物理性状的影响、对土壤养分的影响、对土壤微生物的影响、对甘蔗产量以及带来的虫害影响等方面。

第二节　甘蔗叶还田对土壤物理性状的影响

一、影响土壤团聚体

土壤团聚体对土壤物理性状和营养条件具有良好的作用，是土壤养分“贮藏库”，土壤团聚体中的碳、氮含量代表了土壤有机质含量水平，其数值反映了土壤肥力的高低，是土壤肥力指标之一。蔗叶还田分解促进了土壤微粒的团聚，一定程度上减少了耕作对土壤团聚体的破坏，使得土壤团聚体在数量上有了明显的增加并具有更好的稳定性，避免了土壤团聚体内部有机质的分解，从而加强了土壤团聚体对有机质的吸附力，土壤中有机质与

氧气接触的几率大大降低，理论上减少土壤有机质的流失。Graham 等对南非 Mount Edgecombe 甘蔗试验站 59a 蔗叶覆盖还田的定位实验表明，蔗叶全量还田的土壤团聚体稳定性相对收获前焚烧枯叶与蔗叶全量焚烧分别提高 9.6%、30.9%，长期利用蔗叶还田有利于小粒径团聚体的形成与维持[2]。

二、影响土壤水分含量

土壤缓解程度与还田蔗叶量和土壤含水量密切相关。在自然条件下，蔗田土壤表层受雨滴直接冲击，土壤团粒结构被破坏，土壤孔隙度减小，形成不易透水透气、结构细密紧实的土壤表层，影响降水就地入渗。而在土壤表面覆盖一层蔗叶，避免了降水对地表的直接冲击，团粒结构稳定，土壤疏松多孔，因而土壤的导水性强，降水就地入渗快，地表径流少。蔗田耕作层土壤水分的有效保持利于甘蔗的萌芽与出苗，种植垄上的有效土壤水分利于主根系向深层土壤下扎，能够增加水分吸收利用率，防止甘蔗倒伏；行间土壤水分的有效保持能够促进甘蔗系根的横向生长，使甘蔗的养分吸收面积半径增大，促使甘蔗能够快速形成庞大的根系结构，利于提高甘蔗的抗逆性。

崔雄维等人研究了蔗叶不同还田模式对土壤水分和甘蔗产量的影响，蔗叶还田量为 7.5t/hm^2。

（一）试验条件

试验品种：中大茎、早熟、高产、高糖甘蔗品种赣蔗951108。

试验地土壤类型：山地红壤。

试验时间：2008 年 1 月 19 日至 2010 年 1 月 30 日。

种植类型：宿根蔗。

（二）田间试验对照组

A—蔗叶焚烧。

B—等行距蔗叶全覆盖还田。

C—等行距蔗叶隔行覆盖还田。

D—等行距蔗叶和地膜覆盖还田。

E—酒精废液 75t/hm^{2}蔗叶隔行覆盖还田。

（三）采样及检测方法

在甘蔗的生育关键期于早上 9：00—11：00 取样。

使用土钻采取 0～20cm 耕层土样。

采用烘干称重法测土样水分（将装有土样的铝盒称取湿重后放入 105℃烘箱中烘 6h 后称干重）。

测定甘蔗种植垄及行间的土壤含水量。

其土壤含水量如表 3－1 所示，垄上土壤含水量：2009 年 3 月 B、C、D、E 处理与对照比较分别增加 1.03%、1.38%、2.65%和 5.17%，E 处理的土壤含水量较对照增加幅度较大（试验小区施用过酒精废液后立即覆盖蔗叶，对宿根蔗垄上额外增加了水分所致）；4 月正是宿根蔗出苗的关键需水期，与对照 A 比较，C、D 处理的土壤含水量均较对照增加0.08%，起到了较好的保墒作用；结合试验基地气象数据8月为主要降雨期，B、C、D处理的土壤含水量较对照分别增加2.20%、2.74%、2.76%，此时正值甘蔗拔节的关键生育期，雨热同季利于甘蔗的快速生长；12月B、C、D、E处理的土壤含水量较对照分别增加0.62%、2.65%、1.46%和6.45%；2010年1月B、C、E处理的土壤含水量较对照分别增加0.57%、3.03%和5.77%。

表3-1　蔗根生育期0~20cm土层垄上与行间土壤水分变化情况

试验类型	处理	2009年3月24日		2009年4月24日		2009年8月21日		2009年9月25日		2009年12月12日		2010年1月20日	
		%	比CK(±)	%	比CK(±)	%	比CK(±)	%	比CK(±)	%	比CK(±)	%	比CK(±)
垄上	A	11.42	0.00	15.91	0.00	17.09	0.00	17.77	0.00	3.62	0.00	13.07	0.00
	B	12.45	1.03	15.90	-0.01	19.29	2.20	17.37	-0.40	4.24	0.62	13.64	0.57
	C	12.80	1.38	15.99	0.08	19.83	2.74	19.18	1.41	6.27	2.56	16.10	3.03
	D	14.07	2.65	15.99	0.08	19.85	2.76	16.94	-0.83	5.08	1.46	10.09	-2.98
	E	16.59	5.17	11.22	-4.69	16.40	-0.69	15.00	-2.77	10.07	6.45	7.30	-5.77
行间	A	13.52	0.00	15.72	0.00	17.96	0.00	8.62	0.00	15.08	0.00	12.04	0.00
	B	19.64	6.12	25.50	9.78	23.19	5.23	12.13	3.51	15.27	0.19	14.93	2.89
	C	19.07	5.55	21.39	5.67	23.28	5.32	15.79	7.17	17.50	2.42	15.36	3.32
	D	16.31	2.79	19.53	3.81	22.85	4.89	11.59	2.97	17.93	2.85	12.99	0.95
	E	16.79	3.27	20.97	5.25	18.65	0.69	12.32	3.70	15.40	0.32	12.99	0.95

土层行间土壤含水量：2009年3月B、C、D、E处理的土层行间土壤含水量与对照比较分别增加6.12%、5.55%、2.79%和3.27%；4月B、C、D、E处理的土壤含水量与对照比较分别增加9.78%、5.67%、3.81%和5.25%，前期均表明蔗叶全覆盖还田处理的土壤含水量显著高于其他处理。8月B、C、D、E处理的土壤含水量与对照比较分别增加5.23%、5.32%、4.89%和0.69%；9月B、C、D、E处理的土壤含水量与对照比较分别增加3.51%、7.17%、2.97%和3.70%。比较拔节期宿根蔗行间的土壤含水量可知，蔗叶隔行覆盖还田处理C的土壤含水量显著高于其他处理。12月B、C、D、E处理的土壤含水量与对照比较分别增加0.19%、2.42%、2.85%和0.32%；2010年1月B、C、D、E处理的土壤含水量与对照比较分别增加2.89%、3.32%、0.95%和0.95%，宿根蔗成熟期总体来说行间土壤含水量略高于对照处理。且C处理的土壤含水量相比其他处理略有优势[3]。

因此，蔗叶还田不仅可提高土壤的孔隙度，降低土壤容重，缓解土壤板结程度，还可增强土壤的保肥保水能力，提高田间持水量和自然降水的有效性，从而增强土壤抗旱能力。

三、对土壤养分的影响

(一) 影响土壤有机碳含量

在土壤水、气、热等条件适宜的情况下，在土壤微生物的作用下，利用蔗叶还田可以增加土壤有机碳的含量，改善土壤微环境，进一步提高土壤的固碳能力。蔗叶还田一段时间后，蔗叶腐烂分解，土壤中有机质含量有所提高，Tantely 等研究报道，0～10cm 土层中甘蔗叶还田与收获前焚烧蔗叶的土壤有机碳含量分别为 23.7g/kg 和 20.7g/kg，这种体现在 0～10cm 土层的差异主要是由于表层土壤固定了地上部生物量总碳的 14%，地上部生物量总碳优先富集于表层粒径 <2μm 的土壤中所致。但利用蔗叶还田对土壤有机碳的影响需要与一定的耕作方式相结合，在不同的耕作措施下，利用蔗叶还田对土壤有机碳的影响有一定的差异[4]。Galdos 等在连续 8a 蔗叶还田的定位研究中发现，蔗叶还田的土壤总碳、碳和有机碳分别较蔗叶焚烧提高 30%，250% 和 380%[5]。Graham 等分别测定甘蔗种植行与行间 0～30cm 土层的土壤有机碳含量表明，蔗叶覆盖还田的土壤有机碳含量较蔗叶焚烧提高 7.6%。对澳大利亚深色淋溶土连续 4a 的监测表明，蔗叶还田对土壤中活性有机碳含量较蔗叶焚烧提高 11%。印度亚热带风化土的一个甘蔗生产周期（即一年新植和 4a 宿根）试验结果表明，蔗叶还田土壤有机碳含量增加幅度较大[6]。

为研究不同的甘蔗叶还田处理方式对土壤及甘蔗生长带来的长期影响，中国热带农业科学院农业机械研究所在广东省湛江市雷州龙门镇金星农场建立 100 亩的标准化对比试验示范基地，连续几年进行试验基地土壤采集及甘蔗生长情况的测定。

1. 试验条件

试验地土壤类型：红壤土、质地粘重。

试验地气候类型：亚热带湿润性季风气候，年均气温 22.9℃，年均降水量 1 711.6mm。

试验时间：2012 年至 2016 年。

种植类型：新植后宿根 1 年，反复连续种植。

2. 试验处理

处理 1：甘蔗叶粉碎还田（重复 3 次）。

处理 2：甘蔗叶焚烧（对照，重复 3 次）。

处理 3：甘蔗叶粉碎深埋还田（重复 2 次）。

甘蔗叶深埋还田处理中深埋深度为 40cm；甘蔗叶粉碎程度为 25cm 以下占 80% 以上。

通过连续几年的采样及检测，得出了各土壤检测指标的变化情况；其中各年土壤 pH 值和有机质检测结果如下表 3－2。

表 3－2 2012—2016 年平均土壤 pH 值及有机质检测结果

检测年份	2012 年			2013 年			2014 年			2015 年		
处理	焚烧	粉碎	深埋	焚烧	粉碎	深埋	焚烧	粉碎	深埋	焚烧	粉碎	深埋
pH 值	4.89	4.82	4.87	5.14	5.19	5.31	5.00	4.96	4.95	5.32	5.28	5.30
有机质	23.07	22.96	22.96	17.41	17.94	17.44	21.81	21.58	21.84	28.54	29.60	29.06

如表3－2和图3－1所示，3种处理的pH值连续四年都处于4.5～5.5，都满足甘蔗生长的土壤环境（pH范围：4.5～8.0）要求。红壤土呈酸性，因此2012年的pH值比较低，经过处理后，3种处理的后面3年的pH值均有所增高，并且向趋于中性发展，显然3种处理都是有利于甘蔗高产的（甘蔗高产最佳pH：6.1～7.7）。总体来看，焚烧对照组的pH稍高于粉碎和深埋处理组的，但是差异并不是很大。因此，在对红壤土的pH改良上，甘蔗叶粉碎覆盖还田、粉碎深埋还田与焚烧还田的作用是相当的，在考虑保护环境的条件下，粉碎覆盖还田和深埋还田的方式更有利于甘蔗生产的可持续发展。

土壤有机质含量不少于2.5%是保证甘蔗丰产的条件之一，从表3－2和图3－1可看出，3种处理对土壤有机质含量的影响都比较大。2015年，3种处理的土壤有机质的积累含量均高于25g/kg，并且甘蔗叶粉碎覆盖还田和粉碎深埋还田的处理得到的有机质含量高于粉碎还田处理，表明了甘蔗叶粉碎还田比焚烧还田更能促进土壤中的有机质含量的增加。

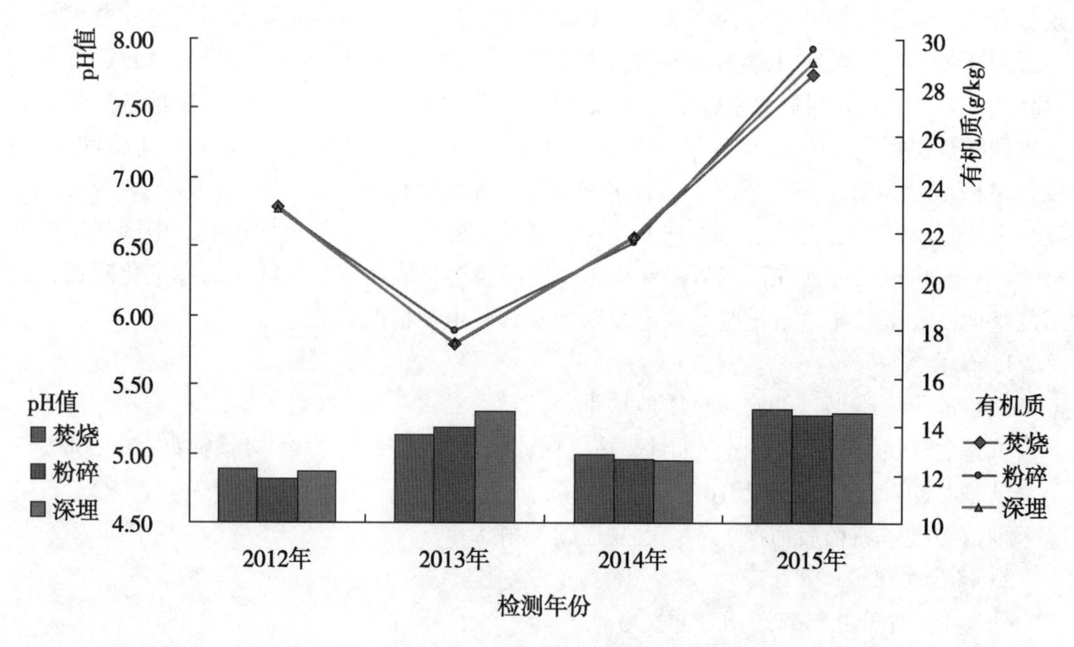

图3－1　pH值、有机质含量变化趋势图

（二）影响土壤中N、P、K的含量

蔗叶中含有一定数量的N、P、K以及各种微量元素，在蔗叶腐解过程中陆续释放出来为甘蔗生长所利用，对提高地力有一定的意义。黄炳林在广西农垦国有黔江农场甘蔗收获后将蔗叶收集于行沟内，然后破行松蔸用泥土将其覆盖，在施肥培土时用手扶拖拉机施耕将蔗叶打碎并培土。长期实施后，土壤采样化验结果表明，土壤中的全氮由0.098%增加到0.145%，速效磷由13.37mg/kg增加到43.25mg/kg，速效钾由79.63mg/kg增加到233.33mg/kg，土壤改良效果较好[7]。林娇艳等在蔗叶还田与焚烧对改良土壤效果试验中也发现，蔗叶还田一段时间后土壤表层和深层土中的速效N、P、K含量都有大幅度提高，而焚烧蔗叶处理表层和深层土壤的速效N、P、K含量则有所下降[8]。Graham比较研究了南非甘蔗试验站59a蔗叶还田的土壤性状差异，随着蔗叶还田年限的增加，化肥施用量显著减少，土壤交换性 Ca、有效 K 和有效 P 含量缓慢增加。使用 CENTURY 模型模拟研究蔗叶还田 60～70a 后土壤养分的变化表明，持续蔗叶还田 60～70a 后土壤有机质含量提高 40%，其中土壤有机质含量提高的 50% 主要是前 20a 的积累量[9]。

1. 广西蔗区试验

谭裕模等人采用连续多年观察和跟踪检测的方法，检测机械化粉碎蔗叶还田后定点土壤的有机质含量及氮、磷、钾三大元素含量的变化：

（1）试验条件

试验品种：ROC22、ROC16、台引 28、04—32、桂 02—208、桂 02—251、桂 02—237、桂 02—467。

试验基地：广西甘蔗研究所甘蔗试验农场、广西农垦西江农场和广西农垦红河农场。

试验时间：2000 年至 2008 年。

（2）试验方法

蔗叶经机械粉碎后直接还田，从 2000—2008 年共 9 年连续 3 年新植 3 年宿根还田。

（3）采样及检测方法

蔗地土壤的取样：每田块 5 点取样法，把样品集中于田边拌匀再按对角法取样，每样品约 1 000g 土，在室内晾干。

土壤样品的检测：

Ⅰ全氮检测根据 GB7173—87 标准。

Ⅱ全磷检测按 GB9837—88 标准。

Ⅲ全钾检测按 GB9836—88 标准。

Ⅳ速效氮检测按《土壤分析技术规范》中的碱解扩散法。

Ⅴ速效磷检测按 NY/T148—1990 标准。

Ⅵ速效钾检测按《土壤分析技术规范》中乙酸铵提取—火焰光度法。

Ⅶ有机质检测按《土壤分析技术规范》中重铬酸钾容量法。

ⅧpH 的检测按《土壤分析技术规范》电位法。

通过 2000—2008 年 9 个季节的连续蔗叶还田对土壤养分含量变化是十分明显的，结果（表 3－3）表明，从总体上，土壤有机质含量，氮、磷、钾三大元素的含量和速效含量均呈明显增加的趋势。其中土壤有机质含量 3. 32g/kg，折合每年提高 0. 42g/kg；三大元素中，增加幅度最大的是钾，全钾提高 0. 408 个百分点。增幅达到 43. 3% 相对值；速效钾也分别提高了 40. 13mg/kg 和 50. 7% 相对值。全氮提高不多，但速效氮含量提高了 28. 87mg/kg，占相对值为 31. 9%；全磷和速效磷变化水平都较低，速效磷只提高了 5. 97mg/kg，占相对值的 16. 7%。

表 3－3　2000—2008 年各年份检测土壤的养分含量结果

检测日期	田间区号	有机质（g/kg）	全 N（%）	全 P（%）	全 K（%）	速效 N（mg/kg）	速效 P（mg/kg）	速效 K（mg/kg）	pH 值
2000－12－3	平均	16. 21	0. 100	0. 060	0. 942	58. 80	29. 70	79. 20	7. 11

（续表）

检测日期	田间区号	有机质（g/kg）	全N（%）	全P（%）	全K（%）	速效N（mg/kg）	速效P（mg/kg）	速效K（mg/kg）	pH值
2002-11-8	一区	18.40	0.087	0.054	0.879	64.10	17.00	46.80	6.60
	二区	17.68	0.085	0.053	1.088	74.20	17.00	46.80	6.86
	平均	18.04	0.086	0.053	0.983	69.15	17.00	46.80	6.73
2007-5-18	一区	18.52	0.116	0.066	1.253	63.00	30.00	83.00	7.16
	二区	17.02	0.111	0.056	0.979	60.00	21.00	71.00	6.31
	平均	17.77	0.105	0.060	1.094	63.33	25.00	76.67	5.50
2008-6-24	一区	20.11	0.112	0.067	1.560	102.00	40.00	150.00	5.36
	二区	17.59	0.095	0.061	1.290	70.00	33.00	112.00	7.42
	三区	20.88	0.117	0.057	1.200	91.00	34.00	96.00	5.79
	平均	19.53	0.108	0.062	1.350	87.67	35.67	119.33	6.19
2009-1-13	一区	18.15	0.119	0.064	1.190	70.00	34.00	65.00	6.58
	二区	24.14	0.089	0.054	0.996	130.00	32.00	77.00	6.28
	三区	18.11	0.076	0.053	1.052	77.00	32.00	66.00	6.51
	平均	21.15	0.095	0.057	1.079	92.33	32.67	69.33	6.43
9个季节养分变化		3.32	0.008	0.002	0.408	28.87	5.97	40.13	–
±平均年变化		0.42	0.001	0.000	0.051	3.61	0.75	5.02	–

经过连续9年的机械粉碎蔗叶还田，土壤有机质含量、氮、磷、钾三大元素的全量和速效含量均全面呈明显增加的趋势，其中土壤有机质含量增加3.32g/kg，折合每年提高0.42g/kg，按照每公顷土壤200 000kg计，相当于每年每公顷递增土壤有机质含量1 245kg，对照于每年留在蔗地上蔗叶干重约为7 395kg来比，经过腐烂部分养分被作物吸收并分解矿质化过程后，每年有1/5的有机质剩余是有可能的。三大元素中，增加幅度最大的是钾，全钾提高0.408个百分点，增幅达到43.3%相对值。如果按这一结果，相当于每公顷增加了约12t的K_2O，这与施肥和其他有机肥有关。速效钾也分别提高了40.13mg/kg绝对值和50.7%相对值。虽然全氮提高不多，但速效氮含量提高了28.87mg/kg，相对值为31.9%，说明供氮能力大大提高；全磷和速效磷变化水平都较低，速效磷只提高了16.7%。这表明通过蔗叶还田至少可大大降低钾肥和氮肥的应用，至于降低的具体数值仍需继续探讨[10]。

蔗叶还田使得土壤的物理和化学性质都有明显的改良和提高，有效缓解了土壤肥力明显退化的现象，特别是有机质含量的下降，土壤得到明显的改良。

2. 广东蔗区试验

如前所述中国热带农业科学院农业机械研究所通过连续几年的采样及检测，三种甘蔗叶还田处理方式下土壤中碱解氮、速效磷、速效钾的结果测定情况如表 3 - 4 所示。

表 3 - 4　2012—2016 年各平均土壤检测结果

检测年份	2012 年			2013 年			2014 年			2015 年		
处理	焚烧	粉碎	深埋	焚烧	粉碎	深埋	焚烧	粉碎	深埋	焚烧	粉碎	深埋
碱解氮 N (mg/kg)	128.78	133.20	132.72	148.69	157.33	154.68	158.82	165.05	167.00	214.92	223.29	219.15
速效 K (mg/kg)	62.86	81.30	65.72	99.19	108.68	96.56	151.87	150.13	148.28	123.40	133.48	128.31
速效 P (mg/kg)	7.63	6.77	7.50	6.78	6.57	7.12	12.10	12.53	13.06	12.77	15.67	15.37

碱解氮，土壤水解性氮或称碱解氮，也叫有效氮，能反映土壤近期内氮素供应情况，土壤有效氮量与作物生长关系密切。由表 3 - 4 和图 3 - 2 可以看出，随着年份的增加，土壤中碱解氮积累量越来越多。最后一次检测中：最小值为 2015 年甘蔗叶焚烧还田处理为 214.92mg/kg；最大值：2015 年甘蔗叶粉碎覆盖还田处理达 223.29mg/kg，甘蔗丰产土壤条件之一：速效氮含量为 90 ~ 120mg/kg，可见，3 种处理获得的氮素积累量远远大于这个需求值，能够充分保证甘蔗生长中所需要的氮素。比较而言，甘蔗叶粉碎覆盖还田处理和粉碎深埋处理积累的氮素比焚烧还田处理多，可见，前两者更适用于红壤土的改良及更能促进甘蔗的高产。

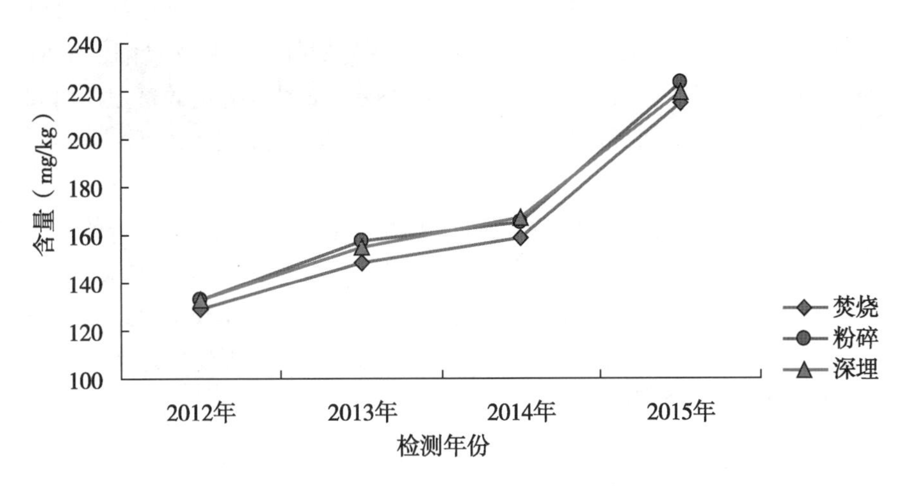

图 3 - 2　土壤中碱解氮含量变化趋势

土壤速效钾是植物生长过程中可以被较快吸收利用的钾素形态，其含量的高低是判断土壤钾素营养丰缺的重要指标。从表 3 - 4 和图 3 - 3 可以看出，3 中处理都能使土壤中的速效钾含量增加，2013 年至 2014 年含量增加得比较迅速，可能是这段期间的台风频发，雨水多的原因，致使还田物分解速度快，释放的钾素量也大。满足有效钾在 115mg/kg 以上的土壤条件是保证甘蔗高产的条件之一，由试验检测结果可知，2012 年检测样品中的钾素含量远低于 115mg/kg，经过 3 种处理 2 ~ 3 年后，土壤中的钾素含量都高于 115mg/kg，并且最终甘蔗叶粉碎覆盖还田和粉碎深埋还田两种处理获得的钾素积累量高于焚烧处理的。

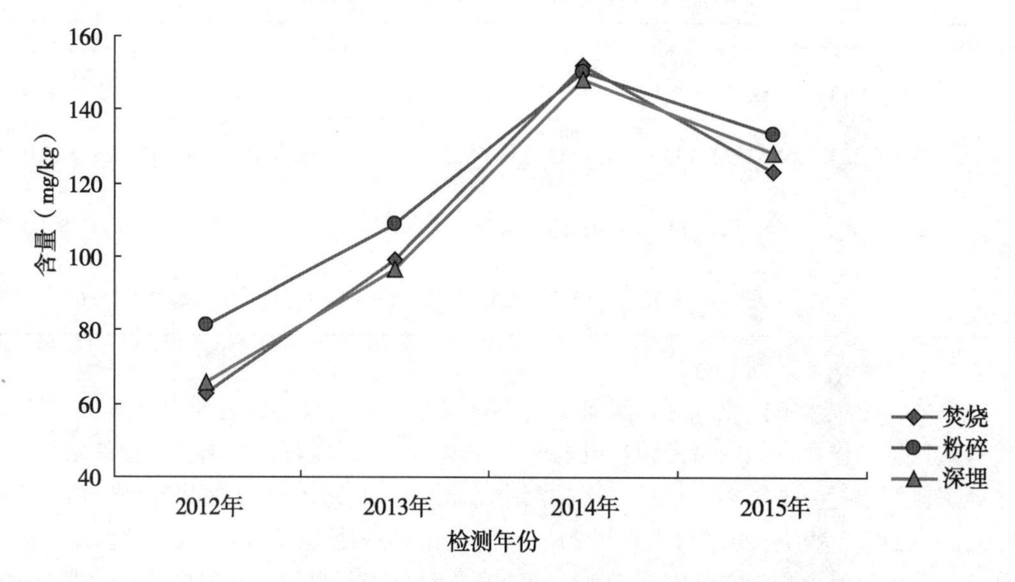

图 3－3　土壤中速效钾含量变化趋势

土壤速效磷是土壤磷素养分供应水平高低的指标，土壤磷素含量高低在一定程度反映了土壤中磷素的贮量和供应能力。表 3－4 和图 3－4 显示，还田物对土壤中有效磷含量的促进作用是非常明显的，红壤土的磷素含量比较少，从 2012 年的检测结果可以看出，红壤土中速效磷含量仅为 6～8mg/kg。经过 3～4 年的还田处理，其含量翻倍增加，2014 年后，甘蔗叶焚烧还田处理中土壤有效磷含量增加缓慢，而甘蔗叶粉碎覆盖还田和粉碎深埋还田处理仍持续快速增长，但是均未达到有效磷在 38mg/kg 以上的甘蔗丰产条件，因此，其效应仍需进行长期的探索。

通过 4 年的研究探索发现，甘蔗叶还田对土壤的综合影响是比较显著的，土壤情况得到明显的改良，pH 值越来越接近甘蔗生长的最佳条件，有机质的含量明显增加，氮、磷、钾三大土壤常量元素的积累也显著提高，并且验证出了甘蔗叶粉碎覆盖还田和粉碎深埋还田带给土壤的综合效应优于焚烧还田，粉碎覆盖还田与粉碎深埋还田差别不大。

（三）对土壤微生物的影响

土壤有机质是土壤固相部分的重要组成成分，在促进植物生长、促进土壤团粒结构形成、提高土壤有效持水量等方面起着重要的作用。在土壤中，微生物的转化过程是土壤有机质转化的最重要、最积极的进程。同时，土壤有机质又是土壤微生物生命活动所需养分和能量的主要来源。有机质含量会影响土壤微生物的种群、数量和活性。土壤微生物是土壤的重要组成部分，它对土壤肥力的形成及植物营养转化起着积极作用。蔗叶还田可以调节地温、增加土壤含水量、提高土壤肥力、保持土壤良好的通气性，从而改善了土壤微生物生存和活动的生态环境，可有效地促进微生物生长发育和微生物数量的增加。

廖青等在研究蔗叶还田对土壤微生物群落数量和种类的影响时发现，蔗叶还田后土壤微生物总数明显增加，且土壤中以细菌数量最多，放线菌总数次之，而真菌数量最少，与一般

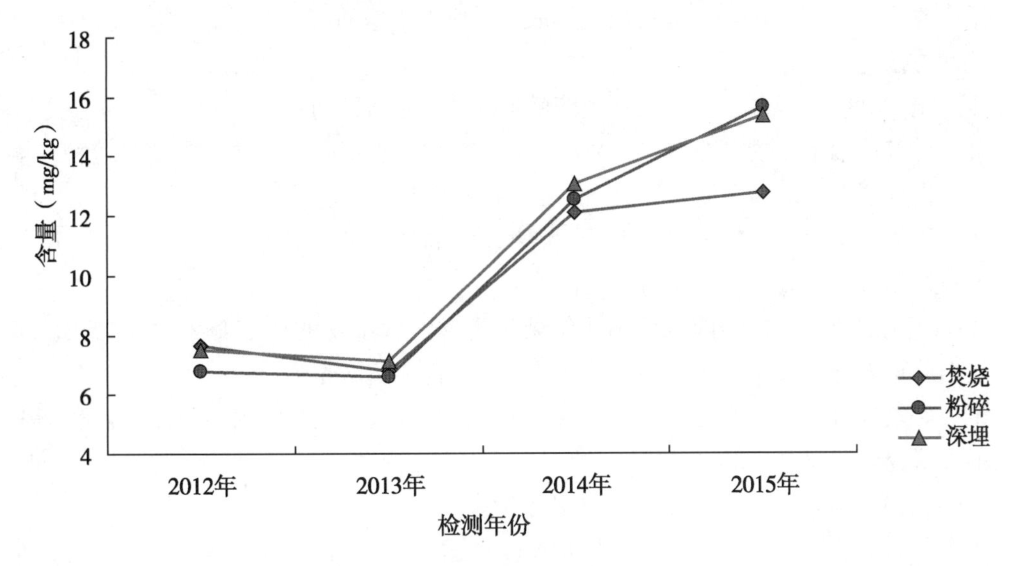

图 3-4 土壤中速效磷含量变化趋势

土壤微生物区系相吻合。同时，微生物群落组成也发生了明显的变化，在常规栽培模式下，细菌以小菌落细菌为主，而蔗叶还田后，细菌以中型菌落细菌为主，真菌群落小型菌落霉菌明显增多，小菌落放线菌数量和种类也明显增多[11]。Boopathy 等研究了蔗叶粉碎还田配施酒精废液对土壤生物性状的影响，结果表明土壤细菌、真菌和放线菌数量均有明显提高[12]。

土壤中氨化细菌、硝化细菌、好气性自生固氮菌、反硝化细菌、厌氧性细菌等氮素生理群微生物的协调作用与土壤氮素的积累形成和转化密切相关。郑超等人对不同覆盖条件下甘蔗土壤微生物区系进行了试验研究：

1. 试验条件

试验品种：新台糖 16 号

试验基地：广东省湛江市幸福农场科研基地（试验地土壤为玄武岩母质发育的旱地砖红壤）

试验时间：2002 年 2 月至 2002 年 12 月

2. 试验对照组

Ⅰ—不覆盖（对照）。

Ⅱ—地膜覆盖。

Ⅲ—甘蔗叶覆盖。

3. 种植条件

种植规格：行距 0.9m，每米 5 个双芽苗

区域划分：每个处理重复 3 次，共 9 个小区，每个小区面积为 38m × 24m，田间随机区组排列

施肥处理：各小区施用尿素、过磷酸钙、氯化钾分别为 750kg/km^2、2 250kg/km^2 和 750kg/km^2，其中 30% 做基肥，70% 做追肥，于 5 月中旬大培土时施入

4. 采样及检测方法

采样时期：甘蔗苗期、伸长期、成熟期。

采样方法：蔗株旁0～20cm耕层土壤取5个样点土壤的混和。

检测方法

Ⅰ—土壤微生物区系分析按照《土壤微生物分析手册》进行。

Ⅱ—好气性细菌、放线菌、真菌数量的测定采用平板培养测数法、混菌法接种，培养基：为牛肉汁蛋白胨琼脂、淀粉铵盐培养基、酸性马铃薯琼脂。

Ⅲ—厌气性细菌的计数采取平板法，培养基：高泽有机氮琼脂（好气性细菌、厌气性细菌、放线菌、真菌数量相加作为微生物总数）。

Ⅳ—氨化细菌、硝化细菌、反硝化细菌等生理群微生物的测定都采用稀释法，培养基：蛋白胨培养基、改良的斯蒂芬逊培养基、反硝化细菌培养基。

Ⅴ—好气性自生固氮菌的数量用土粒法测定，培养基：改良的阿须无氮琼脂培养基。

通过研究，郑超等人得出试验结果如下。

A. 不同不同覆盖条件下土壤微生物区系动态

由于不同的覆盖条件改变了土壤微生物的生态环境，即土壤水分、空气、热量和养分等条件，必然会影响土壤中各类微生物的数量。对不同覆盖条件下土壤微生物区系的测定结果列于表3－5，由表3－5看出，不同覆盖条件下甘蔗田的土壤微生物总量和细菌数量在各生育期的变化趋势是一致的，即从苗期到分蘖期微生物总量和土壤中三大类群微生物（好气性细菌、真菌、放线菌）数量逐渐增加，并于分蘖期达到最高值。进入成熟期，微生物数量下降，这与当地11、12月份气温下降和秋冬季干旱有关，且甘蔗的生长发育转向糖分的积累，根系代谢减弱，土壤养分转化放缓，不利于微生物的生长发育。

表3－5　不同覆盖条件下土壤微生物区系动态变化

（单位：104CFU·g^{-1}）

覆盖条件	好气性细菌			放线菌			真菌		
	苗期	分蘖期	成熟期	苗期	分蘖期	成熟期	苗期	分蘖期	成熟期
Ⅰ	3.70b	12.1c	3.00b	2.45c	2.75b	1.82b	1.86a	3.00b	1.80b
Ⅱ	7.65a	19.00a	3.51b	3.59b	3.00b	1.84b	2.56ab	3.00b	1.98b
Ⅲ	4.76b	14.00b	7.46a	5.93a	11.00a	6.00a	3.00a	5.00a	3.21a

注：表中同列数字后有相同字母者表示在0.05水平差异不显著（DMRT法）

B. 不同覆盖条件对土壤微生物氮素生理群组成的影响

甘蔗分蘖期主要氮素生理群微生物数量测定结果如表3－6所示，不同覆盖条件下的甘蔗田土壤中，氮素生理群微生物的组成情况是以硝化细菌占优势，其次是反硝化细菌和氨化细菌，而好气性自生固氮菌数量最少。

土壤中氨化细菌的数量直接反映了氨化作用的强度。从表3－6可以看出，蔗叶覆盖土壤中氨化细菌的数量比前两者多，分别是不覆盖和地膜覆盖的15.4倍和5.7倍。蔗叶覆盖甘蔗田土壤温度适宜，水分充足，正值伸长期的甘蔗旺盛生长能提供更多的养分物质，致使氨化细菌大量繁殖。地膜覆盖比蔗叶覆盖所形成的土壤环境稍差，故地膜覆盖的氨化细菌数量比蔗叶覆盖的少。不同覆盖条件下氨化细菌数量相差较大，这表明土壤中氨化细菌的数量与覆盖条件关系密切。

表 3-6　不同覆盖条件下对土壤微生物氮素生理群组成的影响

覆盖条件	氨化细菌	硝化细菌	好气性自生菌	反硝化细菌	厌气性细菌
Ⅰ	1.3b	45c	0.04b	130b	1 750a
Ⅱ	3.5b	115b	0.24a	200a	650b
Ⅲ	20.0a	350a	0.18a	200a	600b

注：表中同列数字后有相同字母者表示在 0.05 水平差异不显著（DMRT 法）

土壤中的反硝化细菌在一定条件下会造成土壤中的氮素损失，因此反硝化细菌数量的多少同样会影响土壤的肥力状况。从表 3-6 可看出，蔗叶覆盖、地膜覆盖土壤中反硝化细菌的数量都明显地高于不覆盖。但不能简单地认为覆盖使反硝化细菌增多，反硝化作用就增强，从而增加了土壤中氮素的损失。土壤中的反硝化细菌都是兼厌气性细菌，在有氧时进行有氧呼吸，无氧时才利用 NO_3^- 和 NO_2^- 作为呼吸作用的最终电子受体，将其还原为 N_2O 和 N_2，导致氮素损失，所以反硝化细菌数量增加并不意味着土壤中的反硝化作用一定会明显地加强，这要取决于土壤的通气状况。前面已阐述 3 种处理的土壤通气性为：蔗叶覆盖 > 地膜覆盖 > 不覆盖，所以不覆盖条件的反硝化细菌数量虽少，但在通气不良的情况下，发生反硝化作用，造成氮素损失，对甘蔗生产是不利的。

土壤中好气性固氮菌数量的多少会影响土壤中氮素养分的含量。表 3-6 的结果表明，好气性自生固氮菌数量小，但地膜覆盖和蔗叶覆盖固氮菌数量为不覆盖的 6 倍和 4.5 倍。好气性自生固氮菌对高的氢离子浓度特别敏感，它们的存在与否或存在数量的多少，直接与 pH 值有关，通常，在环境 pH 小于 6.0 时，只有少量的固氮细菌。本供试土样的 pH 值为 4.7，pH 值可能是限制好气性固氮菌生长繁殖的重要原因，这与有关报导资料相同。

蔗叶覆盖、地膜覆盖对降低厌气性细菌的数量具有明显效果。从表 3-6 看出，厌气性细菌的数量是：不覆盖 > 地膜覆盖 > 蔗叶覆盖，这与 3 种处理土壤通气性结论一致。厌气性细菌是有害微生物，在土壤通透性差的情况下，厌气性细菌的活动很活跃，于是有机质便进行嫌气分解，这种分解是很慢的，很不完全的，致使中间产物堆积不能迅速矿化，许多元素呈还原状或亚氧化物状态，产生大量的 CH_4、CH_3、NO_2、H_2S 以及其他有机酸等物质，对甘蔗生长有毒害作用。

蔗叶覆盖和地膜覆盖可以调节地温、增加土壤含水量、提高土壤肥力、保持土壤良好的通气性，从而改善了土壤微生物生存和活动的生态环境。不同覆盖条件下的土壤微生物类群以细菌居优势，放线菌次之，真菌最少，这与一般土壤微生物区系相吻合。在甘蔗生育期，蔗叶覆盖比不覆盖土壤中好气性细菌、真菌和放线菌数量以及微生物总数有明显增加；氮素生理群中的氨化细菌和硝化细菌都有明显增加，好气性自生固氮菌数量变化不明显，厌气性细菌等有害微生物的减少效果明显[13]。

（四）对螟虫的影响

甘蔗螟虫常称为甘蔗钻心虫。是为害较普遍而严重的一类害虫，以幼虫蛀入甘蔗幼苗和蔗茎为害。在甘蔗苗期入侵生长点部位，造成枯心苗；在甘蔗生长中后期入侵蔗茎，造成虫孔节，破坏蔗茎组织，使甘蔗糖分降低，且易出现风折茎或枯梢，降低产量。苗期由蔗螟造成的枯心苗率一般在10%～15%，低者2%～5%，高者可达20%～40%，减少甘蔗单位面积的有效茎。甘蔗拔节后，幼虫钻蛀蔗节，造成螟蛀节，一般为5%～10%，高者达20%～30%。甘蔗伸长期受虫害造成“死尾蔗”。甘蔗在整个生长过程中受多种螟虫为害，每0.067hm^{2}损失约0.25～0.5t。

国内外已有关于对甘蔗收获前蔗叶焚烧对蔗螟及其天敌的影响的报道，但尚未见有关甘蔗收获后蔗叶还田对甘蔗螟虫影响的报道。为此，林兆里等人进行了甘蔗收获后蔗叶焚烧与直接粉碎还田的对比试验，以期考察不同蔗叶处理模式对甘蔗螟虫发生的影响。

1. 试验条件

试验品种：粤糖55号。

试验基地：广东省湛江市遂溪县，粤西蔗区（旱坡地，沙壤土）。

试验时间：2012年2月16日至2013年1月10日。

种植类型：第1年宿根蔗。

2. 试验处理

Ⅰ—叶焚烧还田。

Ⅱ—蔗叶粉碎还田田间试验采用互对法，设3次重复）。

3. 种植规格

小区面积3 900m^2，共30畦，畦长100m，行间距1.3。

4. 采样及检测

（1）甘蔗苗期螟害发生情况

2012年4月21日调查枯心苗情况（甘蔗处于5叶龄）。小区内采用单对角线取样法，每小区调查5点，每点连续调查10m（畦长），在调查总有效株数和枯心苗数（排除其他害虫造成的枯心苗）的基础上，统计各处理的螟害枯心率。并剥查枯心苗，统计蔗螟幼虫的种类及其数量。

（2）甘蔗生长中后期螟害发生情况

甘蔗收获前，2013年1月10日，每小区随机抽取30株蔗茎，根据螟害蛀孔及为害状辨别其蔗螟种类及数量；每个小区采用单对角线取样法调查4点，每点连续调查30株蔗茎，统计其总节间数及螟害节数，计算螟害节率。

$$\text{螟害枯心率（\%）}=\frac{\text{螟害枯心苗数}}{\text{总有效株数}}\times 199\text{；螟害节率（\%）}=\frac{\text{螟害节数}}{\text{总间节数}}\times 100$$

林兆里等人对试验所得数据采用SPSS20.0进行统计分析，两组处理间差异显著性测验采用独立样本的t检验法。得出以下结果。

A. 蔗叶还田方式对甘蔗苗期螟害的影响

调查蔗螟幼虫总数31头，其中二点螟30头，条螟1头，表明湛江地区甘蔗苗期蔗螟以二点螟为主，伴有零星的条螟发生。蔗螟以幼虫钻蛀危害蔗苗生长点为特点，造成枯心，严重影响基本苗数。湛江地区春季气温回暖较早，第1代甘蔗螟虫发生期较早，在宿根蔗破垄之前甘蔗螟害枯心苗已普遍出现，但不同蔗叶还田方式的蔗田螟害枯心率明显不同，其中蔗叶焚烧还田处理的田块螟害枯心率高达43.86%，蔗叶粉碎还田处理的田块螟害枯心率为12.29%（表3－7）。通过差异显著性比较，蔗叶粉碎还田处理的田块螟害枯心率极显著低于蔗叶焚烧还田处理的蔗田。

表3－7 蔗叶还田方式对甘蔗苗期螟害苦心率及生长中后期螟害发生的影响

处理	总有效株数（株/小区）	枯心苗率（%）	螟害种类				大样本调查螟害发生		
			总计	条螟	二点螟	黄螟	螟害株率（%）	节间数（节/小区）	螟害节率（%）
蔗叶焚烧还田	146.33 ± 27.50	43.86 ± 3.76	17.33 ± 3.37	11.11 ± 1.41	2.05 ± 0.98	4.17 ± 1.64	94.17 ± 82.24	1975.00 ± 82.24	17.23 ± 1.80
蔗叶粉碎还田	210.00 ± 61.83	12.29 ± 1.29	13.2 ± 21.44	8.83 ± 1.01	1.17 ± 0.33	3.22 ± 0.58	91.39 ± 6.74	2029.00 ± 24.52	13.57 ± 0.93
差异显著性	$P=0.18>0.05$	$P=0.00<0.01$	–	$P=0.09>0.05$	$P=0.21>0.05$	$P=0.40>0.05$	$P=0.53>0.05$	$P=0.34>0.05$	$P=0.04<0.05$

注：螟害种类调查甘蔗30株/小区；大样本调查螟害发生调查甘蔗120株/小区

B. 蔗叶还田方式对甘蔗生长中后期螟害的影响

由表3－7可见，在甘蔗生长中后期，因甘蔗生长周期较长，施用的颗粒剂农药难以持续发挥药效，甘蔗生长中后期的蔗螟为害程度较重，根据前人的经济损害水平，其危害程度已经超过螟害节率10%以上。这个时期蔗螟主要有条螟、二点螟及黄螟3种，其中以条螟为主，占总数的65%；黄螟次之，达到了24%。两种不同蔗叶还田方式间不同种螟虫之间的比例无显著差异。与蔗叶焚烧还田处理相比，蔗叶粉碎还田处理的螟害节率显著下降，但螟害株率两者差异不显著，且均高达90%以上。

林兆里等人的试验结果虽然表明了蔗叶粉碎还田处理甘蔗螟虫发生量明显低于常规的蔗叶焚烧还田处理，且对甘蔗产量有一定的促进作用（蔗叶粉碎还田处理蔗茎产量较蔗叶焚烧还田处理增产29.73%），但是，试验数据、结果与结论仅是一个宿根季的结果，并且只是在1个甘蔗品种上进行观察所得到的，因此，多年连续的蔗叶粉碎还田处理后，对田间甘蔗螟虫种群变化的影响仍需做进一步的观察与研究。同时，蔗叶粉碎还田后是否会对栖息在甘蔗叶片上害虫如甘蔗绵蚜、甘蔗蓟马、粘虫等害虫和甘蔗叶部病害尤其是锈病、褐条病、眼点病等真菌性的叶部病害有影响，还需进行进一步研究[14]。

第三节 甘蔗叶粉碎还田对甘蔗生长效应的影响

蔗叶还田不仅改善了土壤的水、肥、气、热状况，优化了农田生态环境，而且为甘蔗的高产、稳产、优质打下基础。在蔗叶还田对宿根蔗农艺性状的研究中发现，在发株率方面，蔗叶还田表现出了较好的发株率。甘蔗萌发属于新陈代谢特别旺盛的时期，其对外部环境因素较为敏感。宿根蔗蔗蔸的萌发属于营养繁殖，蔗蔸内含有大量的养分，基本可以满足甘蔗萌发出苗的需要。通过蔗叶还田提高了土壤肥力，从而促进了甘蔗的发株率。通过对群体生长状态相关指标的分析表明，蔗叶还田具有较强的田间光合优势，能突出其高产群体优势，保证群体截获更多的光能，进行光合生产，最终使其成为优势群体，提高了单位面积蔗茎产量和含糖量。Tavares等连续16a定点监测蔗叶还田研究结果表明，蔗叶还田的甘蔗株高、分蘖率与茎径较蔗叶焚烧提高了10.6%[15]。Srivastava 等连续4a的研究也表明，蔗叶还田能够显著提高甘蔗单产[16]。国内针对蔗叶还田促进甘蔗增产也有相关的报道，广东省湛江市勇士、南华等农场进行的对比试验结果表明，甘蔗叶粉碎还田可增产12%以上；广西金光农场进行的研究表明，蔗叶粉碎还田可增产9.6% ~17.27%；刘少春等研究表明，蔗叶覆盖行间较蔗叶焚烧产量增加43.48%[17]；郭家文等在分析25a云南陇川农场甘蔗产量变异情况时得出，在实施蔗叶还田后15a的平均单产为蔗叶还田前10a的1.2倍，而最近15a甘蔗单产提高的根本原因在于蔗区60%以上的旱地实行了蔗叶还田，土壤得到持续的培肥，保证了甘蔗的持续增产[18]。

前面提到的催雄维等人在研究蔗叶不同还田模式对土壤水分的影响同时也研究了蔗叶不同还田处理对甘蔗产量及农艺性状的影响，如表3-8所示。

表3-8　不同处理对甘蔗产量及农艺性状的影响

处理	产量（kg/小区）	总苗数（株/小区）	茎径（cm）	株高（cm）	有效茎（条/小区）	单茎重（kg）
A	227.67	210.00bB	2.85	177.83	195.33a	1.15
B	227.67	307.67aA	2.69	181.00	267.00b	1.13
C	251.67	320.33aA	2.63	176.33	231.00ab	0.94
D	265.33	307.00aA	2.64	188.42	245.33ab	1.16
E	300.33	352.67aA	2.61	187.17	291.67b	1.12

处理间产量经方差分析差异不显著，但对照处理A的产量低于处理C、D和E。产量较高的D处理和E处理，分别达到265.33kg/小区和300.33kg/小区，E处理较对照高31.91%，D处理较对照高16.54%，C处理较对照高10.54%。处理间小区总苗数经方差分析差异达极显著水平（$P<0.01$），对照的蔗叶焚烧处理总苗数极显著低于B、C、D、E处理。农艺性状指标甘蔗茎径和株高经方差分析差异均不显著，甘蔗茎径高低顺序为对照A处理>B处理>D处理>C处理>E处理；株高的高低顺序为D处理>E处理>B处理>A处理>C处理。处理间有效茎达到显著差异，其中，E处理与B处理显著高于对照A处理。处理间单茎重无显著差异，C处理单茎重略显偏低。

如前所述提到了中国热带农业科学院农业机械研究所对甘蔗叶不同还田处理方式的长期效果进行了研究，其中甘蔗各生长监测指标的变化情况检测结果见表3-9。

甘蔗枯心率的大小直接显示甘蔗遭受虫害影响的大小，表3-9和图3-5的检测结果显示，甘蔗叶焚烧处理的甘蔗枯心率比较高，长期居于6% ~8%，而甘蔗叶粉碎覆盖还田和粉碎深埋还田处理的甘蔗枯心率基本保持在6%之下，2015年低至3%左右，说明甘蔗叶焚烧还田对虫害的破坏效果没有粉碎覆盖还田和粉碎深埋还田好。2014年甘蔗叶粉碎覆盖还田的枯心率较高，这与当年台风频发，雨季雨量大有关，覆盖在地表的甘蔗叶在极其潮湿的环境下，较容易滋生各种虫害，因此，甘蔗叶覆盖地表还田的方式对甘蔗枯心率的影响受自然环境条件的限制这一问题仍需要进行长期的探索和研究。

表 3-9　2012—2016 年各年平均甘蔗生长情况监测结果

检测年份	处理	枯心率（%）	有效茎数（株/亩）	茎径（mm）	株高（cm）	糖分（%）	叶绿素（spad）	理论产量（吨/亩）
2012 年	焚烧	6.1	4 298	25.97	184	12.9	30.7	3.85
	粉碎	5.4	4 595	26.20	198	12.5	31.8	3.59
	深埋	5.1	4 589	26.52	197	12.1	30.5	3.62
2013 年	焚烧	7.1	3 422	24.49	245	11.6	27.0	3.94
	粉碎	4.9	3 571	23.48	241	10.2	26.8	3.72
	深埋	5.3	3 593	23.74	244	11.1	27.2	3.88
2014 年	焚烧	6.7	1 959	24.99	173	12.2	26.8	1.67
	粉碎	7.3	1 951	24.57	185	11.7	28.2	1.71
	深埋	5.5	2 395	24.03	173	11.7	27.8	1.88
2015 年	焚烧	6.9	3 971	29.80	202	10.7	27.0	4.76
	粉碎	3.0	3 626	29.53	207	11.2	23.1	3.67
	深埋	3.2	3 133	30.61	198	10.7	26.7	3.97

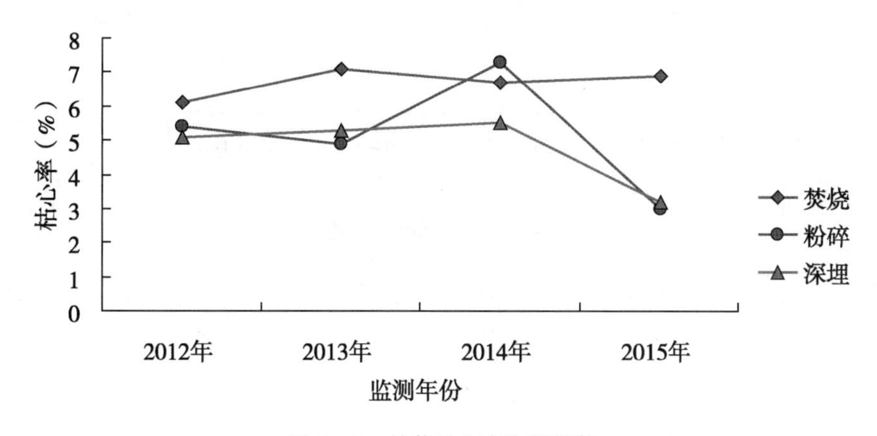

图 3-5　甘蔗枯心率变化趋势

表 3-9 和图 3-6 显示，3 种处理方式对甘蔗糖分的影响都是先抑制后促进又抑制，显然甘蔗叶还田对糖分是有显著影响的，但是最终到底是起到促进作用还是抑制作用，仍然需要进行长期的探索和研究。

从表 3-9 和图 3-7 可以看出，3 种处理都能促进甘蔗增产，2014 年台风严重，因此理论产量明显降低至 1.6～1.7 吨/亩，总体来看，甘蔗叶粉碎覆盖还田和粉碎深埋还田处理比焚烧还田处理更能促进甘蔗增产。广东省湛江市雷州龙门镇金星农场处于台风频发区，甘蔗的生长情况受天气影响比较大，因此仍需要对甘蔗的理论产量进行长期的检测。

表 3-9 显示，3 种处理中有效茎数、株高、茎径和叶绿素这 4 个甘蔗生产状况指标变化不明显。

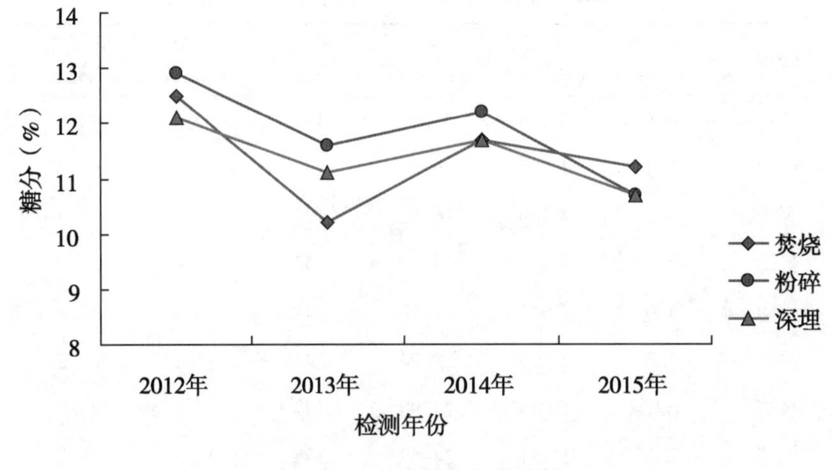

图 3-6　甘蔗糖分变化趋势

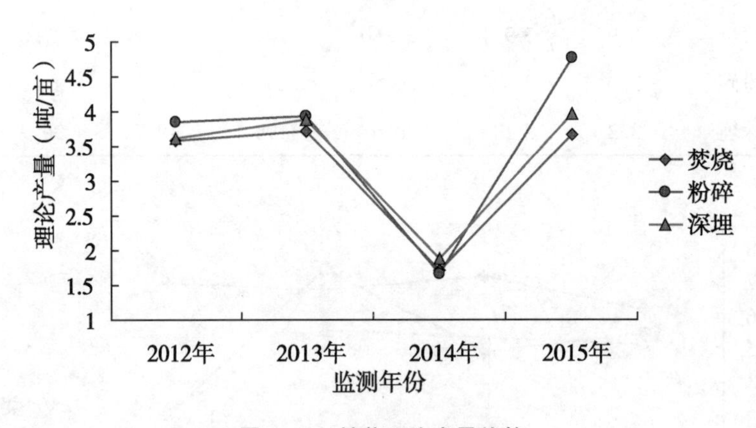

图 3-7　甘蔗理论产量趋势

由于较短时间的蔗叶还田定位试验结果对土壤理化性状及甘蔗生长的变化还不能作较全面、深入的分析，得出的结论具有一定的局限性，因此需长期的定位研究来反应蔗叶还田对提高土壤及甘蔗生长影响的长期效应。

主要参考文献

[1]　韦丽娇，李明，卢敬铭，等．蔗叶机械化粉碎还田对土壤效应的研究进展［J］. 中国农机化，2011（1）：88－91，98.

[2]　赵丽萍．蔗叶还田对土壤理化性状、生态环境及甘蔗产量的影响［J］．土壤通报，2014，45（5）：500－507.

[3]　傕雄维，张跃彬，郭家文，等．蔗叶不同还田模式对土壤水分和甘蔗产量的影响［J］．中国糖料，2010（4）：21－23.

[4]　Tantely Razafimbelo，Bernard Barthès，Marie－Christine Larré－Larrouy，et al. Effect of sugarcane residue management（mulching versus burning）on organic matter

in a clayey Oxisol from southern Brazil [J]. Agriculture Ecosystem & Environment, 2006, 115 (1-4): 285-289.

[5] M. V. Galdos, C. C. Cerri, C. E. P. Cerri. Soil carbon stocks under burned and unburned sugarcane in Brazil [J]. Geoderma, 2009, 153 (3-4): 347-352.

[6] M. H. Graham, R. J. Haynes, J. H. Meyer. Changes in soil chemistry and aggregate stability induced by fertilizer applications, burning and trash retention on a long-term sugarcane experiment in South Africa [J]. European Journal of Soil Science, 2002, 53 (4): 589-598.

[7] 黄炳林. 广西农垦国有黔江农场蔗叶还田改土见成效 [J]. 吉林农业, 2013 (1): 84-85.

[8] 林姣艳, 黄朱业, 覃莉莎. 蔗叶还田对与焚烧对改良土壤效果试验 [J]. 广西蔗糖, 2005 (3): 18-20.

[9] M. H. Graham, R. J. Haynes. Organic matter status and the size, activity and metabolic diversity of the soil microbial community in the row and inter-row of sugarcane under burning and trash retention [J]. Soil Biology & Biochemistry, 2006, 38 (1): 21-31.

[10] 谭裕模, 黎焕光, 许树宁, 等. 蔗田农业废弃物资源化利用对土壤养分的影响 [J]. 中国糖料, 2010, 32 (1): 1-4.

[11] 廖青, 韦广泼, 陈桂芬, 等. 蔗叶还田对土壤微生物、理化性状及甘蔗生长的影响 [J]. 西南农业学报, 2011, 24 (2): 658-662.

[12] Ramaraj Boopathy, Timothy Beary, Paul J. Templet. Microbial decomposition of post-harvest sugarcane residue [J]. Bioresource Technology, 2001, 79 (1): 29-33.

[13] 郑超, 谭中文, 刘可星, 等. 不同覆盖条件下甘蔗土壤微生物区系研究 [J]. 华南农业大学学报 (自然科学版), 2004, 25 (2): 5-9.

[14] 林兆里, 徐金汉, 许莉萍, 等. 蔗叶粉碎还田对甘蔗螟虫发生的影响 [J]. 中国糖料, 2013 (4): 4-6.

[15] Tavares Orlando Carlos Huertas. Sugarcane growth and productivity under different tillage and crop systems [J]. Acta Scientiarum Agronomy, 2010, 32 (1): 61-68.

[16] A. C. Srivastava. Energy savings through reduced tillage and trashmulching in sugarcane production [J]. Applied Engineering in Agriculture, 2002, 19 (1): 13-18.

[17] 刘少春, 张跃彬, 吴正昆, 等. 宿根甘蔗不同覆盖方式试验研究 [J]. 农业系统科学与综合研究, 2002, 18 (3): 200-202.

[18] 郭家文, 刘少春, 崔雄维, 等. 25 年来两类植蔗土壤肥力演变及原因分析 [J]. 土壤, 2010, 42 (2): 219-223.

第四章　甘蔗叶机械化粉碎还田相关配套技术与设备

第一节　甘蔗地深松整地技术

一、概述

甘蔗地深松作业是指甘蔗种植前用拖拉机配挂深松机或带有深松部件的联合整地机等机具，进行行间深层土壤耕作的机械化整地技术。应用这种技术对于改善土壤耕层结构，打破犁底层，提高土壤蓄水保墒能力，促进粮食增产具有重要的作用[1-2]。

甘蔗种植的耕层条件要求可归纳为“深、松、碎、平、肥”。深厚的耕层有利于保墒，有益甘蔗扎根抗倒和宿根蔗的萌芽[3]。疏松的耕层有利于土壤通气，促进肥效的释放，还有利于改善土壤保温性能，机械深松后初期可增温1℃左右，以后逐渐减少，增温时间可持续70～80d。耕层土壤细碎，紧实度减少，孔隙度增大，同样有利于保护种茎。根毛与土壤充分接触，可促进对水分、养分的吸收，如图4－1所示；促进养分合理转化，为甘蔗提供了良好的生长条件[4]。

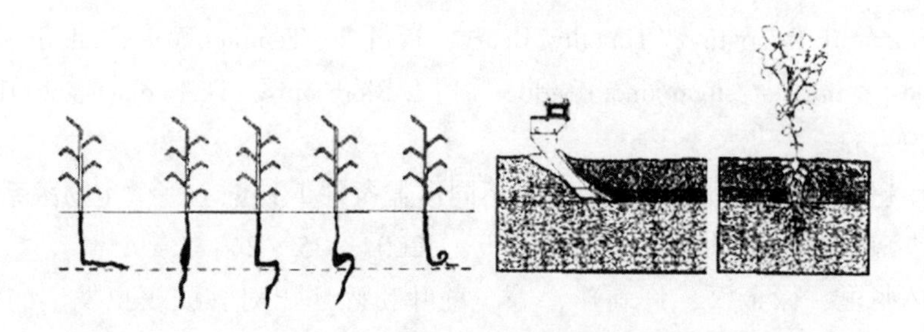

图4－1　土壤深松技术效果图

甘蔗地深松作业以穿透犁底层为原则，作业间隔年限、作业方法和深度视地形地貌、土层结构、土壤特征、气候条件和前作情况而定。缓坡上部、土层浅薄、有机质缺乏、砂质地不宜频繁深松，可适当减少作业深度，避免横向、纵向交叉、密集深松，避免在雨季前进行深松。地势平缓、土层深厚的抛荒地、土壤黏性较大、低洼地宜适当增加作业深度，可进行横向、纵向交叉深松。大多数机械化蔗园可采用标定功率73.5kW以上的拖拉机进行耕深45cm以上的深松作业，新植甘蔗前深松可轮次间隔采用单向深松和横向、纵向交叉深松的方式进行。

一般情况下，适宜进行深松作业的蔗地主要有：①含水率适宜的沙壤、轻壤、中壤、重壤和轻勃土；②2～4年未深松的；③土壤耕层0～25cm的容重，壤土大于1.5g/cm³、黏土大于1.6g/cm³的；④秸秆粉碎质量符合DB/T 1045—2009标准的。不适宜进行深松作业的蔗地主要有：①沙土、中重黏土；②土壤绝对含水率＜12%或＞20%的；③土层厚度20cm以下为沙土、砾石、建筑垃圾等土壤结构的；④深松工作深度内有树根、建筑垃圾等坚硬杂物的。

深松机具从类型上分为单机和联合作业机，从作业方式上分为全方位深松机和间隔深松机，按结构可分为凿式深松机、翼铲式深松机、振动式深松机等。深松深度达到40厘米以上，能增加土壤孔隙度，在沟底形成暗沟，可以极大提高甘蔗根系土壤养分输送、保水、保墒及排涝能力，增产效果明显。

针对我国南方蔗区土壤及甘蔗种植农艺，现有甘蔗地深松模式主要采用的间隔深松作业方式，机具类型可根据拖拉机配套动力及土壤特性选择单机或联合作业机，深松犁的结构形式采用凿式深松机为主。

二、单项深松作业模式

（一）机具机构

进行单项作业的深松机一般采用拖拉机后标准三点悬挂式，机具示意图如图4－2所示。机具如图4－3所示。

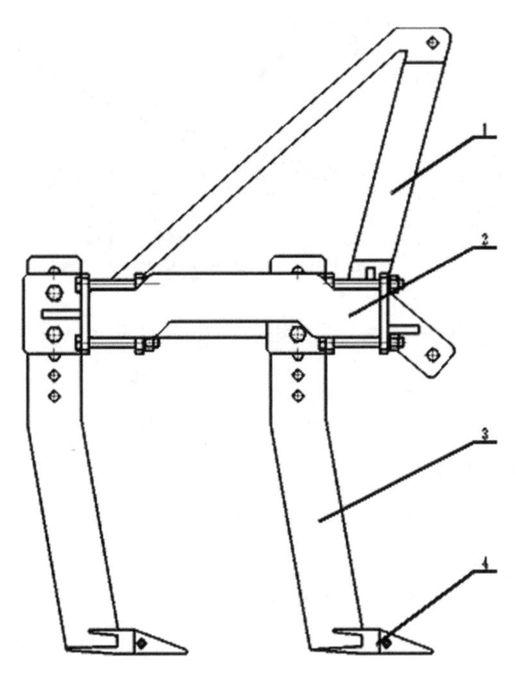

1. 三点悬挂架　2. 深松机架　3. 深松犁柱　4. 深松犁头

图4－2　单项深松作业机具结构示意图

（二）深松机松土原理

松土原理：根据麦克基斯试验提出的简单楔对土壤的松碎模型[5]，如图4－4所示：深松犁的松土过程：与简单楔子极其相近。土壤被楔面（深松犁）向前上方挤压、推

图 4-3　单项深松作业机

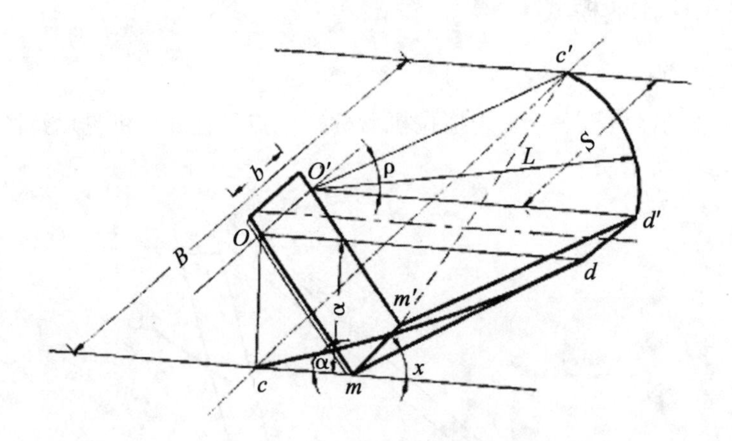

图 4-4　土壤松土模型

动的同时，又被推挤向两侧移动，于是不断地产生剪切裂纹与松碎。松碎作用可以简化认为：楔面前方土壤保持不变宽度 b，由下往上沿土壤的断裂面扩展至地表 dd'；两侧土壤则呈扇形，沿断裂面扩展至地表 odc 及 $o'd'c'$。被松碎土壤的断面则呈梯形 cc'mm。于是由图 4-4 可得其纵向松土范围 L 为：

$$L = a(\text{ctg}\alpha + \text{ctg}\psi)$$

式中，a——松土深度（cm）；α——深松犁入土角（°）；ψ——土壤断裂面的倾角（°），其大小与 a、α 和土壤的物理性状等因素有关。

其横向松土范围 B 为：

$$B = b + 2S$$

$$S = L\sin p$$

式中，S——犁侧影响范围（cm）；P——扇形松土范围的最火扩展角（°）。

由此可知，在具体土壤条件下，影响松土范围的主要因素是松土深度 a 和入土角 α。犁前与犁侧影响范围均随 a 与 α 的增加而增大。据试验当松土深度 a 超过有效松土深度后，松碎效果将明显下降；入土角 α 过大将使牵引阻力急剧增加。所以 a 和 α 都不可过大。

(三) 关键部件深松犁的结构设计

深松犁是深松机构的工作部件，由犁头和犁柄两部分组成。因其常在坚硬土壤中工作，故设计出的深松犁应具有较强的松碎土壤能力，还要有足够的强度、刚度和耐磨性能。

深松犁头：为了适应种床深松和深施肥的要求，该深松犁采用了应用广泛的凿形犁头，其碎土性能好，工作阻力小，结构简单，强度高，制作方便。共设计 5 个深松犁，按两边 14cm 外，再平均分布，其平均隔距约 53cm。

深松犁柄：深松犁柄的结构如图 4－5 所示。为保证有良好的入土性能，又不致使牵引力过大，依据上边对深松犁入土的受力分析，参考深松机并经试验入土角 α 为 23°。犁柄入土的前边弧形段设计成尖棱形，夹角里 60°，有碎土和减少阻力的作用；犁尖处设计有 2 个 φ11 通孔，用螺栓来固定犁头；犁柄的直立部分设计有 4 个 φ22 通孔，作为与深松支架相连使用，同时可调节深松深度。犁柄采用约 4cm 钢板制作，宽度约 14cm（国内外一般采用 21cm、宽度约 8cm）制作，经不同地区适应性试验效果好。

深松犁柄结构示意图见图 4－5。

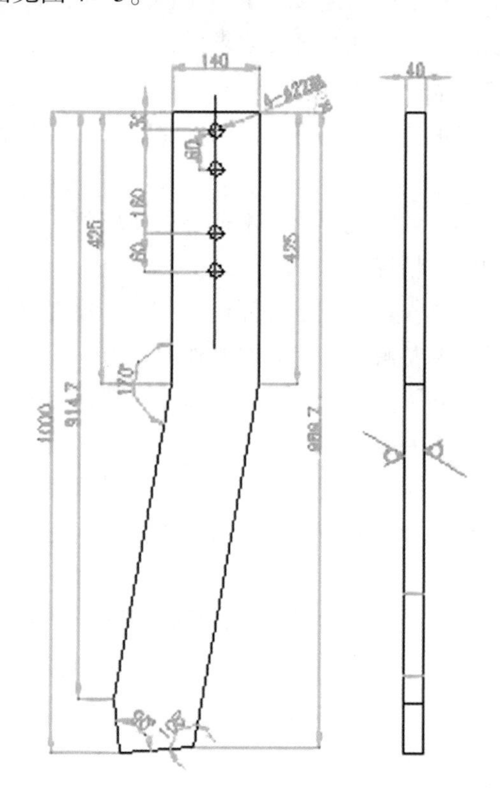

图 4－5　深松犁柄结构示意图

(四) 技术的创造性与先进性

深松犁与机架联接通过螺栓联接方法，深松犁左右上下可拆可调，可任意调整工作深度，幅宽等，此外，深松犁可在机架上布置成“V”、“一字”等型式，提高了机具作业的效率及适应性。

创新选择采用30CrMnTi耐磨材料制造的通用深松齿，提高可靠性，也方便拆卸。

（五）深松机的使用调整

正确调整和使用深松机是获得高质量作业的前提。

纵向调整：使用时，将深松机的悬挂装置与拖拉机的上下拉杆相连接，通过调整拖拉机的上拉杆（中央拉杆长度）和悬挂板孔位，使得深松机在入土时有3°～5°的入土倾角，到达预定耕深后应使深松机前后保持水平，保持松土深度一致。

深度调整：大多数深松机使用限深轮来控制作业深度，极少部分小型深松机用拖拉机后悬挂系统控制深度。用限深轮调整机具作业深度时，拧动法兰螺丝，以改变限深轮距深松铲尖部的相对高度，距离越大深度越深。调整时要注意两侧限深轮的高度一致，否则会造成松土深度不一致，影响深松效果，调整好后注意拧紧螺栓。

横向调整：调整拖拉机后悬挂左右拉杆，使深松机左右两侧处于同一水平高度，调整好后锁紧左右拉杆，这样才能保证深松机工作时左右入土一致，左右工作深度一致。

作业幅宽调整：由于深松机出厂厂家及型号各不同，其深松铲的作业覆盖宽度也不相同。平衡移动深松铲与机架相连接的连接卡子，使各深松铲之间的间距相同，调整好深松机工作部件作业覆盖宽度能达到作业总宽度要求后，拧紧卡子上的螺丝固定深松铲。

（六）深松机的操作规程

设备必须有专人负责维护使用，熟悉机器的性能，了解机器的结构及各个操作点的调整方法和使用。

工作前，必须检查各部位的联接螺栓，不得有松动现象；检查各部位润滑脂，不够应及时添加；检查易损件的磨损情况。

正式作业前要进行深松试作业，调整好深松的深度；检查机车、机具各部件工作情况及作业质量，发现问题及时调整解决，直到符合作业要求。

深松作业中，要使深松间隔距离保持一致，作业应保持匀速直线行驶。

作业时应保证不重松、不漏松、不拖堆。

作业时应随时检查作业情况，发现机具有堵塞应及时清理。

机器在作业过程中如出现异常响声，应及时停止作业，待查明原因解决后再继续进行作业。

机器在工作时，如遇到坚硬和阻力激增时，应及时停止作业，排除状况后再作业。

机器入土与出土时应缓慢进行，不可强行作业，以免损害机器。

设备作业一段时间，应进行一次全面检查，发现故障及时修理。

（七）深松机作业故障排除

1. 松深不够

检查方法：在深松机组作业中或深松地作业结束后，选择具有代表性的地段，垂直犁耕方向，将整个耕幅的松土层挖出剖面5～6处，分别测量松土深度，求其平均值，即为实际深松深度。

产生原因：松土部件和升降装置技术状态不良；松土装置安装不正确或调节不当；土层过于坚硬，松土铲刃口秃钝或挂结杂草，不易入土；壤阻力过大，拉不动；拖拉机超负荷作业，有意将松土部件调浅。

解决方法：一是在深层松土作业前，应深入田间进行调查研究，用铁锹挖土壤剖面，观察和分析土壤耕层的状态和测定犁底层，然后确定适宜的松土深度；二是认真检修松土装置，正确安装松土铲使其在控制升降的情况下松土铲的入土角均不改变。起犁时松土铲铲尖应高于大犁铧的支持面，落犁时大犁铧应先接触地面，以免松土铲的铲尖受冲击而折断；三是为了保持松土铲入土能力及其在垂直面上的稳定性，应使松土铲的支持面对土地的水平面稍有倾斜，松土铲的铲尖低于翼部 8 ~ 10mm。铲尖磨损时，应取其大值，使倾斜角大些；四是作业中，应经常检查和磨锐松土铲刃口，使其锋锐易入土，减轻阻力。当发现松土铲挂草和粘土过多时，应立即清除；五是根据深层松土的阻力，正确编组机引犁的铧数，切实掌握松土深度，不能因拖拉机功率小而减少松土深度。

2. 松深不均

深松机机组在整个地块作业中，地中、地头、地边和地角的深度不一致，有深有浅，从而影响深层松土的质量。

检查方法：在机组作业中或整个地块结束后，按对角线的方法选择具有代表性的 6 ~ 9 个点，以较平坦的地段作为测点，沿耕幅方向剖开土壤断面至松土最大深度，观察和测量最深、最浅和平均的松土深度。

产生原因：机组作业人员对地头、地边、地角的深层松土的意义认识不足，个别松土部件变形或安装不标准，松土铲铲尖倾斜，入土角度过大；深松机架和松土装置升降机构变形或牵引架垂直调整不当；深松部件的深浅和水平调整不当。

解决方法：一是作业前，必须认真检修好深松机架、深松部件及升降机构，确保技术状态良好，在安装松土装置时，应考虑到各杆件连接点的游动间隙。松土铲末端在铲尖以上的总高度不得超过 15mm，铲底要平整；二是正确调整深松机的垂直牵引中心线，使前后机架和松土铲保持平行作业，防止松土铲的入土深度不均；三是根据土质、地形及时调整机具的深浅和水平调节舵轮。做到各松土铲入土深度一致和地头、地边、地角和地中一样。

3. 土层搅乱

在犁耕作业同时进行深层松土的犁铧和松土铲或无壁犁的松土部件，将上层和下层的土壤搅动混乱，使表土和心土掺合在一起，使未经过风化的心土翻搅到上层过多，影响作物的生长。

检查方法：在已深松过的土地上，选择具有代表性的地段作为测点，沿其耕幅方向将上层剖开，仔细观察并测量松土层与耕翻层中上层表土与下层心土掺合的程度。

产生的原因：松土铲入土倾角过大或犁铧安装过近；犁铧翻土性能差或松土铲柄上挂结杂草；根据农艺标准秋季深松作业时土壤含水量应在 15% ~22%，如土壤干涸就会造成上翻土层和下松土层土块过大；犁铧或松土铲堵塞后未及时清理。

解决方法：除保证犁铧和松土铲技术状态良好外，还应做到：一是作业前要正确安装松土铲，使铲尖与犁铧尖之间的距离不得小于 500mm。否则松土铲掘松的心土会触及前面犁铧，搅乱上下层土壤，容易产生倾角过大；二是在土壤干涸的田块内，不应采用无壁犁进行深松土作业；三是在深松作业中，当发现犁铧、松土铲和铲柄挂结杂草时，应立即停车清理。

4. 土隙过大

用无壁犁进行深松作业时，其深松层内的土块较多，互不衔接，空隙较大。在作物播种前如不采取增加压实土壤的措施，可因土壤漏风而不利于种子的发芽和作物的生长。

检查方法：根据深松耕层内土壤空隙的大小程度，可在已深松和未深松的地块中进行剖面取样，并分别用测定土壤容重的方法进行对比衡量。

产生原因：无壁犁体扭曲变形；无壁犁挂结不正，机组斜行；无壁犁体挂草或粘土，造成向前、向上和向两侧拥土；土壤板结或土壤中水分过少或犁底层过厚；机组作业速度过快，使掘松开的土块移动过大。

解决方法：一是根据农艺标准深松作业时土壤含水量应在15%～25%。切忌用无壁犁深松土壤干涸或过湿的土地，以免在耕层内结成较大和较多的土块，给整地作业造成困难；二是检修好无壁犁体，确保技术状态良好，正确调整无壁犁的水平牵引中心线，勿使犁架斜行；三是驾驶员精力要集中，保持作业机组正直运行，速度不宜过快；四是作业中，如发现无壁犁体上挂结残株杂草和泥土时，应立即清除。

5. 漏松

在深层松土的作业中，由于某些原因而造成不同形式和不同程度的漏松，使深松作业质量下降，在一个地块内会影响农作物均齐的生长，造成了粮食的减产。

检查方法：在深松作业过程中或整个地块作业结束后，采用挖土壤剖面的检查方法，观察并统计底层心土或犁底层的漏松情况和漏松程度。

产生原因：机组人员对地头、地角、地边进行全面深松的意义认识不足；深松部件安装不正确；犁的水平牵引中心线调整不当，斜行作业；驾驶员操作技术水平低，机组左右划龙。

解决方法：除机组作业人员端正工作态度和提高操作水平外，还应做到：一是正确安装深松部件；二是正确调整犁的水平牵引中心线；三是为保证耕作层内全面深松，减少牵引阻力，松土铲一般的宽度为主犁铧幅宽的4/5，松土铲的中心线应位于大犁铧中心线的右侧3～4cm，这样既能避免松土铲升起时与犁床相碰，又可使尾轮行走在未疏松过的沟底上。

（八）深松机质量检测技术

1. 技术操作过程

（1）确定3个检测点

选点应避开地头地边，距地头≥10m、地边≥2m；每2个检测点之间应沿作业行方向间隔10m以上，3个检测点要选在不同的作业幅内。

（2）深度测定

在各检测点上用钢板直尺测量同一工作幅宽内的暄土厚度与浮土高度，测量精度精确到0.5cm。计算每个检测点上的深松深度：$D=T-H$；计算深松深度平均值，深松深度平均值即为深松深度。

深松深度（D）：深松沟底距该点作业前地表面的垂直距离（也可以理解为深松沟底

到未耕地面的距离)。

暄土厚度（T)：土壤耕作层上表面距深松沟底的垂直距离。

浮土高度（H)：土壤耕作层上表面距未耕地表面的垂直距离。

(3) 行距测定

行距测定分为幅内行距测定与邻接行距的测定。①幅内行距的测定：测量深松机械上两个相邻深松铲对称中心线之间的距离，幅内行距个数为深松铲个数减去1；②邻接行距的测定：分别测量深松机上最外侧两个深松铲到旋耕刀外沿的距离，以测量值的2倍评价邻接行距值。

2. 深松质量判定标准

一是深松深度和深松行距有一项指标达不到规定值，最终判定深松作业质量不合格。二是幅内行距和邻接行距有一个值达不到规定时，判定为行距不合格。

3. 智能化深松检测技术

结合“互联网+”技术，机具配备上信息化监控终端系统，坐在办公室，打开电脑，输入机具编码，所在作业位置、作业面积、深松效果等信息一目了然，显示界面如图4-6所示；同时拖拉机手也可通过显示装置随时观看深松深度、作业面积。同时还支持深松作业数据统计分析、图形化显示、作业机具管理、作业视频监控等功能，可替代目前人工现场多点挖穴、丈量、现场记录数据等深松普查方法，不仅提高了实施深松补贴的验收效率、降低了验收成本，使得检测更科学和精准。

图4-6 深松机监控终端界面

三、联合深松作业模式

(一) 深松、旋耕联合作业原理

单项深松作业后上层土块较小，下层土块大并在横向及深度方向形成多道裂纹，耕层较深；单项旋耕作业土壤细碎，上下均匀，耕层较浅；深松、旋耕组合作业土壤耕层结构是单项作业的叠加，能够形成上虚（土壤细碎）下实（大块土壤）耕层结构，这一结构为后续施肥播种作业创造了良好的土壤环境。上层土壤较虚，有利于种床的准备[5]。因深松作业能够打破多年翻耕形成的犁底层，调节土壤三相比，减轻土壤侵蚀，提高土壤蓄水抗旱的能力，所以下层土壤又有利于作物根系的生长。深松、旋耕及深松旋耕联合作业对土壤的加工状态如下图 4 -7、图 4 -8、图 4 -9 所示。

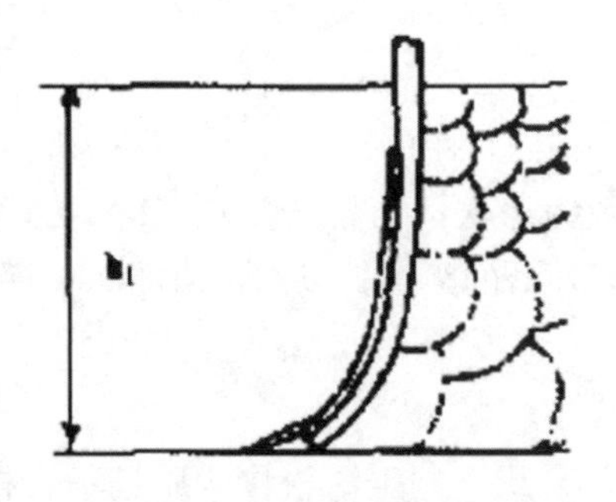

图 4 -7　深松对土壤的加工状态

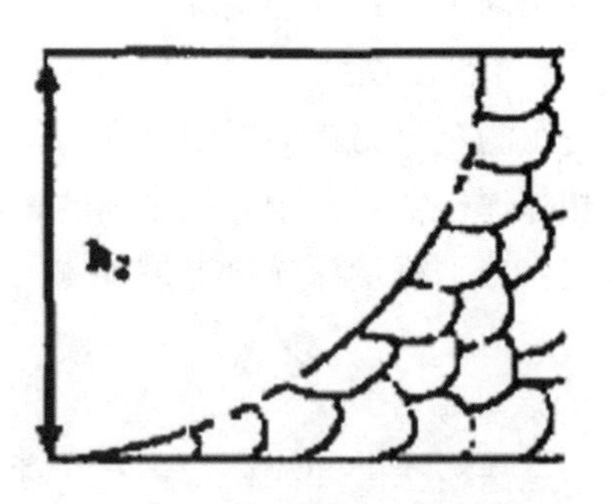

图 4 -8　旋耕对土壤的加工状态

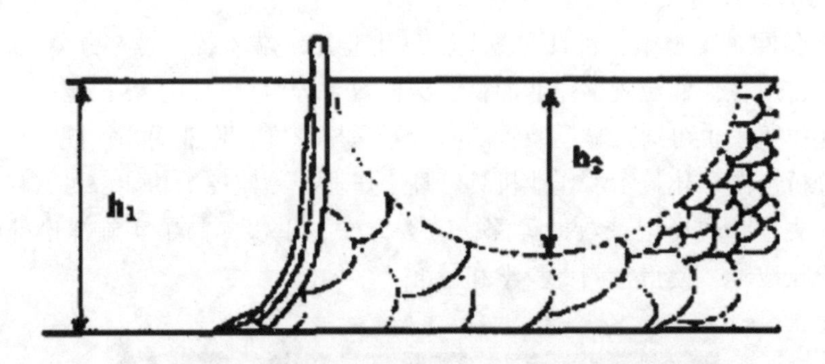

图 4 -9　深松、旋耕组合对土壤的加工状态

(二) 联合作业功率消耗

单项深松作业机就其动力消耗而言是一种纯牵引性机具，动力消耗可用下式表示：

$$N_1 = F \cdot \overline{3.6}$$

式中，N_1——功率消耗，kW；F——牵引力，KN；V——机组前进速度，km/h。

单项旋耕作业动力消耗主要是扭矩消耗，可用下式表示：

$$N_2 = \pi \cdot n \cdot \overline{30}$$

式中，N_2——功率消耗，kW；M——扭矩。kN · m；n——转速，r/min。

由以上两公式可以看出，动力消耗（N_1）随着牵引力（F）、速度（V）的增加而增加，而旋耕机的动力消耗是随扭矩和转速的增加而增加，扭矩主要由耕幅、前进速度、土壤状况、耕深等因素决定。深松、旋耕单项作业时总功率消耗为 $N_1 + N_2$，深松、旋耕组合在同一机具时，功率消耗却小于 $N_1 + N_2$。这是因为前边进行深松使土壤松动，从而降低了后续旋耕作业的阻力。旋耕时作业是通过旋耕刀的回转来切削土壤，这就相当一个驱动轮在工作反过来又增加了深松的牵引力[6]。所以在一个机具上同时配置这两种工作部件，能充分发挥拖拉机的功率。

(三) 1GS -230 深松旋耕联合作业机结构

针对我国南方甘蔗区土壤条件，已研制的 1GS -230 深松旋耕联合作业机是由传动总成、上悬挂架组合、旋耕工作装置总成、中间齿轮总成、深松犁、机架焊合，左、右侧板、犁刀轴总成和罩壳、拖板等组成，三点后悬挂，配套动力 100 ~ 140 轮式拖拉机[7]，结构示意图如图 4 – 10 所示，机具结构及作业效果，如图 4 – 11、图 4 – 12 所示。

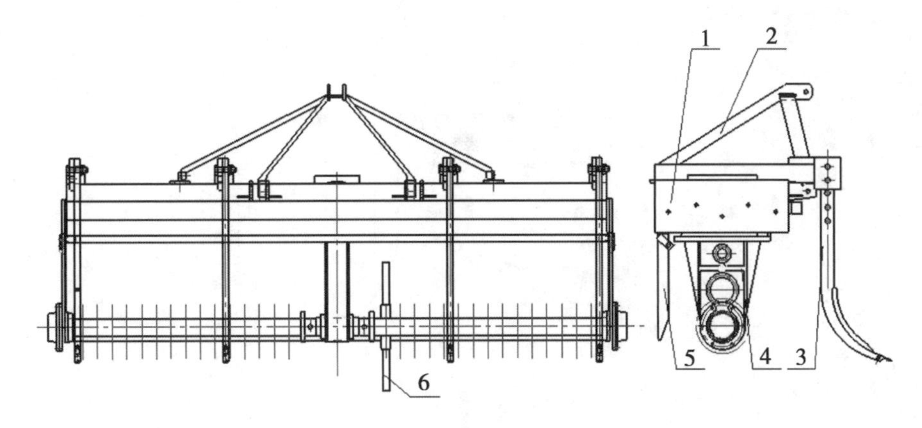

1. 侧板；2. 悬挂架；3. 深松犁总成；4. 中间齿轮总成；5. 拖板；6. 旋耕工作部件

图 4 – 10　深松旋耕联合作业机结构示意图

图 4 – 11　深松旋耕联合作业机

图 4 – 12　深松旋耕联合作业机作业效果图

其中深松装置主要由深松犁、深松犁固接器等组成。深松犁犁尖与深松犁采用可拆卸连接，犁尖磨损后可更换。深松装置拆卸后可作为旋耕机使用。整地旋耕装置主要由传动箱、旋耕装置、机罩拖板等组成。作业时依靠万向节传动轴、全齿轮传动箱传递来的动力，带动安装于旋耕刀轴上的左右弯刀旋转切土、甩土，并由机罩拖板等配合完成碎土和地表平整。深松旋耕联合作业机可以一次进地，完成土壤深松及表层旋耕整地作业。作业时，凿式深松犁进行间隔深松。表层土壤由旋耕工作装置进行松土、碎土和平整地表。通过选择深松犁在梁架上不同安装高度和拖拉机液压系统控制，可获得不同作业深度。

（四）深松旋耕联合作业机关机部件——机架的设计

在旋耕机框架式机架上加高加长深松器连接部件。机具在工作时，深松部件深松过的地方，由于甘蔗地里的杂草、甘蔗叶及甘蔗头等的影响，土壤会拥高、堵塞到机具的机架。通过深松深松犁连接梁与机架前梁提高了 12cm，深松犁前移约 20cm，让甘蔗叶、甘蔗头、杂草、地膜等可以有空间和方便进入旋耕机粉碎，从而有效减少了甘蔗叶、甘蔗头、杂草及土壤堵塞的现象，改进后的结构如图 4－13 所示。

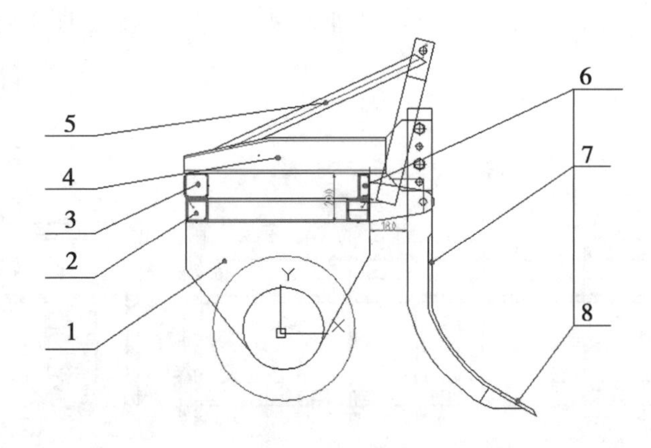

图 4－13 机架改进图

改进深松部件安装方式。在深松器连接部件前端开四个螺栓孔，通过安装防冲击螺栓；工作时，若碰到硬物时，防冲击螺栓被剪断，使深松器不至于严重损坏，同时也保护机具和拖拉机的传动机构。

（五）旋耕部件的设计

按国内外已有旋耕机结构与参数，设计的旋耕工作刀辊转速为 250r/min。旋耕刀片采用了应用比较广泛的弯形刀片，考虑到机械化旱作及保护性耕作尽量少动土的要求，选用了 IT245 型标准弯刀，见图 4－14。其目的是通过降低刀的回转半径提高刀的转速降低动力消耗，增加切削次数，提高碎土效果。

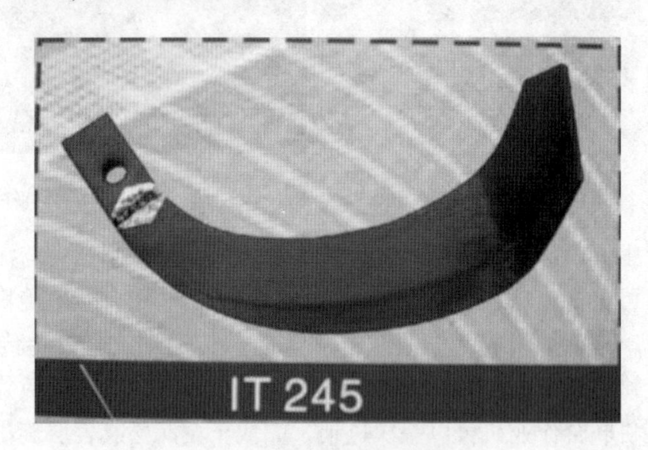

图 4－14 IT245 型标准弯刀

（六）效益分析

目前，甘蔗地一般采用三铧犁配合旋耕机进行整地作业，一般耕深 30cm 左右，农场作业收费 35 元/亩，旋耕机作业收费 20 元/亩。合计 55 元/亩，折合 825 元/hm^2。

1SG－230 深松旋耕联合作业机耕整地，每天作业 6h，作业小时生产率为 0.6hm^2/h，每天可整地面积 3.6hm^2，单位面积燃油消耗量 26kg/hm^2，柴油 8.0 元/kg，则燃油费用约为 749 元/天。每天人工费用：100 元，两项综合的直接作业成本约 849 元/天，即 235 元/hm^2。

每台设备12 000元，100型拖拉机16万元，使用年限5年，设备年折旧费用3.44万元，年工作时间100d，每天折旧费用是344元，每天管理和维修费按折旧费用10%计34元计，合计总费用378元，每天整地面积3.6hm²，则折旧和维修等费用约为105元/hm²。

总计联合机作业成本是340元/hm²，约为采用三铧犁配合旋耕机进行整地作业的41%，每公顷节省作业开支485元，年作业面积360hm²，则每台设备与传统铧和旋耕相比，年节省作业成本开支约17.5万元。也就是购置设备（包括型拖拉机）一年即可收回投资了。

由此可以看出，采用深松旋耕联合作业机进行作业具有较高的经济效益、生态效益和社会效益。

（七）旋耕机安全使用注意事项

旋耕机使用前，应检查旋耕机螺栓紧固情况、齿轮油油面高度、万向节和刀轴磨损情况、油封密封情况和刀齿缺损情况，及时加油润滑等维护更换，保持技术状态完好。

作业时，须先平稳结合动力输出轴，待刀轴转速达到正常，一边前进，一边使刀片逐步入土达到所需要的耕深。严禁刀片先触地后接合动力输出轴或急剧下降耕地，以免损坏机件。在地头转弯和倒车时，须提起旋耕机。提升时，可不切断动力，但应减小油门，降低万向节轴转速；旋耕机提升高度应保持万向节轴倾斜度不得超过30°。旋耕机后面和旋耕机上不准站人、坐人或放置重物。转移田块时必须切断动力。工作时发现异常杂声或金属敲击声应停车检查，排除故障后方可继续作业。

旋耕机每工作8～10h，应停车检查刀片是否松动变形。

排除故障或清除刀轴上缠草和泥土时，必须停车熄火，并支撑稳妥。

旋耕机远距离运输时，应拆除万向节。

（八）操作手和机具要求

1. 人员配备

深松旋耕联合作业应配备操作人员1～2名。操作人员应必须经过技术培训，了解掌握机械深松的技术标准、操作规范以及机具的工作原理、调整使用方法和一般故障排除等，并具有相应的驾驶证、操作证。

2. 机具选择

深松旋耕联合作业机功率消耗应低于配套拖拉机的输出功率，作业幅宽应能覆盖配套拖拉机的左右轮辙，三点悬挂配套后对拖拉机前后轮受力状况无大的影响。拖拉机的技术状态应良好，液压机构应灵活可靠。联合作业机转动部分应有安全护罩，而且护罩要结实，外壳上有安全警示标识，要配有内容齐全、正确明了的使用说明书。

（九）作业前技术准备

检查机具状态：检查紧固所有螺栓、螺母，操纵机构是否灵活、可靠，并按技术要求进行注油保养；旋耕刀磨损严重时，应及时更换；机架无变形、弯曲；所有螺栓、螺母紧固，限深轮、镇压轮、操纵机构灵活、可靠。

机具挂接与调整：按照使用说明书要求对机具进行挂接；将机具降至工作状态，进行前后和左右水平的调整；根据农艺要求确定作业深度，按产品使用说明书进行调整。

作业行程计划：作业前应根据地块形状规划出作业小区和转弯地带，保证作业时行车方便，空行程最短。

地块状况检查：查看待作业农田秸秆处理是否符合要求（玉米秸秆粉碎长度不大于10cm，留茬高度不大于10cm，玉米根茬地上部分基本被打碎），不符合技术要求应及时进行处理；查看土壤墒情和土壤性质是否符合作业要求，不符合应暂缓作业；根据机具性能和土壤情况，确定深松作业速度和深度。

（十）技术操作及注意事项

1. 技术操作

启动发动机，升起机具，挂上工作挡，在地头落下机具，把拖拉机的液压手柄放在“浮动”位置，接合动力输出轴动力，挂上工作挡，要柔和地松放离合器踏板，结合动力，使深松铲逐渐人土直至正常耕深。到达地头时，要在行进中逐渐将整机升起，同时在深松铲出土后才能切断动力输出轴的动力输出。

正式作业前要进行深松试作业，调整好深松的深度；检查机车、机具各部件工作情况及作业质量，发现问题及时解决，直到符合作业要求。

作业中应保持匀速直线行驶，旋耕和深松深度均匀；深松间距一致，保证不重松、不漏松、不拖堆。

作业时应随时检查作业情况，发现铲柄前有浮草堵塞应及时停车清除，作业中不容许有堵塞物架起机架现象；深松铲尖和旋耕刀严重磨损，影响机具入土深度时，应及时更换。

每个班次作业后，应对深松机械进行保养；清除机具上的泥土和杂草，检查各连接件紧固情况，向各润滑点加注润滑油，并向万向节处加注黄油。

2. 注意事项

在地头转弯与倒车时必须提升机具，使铲尖离开地面，未提升机具前不得转弯。

倒车时应注意地表设施（如电信线路警示桩、电杆拉线、农田灌溉出水口等）。不可使铲尖或铲柱部分在土壤内强行转弯，掉头后要把拖拉机对正作业前进方向才可以降落深松机前进。

作业时深松机上严禁坐人。

深松作业中，若发现机车负荷突然增大，应立即停车，找出原因，及时排除故障。

运输或转移地块时必须将机具升起到安全运输状态。

机组穿越村庄时须减速慢行，注意观察周围情况。

机具不能在悬空状态下进行维修和调整，维修和调整时机具必须落地或加以可靠的支撑，拖拉机必须熄火。

严禁先人土再结合动力输出轴，严禁深松铲入土作业时转弯、倒车，否则有可能导致机具的损坏。

（十一）深松旋耕联合作业机作业质量标准

1. 机械化旋耕部分

旋耕作业后，表面耕作层应达到以下质量标准：旋耕深度10～15cm；旋耕层深度合格率≥85%；碎土率：壤土应≥60%，黏土应≥50%；耕后地表植被残留量≤200.0g/m^2；耕后地表平整度≤5cm；耕后沟底不平度≤2.5cm；作业后田角余量较少，田间无漏耕和明显壤土现象。

2. 机械化深松部分

作业质量要求：深松作业深度不小于25cm，间隔深松行距不大于70cm，犁底层破碎效果较好。要求耕深一致、行距一致，深松旋耕联合作业还要求地面平整、土壤细碎、没有漏耕，达到待播状态。

第二节　宿根甘蔗机械化管理技术

一、概述

宿根蔗在甘蔗生产中占有举足轻重的地位，宿根蔗占种蔗面积40%～50%。生产实践证明，旱地宿根蔗亩产可超6～8t，生产潜力很大。只要加强科学管理，增加投入，提高宿根蔗单产是可行的。

甘蔗是典型的宿根性作物。当地上部砍收后由于除去了顶端优势，减少了从上而下的生长激素对侧芽的抑制作用，埋在土中蔗茎基部的蔗芽，就能在适当水、气、热条件下萌发出土长成新株。前造蔗收获后，老根系还能够继续生长出许多新的，上面密布根毛具有吸收作用的幼根。此种吸收作用可维持2～3个月以上，其中深根群维持吸收机能的时间会更长。同时宿根蔗的新株根会发生很早。一般在蔗芽开始萌动后出土前即已长成粗壮的新株根。

甘蔗在秋冬季节收获后，一般很容易受到霜冻、干旱等灾害影响，因此，在甘蔗收获后，要提早对宿根甘蔗的抗冻抗旱的工作，现有做法有：地膜覆盖、甘蔗叶（粉碎）覆盖与施肥（洒石灰）相结合；针对甘蔗地虫害及草害严重，甘蔗叶进行焚烧后机械化平茬、破垄、施肥和覆膜[8-12]。

二、宿根蔗的地膜覆盖栽培技术要点

1. 选留宿根蔗地

宿根蔗的产量与土地肥力及上季甘蔗生长状况关系极大，因此，在甘蔗收获前选留好宿根蔗地是很重要的。留宿根蔗地的条件是：鼠害、虫害较少，尤其是绵蚜虫较少；蔗株分布均匀，缺株断垄不多，亩有效茎3 000株以上；甘蔗生长正常。

2. 掌握盖膜重点

冬季砍蔗一般不留宿根，但冬季盖膜增产效果好，这样与盖膜栽培不配套。因此，盖膜的重点，一是冬季早收获留下的早熟品种宿根；一是春季砍收留下的宿根性差的品种。秋、冬笋多的不需要盖膜栽培。

3. 注意砍收质量

收蔗时最好用小锄低砍入土3～4cm平砍，使地下留宿根蔗头长15cm，并做到没有蔗头和冬笋露出地面，以免穿破地膜。

4. 及时开畦松蔸

盖地膜的宿根蔗，破畦松蔸时间以早为好，一般收获后 15d 以内处理并盖膜完毕。处理方法参照宿根蔗栽培部分，有条件的喷除草剂。

5. 盖膜

地膜的质量与厚度同新植蔗，宽度 50～55cm。趁土壤湿润时或等雨后盖膜。盖膜时将蔗头全部覆盖，膜两边离蔗头基部 10cm 左右，四周用细土压实密封，注意不让蔗头碰破地膜。

6. 适时揭膜

盖膜时间早，发株出苗快而多。一般 3 月上中旬揭膜，相反可迟一些。揭膜时尽量将地膜收拾干净，以利回收加工利用[13]。

7. 田间管理

（1）注意检查

发现地膜被风吹或人畜碰破，要及时用泥土压紧封密。

（2）揭膜

如果全部或大部分蔗苗已经穿出膜外，揭膜可以迟些，即分蘖开始时揭膜。如许多蔗苗不能穿出膜外，当日平均气温稳定上升到 20℃，膜内温度超过 40℃时，即可揭膜，以免烧伤蔗苗。桂南一般 3 月下旬至 4 月上旬揭膜，桂中、桂北可推迟 15～20d。过早揭膜会降低盖膜的增产效果。

（3）中耕追肥

揭膜后要及时中耕追肥，防治螟虫危害，促进甘蔗生长。

三、甘蔗叶（粉碎）覆盖与施肥（洒石灰）相结合技术

（一）具体实施方式

由于甘蔗常年连作、大量施用化肥、焚烧蔗叶等造成甘蔗地：一是土壤有机质含量下降；二是土壤 pH 值逐年降低，最低甚至达到了 4.0 以下；三是土壤板结，土壤通透性差。因此，实施甘蔗叶（粉碎）覆盖与施肥（洒石灰）相结合技术是近年来蔗农特别是一些大型农场推行的措施[14]。具体的做法是，实施甘蔗叶粉碎还田后，对宿根甘蔗破垄施肥（图 4－15）及洒石灰（图 4－16）。

（二）实施蔗叶还田与机施石灰措施需注意的问题

1. 同一块甘蔗地是否每年均实施机施石灰措施

同一块甘蔗地连续两年实施机施石灰，每亩施 100kg，第三年再检测其土壤 pH 值与养分的变化，视变化状况后再决定是否继续实施机施石灰。

2. 实施蔗叶还田与甘蔗种争夺土壤水分问题

在 1—2 月实施蔗叶还田作业时，可能由于土壤不够湿润，造成蔗叶反吸收甘蔗种的水分，一定程度地影响蔗种的出芽率。因此，如果土壤水分含量达不到 40%，则要淋水或实施节水滴灌淋水，有条件的可淋酒精废液，加快蔗叶软化腐烂，增强土壤保水性，确保土壤湿度。

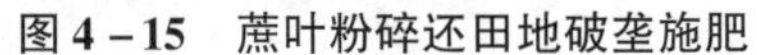
图 4－15　蔗叶粉碎还田地破垄施肥

图 4－16　蔗叶粉碎还田地洒施石灰粉防虫害

3. 蔗叶还田后影响土地耕作问题

蔗叶还田后有时会造成甘蔗地机耕蔗叶成堆和堵犁现象，在甘蔗叶粉碎时，粉碎还田机要紧压地面进行粉碎，行进速度稍慢，尽可能使蔗叶充分粉碎。

四、机械化宿根甘蔗平切破垄施肥覆土盖膜技术

开展这方面的技术除了针对甘蔗地虫害及草害严重的甘蔗地，最主要原因：一是从我国现有宿根甘蔗综合机械化管理机具的功能和作用入手，减轻劳动强度及提高作业效率；二是根据防止病虫害及霜冻，达到保水抗旱和提高产量的需求；三是结合我国中小型拖拉机发展的势头而进行的[15－18]。

（一）机械化宿根甘蔗管理联合作业机基本结构

宿根甘蔗管理联合作业机是由机架、圆盘平切机构、限位地轮、变速箱系统、旋耕破垄机构、开沟覆土犁装置、施肥装置、覆膜机构等组成。其中圆盘平切机构、限位地轮、变速箱系统、旋耕破垄机构、开沟培土犁装置、施肥装置、覆膜机构作为工作部件，变速箱系统作为整个机具传统装置，机架作为辅助装置。宿根甘蔗管理联合作业机结构示意图如图 4－17 所示。

（1）圆盘平切机构

圆盘平切机构有传动箱、传动轴和平切刀盘总成构成，传动箱输出轴由传动轴输出动力至平切刀盘总成，最后由平切刀盘完成单行甘蔗头平切任务。

（2）旋耕破垄机构

旋松宿根甘蔗行间两旁土壤，破除甘蔗垄，平整地块。此机左右对称，受力平衡，工作可靠。

（3）覆膜机构

该部件涵盖放膜、张膜、压膜、覆土功能，在开沟部件开沟基础上一次性完成甘蔗宿根覆膜任务，达到蓄水、保墒、保肥、增温功效，改善土壤环境，为后续甘蔗发芽生长保驾护航。提高了地温、增加湿度，同时保持了土壤湿度的相对稳定，减少了悬殊的干湿交替以及干旱对根系生长的不利影响。

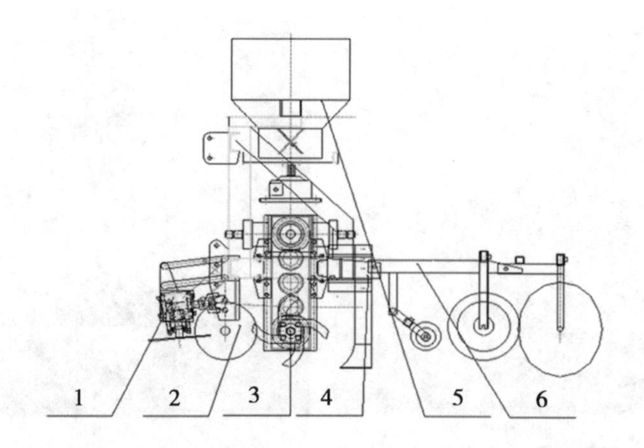

1. 圆盘平切机构　2. 限位轮系统　3. 旋耕破垄机构　4. 开沟覆土犁装置
5. 施肥装置　6. 覆膜机构

图 4－17　宿根甘蔗管理联合作业机结构示意图

（4）施肥装置

通过施肥装置将施肥箱里的肥料施与开沟覆土犁所开沟底，施肥量可通过调节装置调节。

（5）机架

采用重型槽钢合焊而成，关键部位采用加强筋加固，主减速箱端正坐于框架中心，这种坐凳式的安装形式，大大提高了机架的刚性和强度，提高机架的可靠性。

（6）主减速箱总成

齿轮箱是整台设备的核心部位，其可靠性尤为重要。箱体采用铸刚材料 ZG45，壁厚达 18～20mm，不易开裂、变形计折断，强度和韧性都要比灰铁箱好得多，使箱体质量得到绝对保证，可承受任何冲击负荷（箱体或用焊接件，清楚焊渣后进行完全退火处理，消除应力，防止变形）。箱内灌注齿轮油以供润滑齿轮、轴承，箱体上盖装有加油螺塞，下方设有放油螺塞。齿轮采用合金结构钢 20CrMnTi，经渗碳淬火，强度好、硬度高、耐冲击，韧性好。齿轮与轴采用花键连接，确保传动的可靠性。

（7）传动系统中多采用链条（16A/B）传动

采用通用标准件，性能可靠，价格便宜，易于维护。

（8）开沟覆土部件

采用特种材料焊接而成，耐磨且光洁度高，不易粘土，开沟后肥料施与沟底，且此沟用于埋薄膜边缘。

（二）工作原理

宿根甘蔗管理联合作业机工作前，机具三点悬挂于拖拉机（30～50 马力）后面，被拖拉机提升到一定的高度并被牵引驶入到需要宿根甘蔗头平切、施肥、覆膜等工序作业管理的甘蔗行间；拖拉机通过万向节连接轴传递动力给变速箱系统带动圆盘平切机构、旋耕破垄机构以及施肥装置等进行空转试机，待各个工作部件运行顺利，就可放下机具进行宿根甘蔗的管理作业。随着拖拉机的前进，圆盘平切机构通过圆盘平切刀对宿根甘蔗头进行切头平切，经主变速箱传递过来的旋耕破垄部件分两边传动带动旋耕刀进行旋耕破垄，把杂草、泥土混合搅拌打烂；施肥装置通过蜗轮蜗杆变速器带动施肥转盘转动，并通过施肥刮板把肥料刮到下料斗、施肥管后落入由开沟培土犁装置的开沟犁开好的沟内，随后泥头自动回落把肥料盖住；覆膜机构将地膜覆盖到已平切好的蔗头，镇压轮把铺好的地膜压住，滚动的圆盘耙地膜切压到已由旋耕机构酥松的土壤当中，完成覆膜工序。

（三）宿根甘蔗管理联合作业机基本参数

宿根甘蔗管理联合作业机是根据我国宿根管理现状自行开发研制的，配套 30～50 马力轮式拖拉机，具有价格低、结构简单、传动可靠等特点。其主要技术参数如下。

配套动力：14.7～29.4kW。

整机质量：380kg。

旋耕刀辊转速：250r/min。

旋耕刀辊回转半径：240mm。

工作行数：1 行。

悬挂方式：三点后悬挂。

纯工作小时生产率：≥0.10hm^2/h。

旋耕深度：≥5cm。

旋耕深度稳定性：≥85%。

施肥均匀度变异系数：≤10%。

施肥断条率：≤3%。

肥料覆盖率：≥85%。

地膜覆盖率：≥85%。

甘蔗头损伤率：≤10%。

单位面积耗油量：≤20kg/hm^2。

（四）与国内外同类技术比较

随着对宿根甘蔗管理意识不断增强，近年来我国宿根管理机具取得了一定进展。如国内研制的小型甘蔗破垄施肥机有手扶拖拉机提供动力完成破垄和施肥两个工序，但手扶拖拉机行走不平稳，机手作业相当辛苦。也有的改装旋耕机并加装施肥装置对宿根蔗进行管理的，配套动力大，效率低，作业质量不可靠。近年研制的相关装备有：3PL－1 犁和 3PZ－1A 平茬机，配套轮式拖拉机，可完成破垄翻耕、平茬等工序，但功能不全，不利推广。

国外，甘蔗栽培方式中古巴一般宿根 4～5 年，澳大利亚、美国等一般宿根 2～3 年。早在 20 世纪 70 年代，澳大利亚已研制成了一种新型的宿根切削机，将宿根管理工序从五道减为两道，这种宿根切削机与国内现有的平茬机原理相似。近年来日本相续出现的宿根蔗整形机、宿根心土粉碎机、中耕机、宿根基肥施用机、防治宿根蔗土壤害虫专用机等机具，结构简单且功能单一。

2CLF－1 型宿根蔗平茬破垄覆膜联合作业机是根据用户和市场需要而研制的，各相关部件综合了国内外已有技术和参数，经试验验证适用，能一次性完成平茬切头、除草、破垄、施肥、培土、覆膜等宿根甘蔗管理作业工序（图4－18、图4－19、图4－20）。

图4－18 2CLF－1型宿根蔗平茬破垄覆膜联合作业机

图4－19 宿根蔗平茬破垄覆膜联合作业机作业效果

图4－20 2CLF－1型宿根蔗平茬破垄覆膜联合作业机作业后甘蔗生长情况（对照）

结构比较：整机传动系统是机具的关键部位，设计的机具动力输入轴通过动力输出齿轮把动力传送到主轴，输入轴与主轴成90°方向，然后再由主轴传送到各个动力输出齿轮及链轮，完成平茬切头、除草、破垄、施肥、覆膜等工序，其中拖拉机动力输入轴与切割器传动轴成95°夹角，提高了动力输入效率。管理机采用相对旋转双圆盘切割器，转速设计约为550r/min，转速过高机具危险系数高，过低蔗头损伤率高。旋耕破垄刀具左右对称布置，使得受力平衡。优化的覆膜器集放膜、张膜、压膜、覆土功能于一体。

性能比较：该机具配套30～40型轮式拖拉机，轮距小，较适应目前甘蔗种植行距（80～110cm），且甘蔗头损伤率仅1.8%，旋耕平均深度达10.6cm，其稳定性系数达到92.6%，大大高于一般施肥机行业标准要求（80%），能满足深施化肥和农艺的要求。

应用比较：国内外已有宿根蔗平茬破垄覆膜联合作业机相关文献和专利，但没有相关研究与设备的详细内容，及中试和投入大量使用的报道等。

作为一种新兴的宿根甘蔗管理机具，该机不仅功能齐全，更重要的是性能可靠。

（五）安装说明

切割器牵引连接拖拉机三点悬挂的下悬挂点，机架连接三点悬挂的上面两个悬挂点，并插好开口销，防止销售滑脱。

安装拖拉机后输出与主减速箱之间的传动轴，连接切割器传动箱与切割盘之间的两传动轴。

旋耕刀安装时，刀头向外，不损伤甘蔗宿根。

前面地轮决定旋耕和开沟深度，根据实际情况调节。

薄膜张紧橡胶轮和覆膜盘根据实际情况，调节至合适位置。

机具在使用中由于轴承齿轮的正常磨损，轴承间隙和齿轮啮合情况都会发生变化，因此，必须时应加以调整。

（六）维护与保养

正确地进行维护和保养，是确保机具正常运转、提高功效、延长使用寿命的重要措施，在作业中要做到多观察、勤保养。

作业前应向在场人员发生启动信号，非工作人员应离开工作场地。机具工作前应进行试犁，调整好工作状态，正常工作时应匀速前进并定期检查翻耕深度，以保证翻耕后土壤的平整性，应定期检查肥箱内的化肥情况，及时添加化肥。

在工作中随时观察机具各部位的运转情况、即时检查各部位的紧固情况、若有松动应即时紧固，避免发生故障和事故。观察圆盆切割刀工作情况，切割后的蔗头是否切割整齐、破裂严重，如有应及时调整或更换刀片；旋耕刀如果有缠草、雍土现象，应即时停机排除。

要即时对各润滑点进行注油，链轮及链条要加油润滑，避免磨损。

每季节作业结束后，应彻底清理污泥，紧固各部位的螺栓，更换磨损过重损坏的零部件，加注润滑油，对铧式犁刃口处涂油防锈；机具应放置在通风、干燥的库房内。

第三节　甘蔗机械化中耕施肥培土技术

一、概述

甘蔗生产全程机械化包括耕整地、种植、中耕、植保、收获、装运等，而中耕是甘蔗生产中极为重要的工序，也是劳动密集型的作业工序，主要包括旋耕除草、破垄（宿根甘蔗）或开沟（新植甘蔗）、施肥、培土等工序[19]。

为缓解劳动力紧缺及降低甘蔗管理成本，世界上各甘蔗主产国都较注重对甘蔗中耕施肥培土机械化的研究[20]。目前，我国已研制了多种类型的甘蔗中耕施肥培土机，按配套动力可分为：一是以微型拖拉机、手扶拖拉机为动力的小型甘蔗中耕施肥培土机械；二是以中大型拖拉机为配套动力的悬挂式甘蔗中耕施肥培土机械。小型的如配套动力为 3.7～5.9kW 柴油机或汽油机的专用培土机，适用甘蔗种植行距 70～100cm，多数为步行操作，可实现原地转弯，一完成碎土和培土作业，但操作者步行在甘蔗行间，在大热天作业时甘蔗叶拍打到身上，作业条件非常恶劣，劳动强度也大；小型如配套8.8～14.7kW手扶拖拉机为动力的中耕机，多数以施肥机和中耕培土机相结合，适合整个甘蔗生长期的中耕培土施肥作业。尾部一般采用液压升降，便于田间转移，开沟部件多为犁刀式，也有螺旋叶片式、圆盘式、铣盘式等，排肥装置采用槽轮、振动等形式，作业工效为0.13～0.16hm^2/h，和人畜作业相比提高了10倍。但作业时仍有甘蔗叶刮割身上，作业条件恶劣，劳动强度大。也有配套中型轮式拖拉机作业的专用中耕施肥机，如3ZFZ－2型甘蔗施肥机开沟工作部件可为圆盘式、犁刀式等，每次作业2行，作业工效0.27～0.40hm^2/h，已在部分农场应用。3GDS－3型多功能施肥机，通过配备不同工作部件，既适用于宿根甘蔗的松土破垄施肥作业，又适用于新植甘蔗的开沟施肥和苗期开沟施肥培土作业，实现了“一机多用”，采用地轮作驱动排肥机构，开沟和培土部件均为凿形犁形式，其排肥结构为转盘刮板式，通过转盘转动，使肥料沿刮板上升并侧向偏移，最后肥料离开刮板经排肥管落入已开沟的土壤中，每次作业3行，作业效率为0.7～0.8hm^2/h，施肥深度5～25cm，已在湛江农垦部分农场推广应用，取得一定的经济效益和社会效益。

目前，我国甘蔗中耕施肥机具仅适用于颗粒状干燥化肥，而潮湿粉末状肥料由于其易受潮、结块、粘附、架空等特性造成其流动性极差，因此有些机具仍存在施肥不均匀，甚至出现肥料结块架空、断条或堵塞等现象，不能适用于多种肥料混合配方施肥，一般需要人工混合肥料，而甘蔗按生长期不同需要施用含不同比例的尿素、磷肥、钾肥等的混合肥料。而我国人多地少，蔗农种植甘蔗面积一般很小，一片蔗地往往是几十个农户种植，种植时间、规格也很不一致，很不利于机械化连片作业，不能发挥机具效率。加之不少蔗区属丘陵地区，地形高低不平，田间规划不合理，不少蔗田未能留机耕道，严重制约了甘蔗中耕施肥机具的发展。

长期以来，我国蔗农为获得高产量而采取密植，种植行距多从结构来说，3ZSP－2型甘蔗中耕施肥培土机机具较小型，框架式机架结构，开沟犁和培土犁与机架连接使用螺栓连接方法，可根据甘蔗种植行距调整开沟犁和培土犁及施肥位置，使施肥位置合理，有利于甘蔗苗的根系及时吸收肥料的养分，使甘蔗苗快速生长；开沟、施肥和培土同步进行，可避免土壤中有限水分的挥发和损失，从而提高了肥料利用率。

甘蔗中耕施肥培土机能一次性完成破垄或开沟、施肥、培土等作业工序。目前，该机具已小批量生产且在广东、广西、海南等地进行了示范推广应用，开沟、施肥和培土同步进行，可避免土壤中有限水分的挥发和损失，从而提高了肥料利用率。

二、甘蔗中耕施肥培土作业模式

（一）机具机构

甘蔗中耕施肥培土机一般采用拖拉机后标准三点悬挂式，机具结构示意图如图4－21，机具及作业效果如图4－22、图4－23所示。

（二）施肥机工作原理

拖拉机行进、开沟犁开沟，同时，拖拉机动力经动力输出轴、万向传动总成传至变速

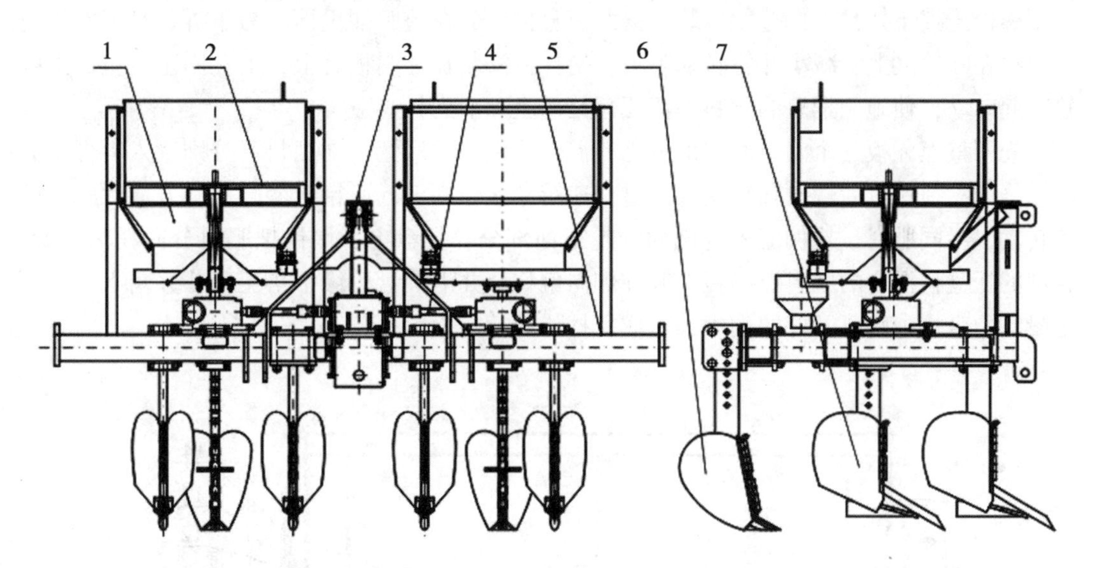

1. 排肥装置　2. 搅拌装置　3. 悬挂系统　4. 连接传动轴　5. 机架总成　6. 培土装置　7. 开沟装置

图 4－21　甘蔗中耕施肥培土机结构示意图

图 4－22　甘蔗中耕施肥培土机

图 4－23　甘蔗中耕施肥培土机作业效果

箱，通过一对锥齿轮减速并改变传动方向，再通过连接传动轴传至涡轮涡杆减速器驱动排肥装置中圆盘转动，也驱动肥料箱的搅拌叶片转动从而混合不同种类的肥料，混合的肥料下落至圆盘上，转动圆盘将混合的肥料沿刮板上升并侧向偏移至圆盘边缘，落至下肥料漏斗和导肥管，从而定量均匀排肥到已开好的沟中，培土犁推拢土壤覆盖肥料，并向甘蔗根部堆积成垄，从而一次完成破垄或开沟、施肥、培土等作业工序[21]。

（三）关键部件的结构设计

1. 搅拌肥料装置的设计

搅拌装置的施肥筒内里有隔离栅如图 4－24 所示，该隔离栅将肥料箱分成三份，只需将肥料倒入每个箱格中，便可实现搅拌肥料，无需人工搅拌，可通过调节上漏板漏肥口大小实现肥料的比例混合；叶轮安装于上漏板和下之间漏板，叶轮通过固定轴驱动铜托盘一起转动，肥料混合后漏在托盘上；叶轮的方管套在固定轴的方轴上面，易于拆装；固定轴采用螺栓连接于托盘上，方便拆装；上漏板直接安放在施肥桶里面，易于拆装且把搅拌前肥料挡在叶轮之上，减小叶轮转动阻力；搅拌棒安装在上漏板之上，卡在固定槽里面随叶轮一起转动，使施肥桶里的肥料不留死角堵塞全部漏到托盘上。

先调整上漏板三个漏口面积确定肥料混合比例，然后把不同肥料可分别倒入料桶不同的栅格内，拖拉机后输出轴转动并通过变速箱和涡轮蜗杆减速箱改变转速和方向后驱动叶轮转动，不同肥料按比例流入施肥桶叶轮下面部分和托盘上，堵锥把肥料分向托盘边缘，转动的托盘将混合的肥料沿挡板上升并侧向偏移，并沿圆盘边缘下落至漏斗并落下，从而定量均匀直接掉落已开好的沟中，完成搅拌施肥功能。

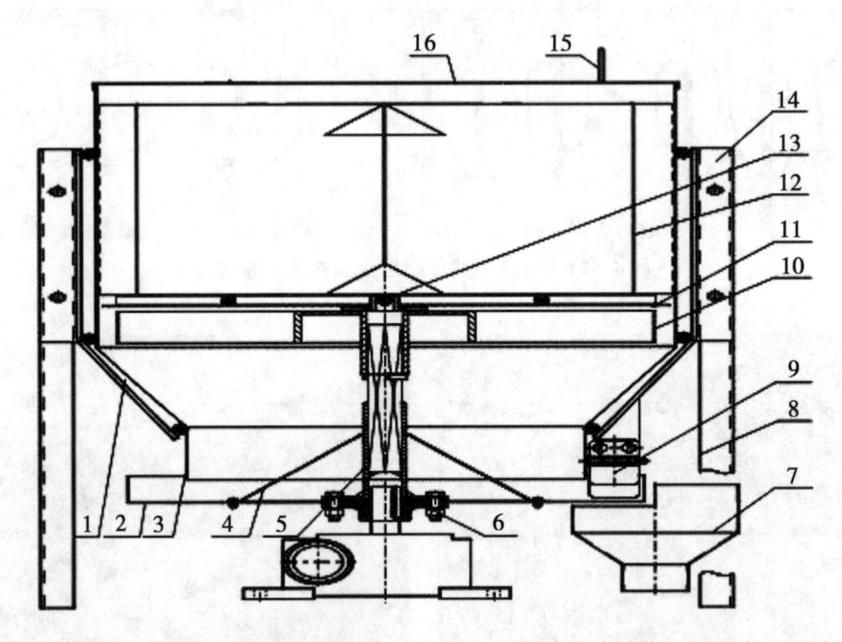

1. 筒架　2. 托盘　3. 料筒　4. 堵锥　5. 固定轴　6. 法兰　7. 漏斗　8. 支撑　9. 挡板　10. 叶轮　11. 上漏板　12. 隔离栅　13. 搅拌棒　14. 固定板　15. 把手　16. 上盖

图 4－24　搅拌肥料装置结构示意图

2. 搅拌器的选择及设计

查阅搅拌机等类似搅拌装置得知，搅拌器一般分为三种：盘式搅拌器、棒式搅拌器、螺旋式搅拌器。由于研制的搅拌器应于与混合肥料，且三种肥料混合，因此根据样机的实际情况及使用环境，选择盘式搅拌器的工作原理，创新设计并应用于 3ZSP－2 型甘蔗中耕施肥培土机中。

肥料箱选用不锈钢材料，设计成圆柱形与梯形结合的桶状，梯形状设计的箱壁倾斜成 45°～60°。肥料箱直径为 700mm，叶轮作为搅拌装置的主要结构如图 4－25 所示，叶轮半径不能过大也不能过小，因其半径太小，容易造成架空现象，达不到肥料混合要求；若半径过大，容易增加搅拌阻力加大，增加机具重量，也会增大铅垂旋转轴的结构。其中外环、叶片及内环为碳钢焊合件，挡板和筋板采用 Q235，内套用方管焊接，径长＝120mm，内套套装于连接轴上。叶轮上方固定一个搅拌棒，搅拌棒随传动轴旋转，能高效地将施肥筒内的肥料搅拌下落与落料口。

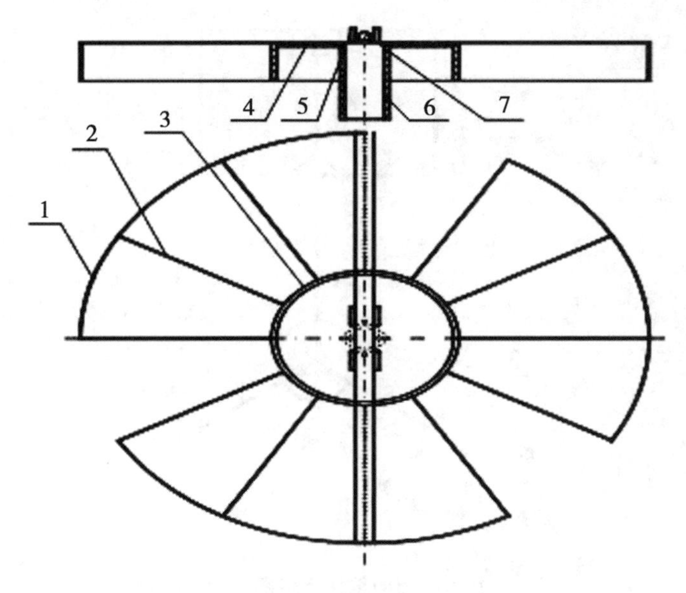

1. 外环　2. 叶片　3. 内环　4. 筋板　5. 挡板　6. 内套　7. 搅拌棒

图4－25　搅拌器结构示意图

所以，在设计叶轮半径 R 时，结构最小的尺寸应保证箱内肥料不架空，也不致使阻力过大，通过经验设计计算确定旋转半径 R 为 324mm，叶轮共 12 片叶片。通过排肥装置结构可确定叶片旋转半径 R 及转盘转度 ω 为其最主要的技术参数。在设计确定时假定肥料下落时在转盘上的相对速度为零。确定了叶轮旋转半径 R，就可大致确定出转盘转度 ω。ω 可通过铅垂旋转轴的最外点速度 n 来定。n 的值应保证在施肥时箱内肥料不架空，也不致使阻力过大。通过资料，选用 $n=0.2\sim0.5\text{m/s}$，则可计算出转盘转度 ω 为：

$$\omega = 30 \mid \frac{n}{\pi k}$$

将已确定数据代入上式可得出，ω＝5.89～14.74r/min。

3. 隔离栅的选择及设计

隔离栅用于分隔 3 种肥料，每种肥料倒于一格中，方便漏于漏口中进行搅拌混合，隔离栅采用 304 不锈钢材料焊接而成，根据施肥筒高及安装后叶轮的高度，设计隔离栅，如图 4－26，径长为 346mm，翼板长 360mm，底部焊有长 20mm，高 58mm 的三角形筋板，用于固定隔离栅，隔离栅采用三点定位固定施肥筒内，不会随传动轴的转动而转动。

4. 固定轴的选择及设计

固定轴，如图 4－27，作为传递动力的关键设计，考虑其实用性及受力情况，底板及底套材料选用 Q235，插轴及挡块选择 45 号钢，固定轴采用螺栓连接于托盘上，方便拆装。底板为 R＝75mm 的圆盘，方管直径为 40mm，长度距离底板为 325mm，底套圆柱直径为 50mm，长度距离底板为 175mm，与方管焊接固定方管，底套主要用于固定方管，且起到支撑作用，满足力学要求。

5. 开沟犁设计

开沟犁应按农艺技术要求进行开沟作业，能满足将肥料集中输送到所需深度的土壤

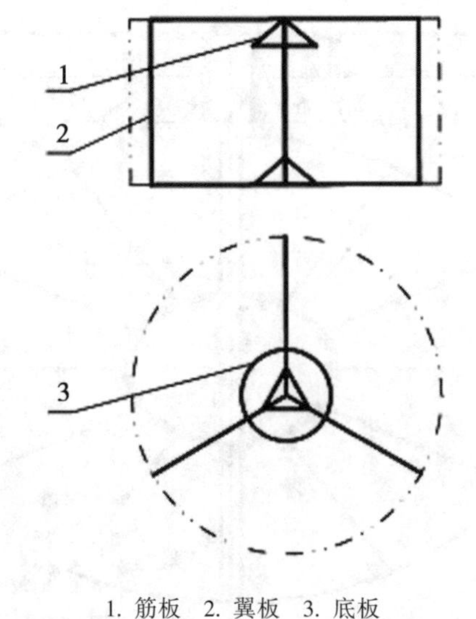

1. 筋板　2. 翼板　3. 底板

图 4－26　隔离栅结构示意图及实物图

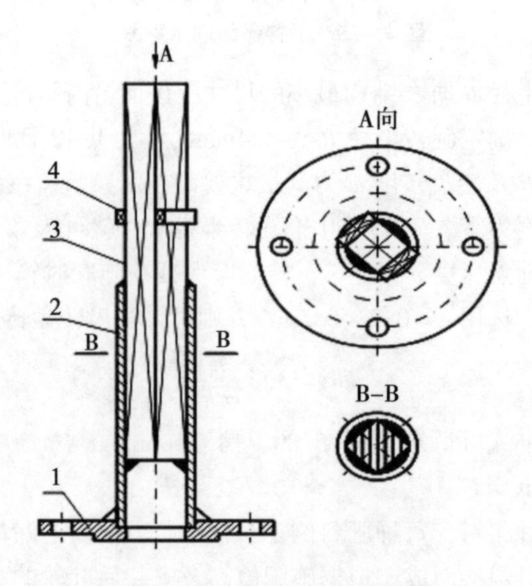

1. 底板　2. 底套　3. 插轴　4. 挡块

图 4－27　固定轴结构示意图及实物图

中，其主要由犁柱、边板、松土犁尖等组成，调整排肥管前后位置即可调节施肥深度，其结构参见图 4－28。

开沟犁入土角度和尺寸越大，对土壤挤压作用增大，破垄松土阻力也随之增大，导致入土性能差。为减少入土阻力，本机设计土隙角 B = 30°。经试验证明，入土性能良好。开沟犁破垄松土后，土壤在势能作用下流回沟中方便土壤覆盖肥料，对土壤回流能力影响较大的是破垄器宽度。在其后边安装施肥管，一般情况下，开沟犁宽度大于排肥管且能满足在保证施肥深度的前提下迅速覆土的要求。

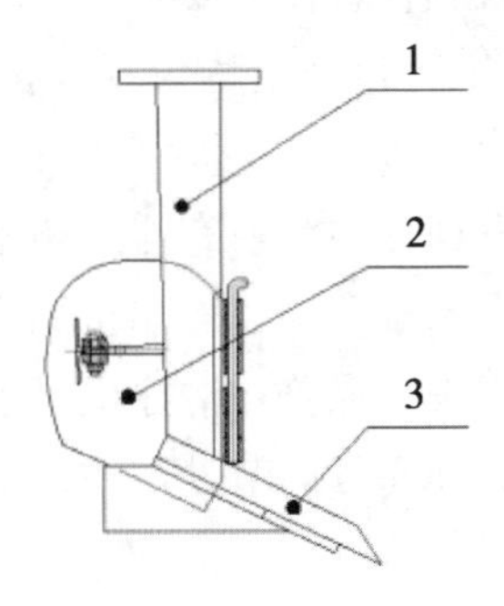

1. 犁柱　2. 边板　3. 松土犁尖

图 4 - 28　开沟犁结构示意图

6. 培土梨的设计

培土犁设计为可拆卸式双壁平面型，它由凿形犁、左右培土板、犁柱等组成，如图 4 - 29 所示。

凿形犁和左、右培土壁组成一个双向犁体工作面。工作时凿形犁切入土中将土壤铲松挤碎，左、右培土壁紧接着将土翻向两侧，完成培土工作。培土壁用螺栓固定在犁柱上，左、右培土壁的张度由调节臂调节。并且培土梨与开沟犁前后排错开、可减少杂草等堵塞问题。

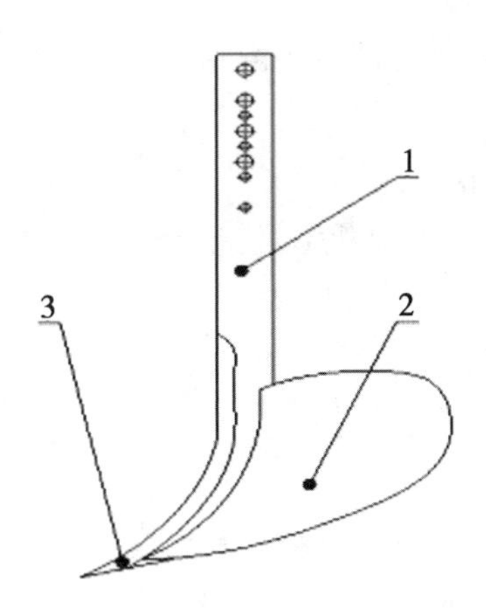

1. 犁柱　2. 左右培土板　3. 凿形犁

图 4 - 29　培土犁结构示意图

（四）技术操作及注意事项

1. 技术操作

启动发动机，升起机具，挂上工作挡，在地头落下机具，把拖拉机的液压手柄放在“浮动”位置，接合动力输出轴动力，挂上工作挡，要柔和地松放离合器踏板，结合动力，使开沟梨逐渐入土直至正常耕深。到达地头时，要在行进中逐渐将整机升起，同时在开沟梨出土后才能切断动力输出轴的动力输出。

正式作业前要进行开沟试作业，调整好开沟的深度；检查机车、机具各部件工作情况及作业质量，发现问题及时解决，直到符合作业要求。

作业中应保持匀速直线行驶，开沟和培土均匀；开沟深度一致，保证不重松、不漏松、不拖堆。

作业时应随时检查作业情况，发现开沟犁前有浮草堵塞应及时停车清除，作业中不容许有堵塞物架起机架现象；开沟犁尖严重磨损，影响机具入土深度时，应及时更换。

每个班次作业后，应对开沟机械进行保养；清除机具上的泥土和杂草，检查各连接件紧固情况，向各润滑点加注润滑油，并向万向节处加注黄油。

2. 注意事项

在地头转弯与倒车时必须提升机具，使开沟犁离开地面，未提升机具前不得转弯。

倒车时应注意地表设施（如电信线路警示桩、电杆拉线、农田灌溉出水口等）。不可使开沟犁部分在土壤内强行转弯，掉头后要把拖拉机对正作业前进方向才可以降落开沟犁前进。

作业时施肥机上严禁坐人。

开沟作业中，若发现机车负荷突然增大，应立即停车，找出原因，及时排除故障。

运输或转移地块时必须将机具升起到安全运输状态。

机组穿越村庄时须减速慢行，注意观察周围情况。

机具不能在悬空状态下进行维修和调整，维修和调整时机具必须落地或加以可靠的支撑，拖拉机必须熄火。

严禁先人土再结合动力输出轴，严禁开沟犁入土作业时转弯、倒车，否则有可能导致机具的损坏。

（五）施肥机的维护与保养

正确地进行维护和保养，是确保机具正常运转、提高功效、延长使用寿命的重要措施。

检查、拧紧各连接螺栓、螺母。

检查各部位的插销、开口销有无缺损，必要时更换新件。

检查齿轮油，不够时应添加至规定油位，如变质，则应更换。

检查螺栓是否松动及变形，应补齐、拧紧及更换。

检查施肥箱是否松动，如有应拧紧。

检查有无漏油现象，必要时更换纸垫或油封。

检查万向节是否因滚针磨损而松动，有泥土、扳动不灵活的应拆开，清洗后装复并涂黄油。

检查传动系统各部位轴承、油封、若失效应拆开清洗更换新件，加足润滑油。

换季停止使用时彻底清除机具的油泥，表面涂油漆，以防锈蚀。

去掉工作部件表面上的泥土和杂草。

机具最好停放与室内或盖于室外，最好用木头垫起，并做好防晒、防御、防潮措施。

（六）效益分析

对甘蔗中耕施肥培土机技术经济指标分析如下：人畜作业成本按效率 2 亩/天，每人每天劳务费100元，人畜作业成本则约为50元/亩。

甘蔗中耕施肥培土机作业，每天作业8h，作业小时生产率为0.25hm^2/h，每天可中耕面积2hm^2，即30亩，单位面积燃油消耗量约6kg/hm^2，柴油8.0元/kg，则燃油费用为96元/天。每天人工费用：每人每天100元，5人配合作业共500元，则人工费为500元/天，两项综合的直接作业成本约596元/天，即约20元/亩。

每台设备1.0万元，小拖拉机4.0万元，如使用年限按5年计算，设备年折旧费用1.0万元，年工作时间100d，每天折旧费用是100元，每天管理和维修费按50元计，合计总费用150元，每天中耕面积30亩，则折旧和维修等费用约为5元/亩。

总计机械化作业成本是25元/亩，约为人畜作业成本的50%，节省作业开支25元/亩，年工作100天，则年作业面积3 000亩，则每台设备与人畜作业相比，年节省作业成本开支约7.5万元。

如按每亩收费40元计，每台设备每年增收为（40～25）元/亩×3 000亩＝45 000元，也即购置设备（包括小型拖拉机）一年多可收回投资了。因此，实施机械化施肥和人畜作业相比，工效约提高了20倍，降低作业成本50%，且化肥深施，约提高肥料率8%，保证培土质量，可减少甘蔗倒伏现象，一般能提高甘蔗产量4%，从而提高种植甘蔗效益，促进甘蔗产业可持续发展。

我国甘蔗种植面积约2 500万亩，主要分布在广东、广西、云南、海南等省区，综合全国约有45%的蔗田适宜机械化中耕管理。按每台甘蔗中耕施肥培土机年作业面积3 000亩计，全国约需要3 750台甘蔗中耕施肥培土机，推广前景广阔。

主要参考文献

[1] 赵大勇，许春林，刘显耀，等.1ZML－210深松型联合整地机的研制［J］.黑龙江八一农垦大学学报，2011，23（6）：12－14.

[2] 韩秀芳，高勇，谢宏昌，等.机械深松联合整地技术的作用及效益分析［J］.农机使用与维修，2010（1）：31－33.

[3] 莫荣旭.广西甘蔗机械化［M］.南宁：广西科学技术出版社，2015.

[4] 郑超，廖宗文，谭中文，等.深松对雷州半岛甘蔗产量的影响及作用机理研究［J］.土壤通报，2004，35（6）.

[5] 鲁力群.深松旋耕沟播联合作业机试验研究［D］.北京：中国农业大学，2004.

[6] 中国农业机械化科学研究院.农业机械设计手册（上册）［M］.北京：中国农业科学技术出版社，2007.

[7] 韦丽娇，董学虎，李明，等.1SG－230型甘蔗地深松旋耕联合作业机的设计［J］.广东农业科学，2013，40（13）：177－179.

[8] 覃双眉，韦丽娇，黄敞，等.2CLF－1型宿根甘蔗平茬破垄覆膜机的设计与试验［J］.广东农业科学，2015，42（4）：157－161.

[9] 广西农业厅糖料作物处."双高"甘蔗生产机械化技术［J］.农业开发与装

备，2007（12）：43－45.
［10］ 韦代荣．推广宿根蔗地膜覆盖机械化技术的必要性［J］．广西农业机械化，2013（3）：12.
［11］ 刘连军，黎萍，李恒锐，等．宿根甘蔗地膜覆盖试验研究［J］．中国热带农业，2013（1）：48－49.
［12］ 王贵华．浅谈四川甘蔗宿根高产栽培的几个技术关键［J］．亚热带农业研究，2005（4）：42－44.
［13］ 王贵华．霜冻蔗区宿根蔗膜前处理［J］．中国糖业，1999（1）：46－47.
［14］ 刘建荣，谭雪广，刘胜利，等．华海公司推广蔗叶还田与机施石灰土壤改良效果初报［J］．中国作物学会甘蔗专业委员会第15次学术研讨会，2014：29－33.
［15］ 陆绍德．3GDS－3型甘蔗多功能施肥机研制与推广应用［J］．现代农业装备，2005（2）：101－104.
［16］ 陈建国．机引甘蔗多功能施肥机［J］．热带农业工程，2002（2）：7－11.
［17］ 彭志强．甘蔗宿根深耕覆膜机［P］．中国专利：CN2011201120522813.9.2013－01－12.
［18］ 广西扶南东亚糖业有限公司．宿根蔗破垄施肥覆膜机［P］．中国专利：CN201120076559.4.2011－10－19.
［19］ 董学虎，卢敬铭，李明，等．3ZSP－2型中型多功能甘蔗施肥培土机的结构设计［J］．广东农业科学，2013（15）：180－182.
［20］ 王晓铭，莫建霖．甘蔗生产机械化现状及相关问题的思考［J］．农机化研究，2012（10）：6－11.
［21］ 张婷，李明，汪春，等．多功能甘蔗中耕施肥培土机传动装置的设计［J］．广东农业科学，42（20）：140－144.

附录　相关机具技术标准

ICS 65.060.50
B 91
备案号：QB/440800651189-2015

Q/RJ01

中国热带农业科学院农业机械研究所企业标准

Q/RJ06—2015

甘蔗叶粉碎还田机

Sugarcane leaf Shattering and returning machine

2015-11-30 发布　　2015-12-8 实施

中 国 热 带 农 业 科 学 院 农 业 机 械 研 究 所　发布

前　言

本标准由中国热带农业科学院农业机械研究所提出。

本标准起草单位：中国热带农业科学院农业机械研究所。

本标准主要起草人：李明，王金丽，韦丽娇，邓怡国。

本标准发布时间：2014 年 10 月 08 日。

本标准实施时间：2014 年 10 月 18 日。

甘蔗叶粉碎还田机

1 范围

本标准规定了甘蔗叶粉碎还田机的产品型号和主要技术参数、技术要求、试验方法、检验规则及标志、包装、运输、贮存等要求。

本标准适用于以拖拉机为配套动力的后悬挂式甘蔗叶粉碎还田机。

2 规范性引用文件

下列文件中的条款通过本标准的引用而成为本标准的条款。凡是注日期的引用文件，其随后所有的修改单（不包括勘误的内容）或修订版均不适用于本标准，然而，鼓励根据本标准达成协议的各方研究是否可使用这些文件的最新版本。凡是不注日期的引用文件，其最新版本适用于本标准。

GB 10396 农林拖拉机和机械、草坪和园艺动力机械 安全标志和危险图形 总则

GB 10395.1 农林拖拉机和机械 安全技术条件 第1部分 总则

GB 2828.1 计数抽样检验程序 第1部分：按接收质量限（AQL）检索的逐批检验抽样计划

GB 1592 农业拖拉机动力输出轴

GB 1184—1996 形状和位置公差 未注公差值

GB 986 埋弧焊焊缝坡口的基本形式和尺寸

GB 985 气焊、手工电弧焊及气体保护焊焊缝坡口的基本形式和尺寸

GB/T 13306 标牌

GB/T 10412—1989 普通V带轮

GB/T 5118 低合金碳钢焊条

GB/T 5117 碳钢焊条

GB/T 699 优质碳素结构钢

JB/T 9832.2 农林拖拉机及机具漆膜附着力性能测定法 压切法

JB/T 9050.1 圆柱齿轮减速器通用技术条件

JB/T 5673 农林拖拉机及机具涂漆 通用技术条件

3 产品型号和主要技术参数

3.1 产品型号规格编制方法

产品型号由产品类别代号、机名代号和主要参数组成。

产品类别代号：粉碎还田机为 1。

机名代号用甘蔗、叶、粉碎中首个汉字（甘、叶、粉）拼音开头的大写字母表示。

主要参数是以工作幅宽（cm）表示。

3.2 产品型号表示方法

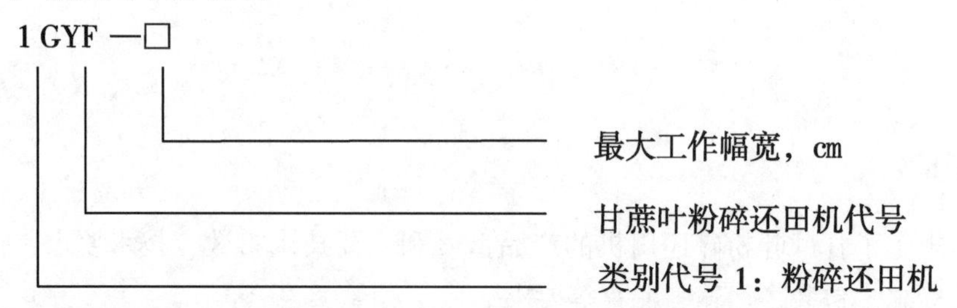

示例：1GYF—150 表示甘蔗叶粉碎还田机，其工作幅宽为 150cm。

3.3 技术参数

——配套动力，kW　　36 ~ 73

——整机质量，kg　　650

——工作刀辊转速，r/min　　1850

——工作刀辊回转半径，mm　　280

——最大工作幅宽，cm　　150 ~ 200

——悬挂方式　　三点后悬挂

4 技术要求

4.1 一般要求

4.1.1 甘蔗叶粉碎还田机应按本标准要求，并按照规定程序批准的图样及技术文件制造，有特殊要求时供需双方另行协议，并在产品图样中注明。

4.1.2 甩刀能自由回转，不应有阻滞现象。

4.1.3 所有锁销应固定可靠，所有紧固件应紧固可靠。

4.1.4 空载试验轴承温升不应超过 40℃，最高温度不应超过 70℃。负载试验轴承温升不应超过 45℃，最高温度不应超过 75℃。减速器不应有漏油现象，润滑油最高温度不应超过 70℃。

4.1.5 使用可靠性不小于 90%。

4.1.6 空载试验应在额定转速下连续运转时间不少于 1h。

4.1.7 负载试验应在额定转速及连续工作的条件下，作业时间不少于 1h。

4.2 技术性能指标

——作业小时生产率：≥0.15hm^2/h

——捡拾率：≥95%

——粉碎率（粉碎后长度≤20cm 之叶段的比例）：≥80%

——单位面积耗油量：≤35kg/hm^2

4.3 零部件质量

4.3.1 甩刀

甩刀材料性能应不低于 GB/T 699 中 45 号钢的要求。

甩刀工作表面硬度为 40 HRC ~ 50HRC。

甩刀刀刃焊耐磨材料。

4.3.2　定刀

定刀材料性能应不低于 GB/T 699 中 45 号钢的要求。

4.3.3　刀辊轴

刀辊轴各轴承位同轴度公差应不低于 GB/T 1184—1996 规定的 8 级精度，其余各轴颈同轴度公差应不低于 9 级精度要求。

4.3.4　减速器

减速器质量应符合 JB/T 9050.1 的规定。

4.4　刀辊轴平衡试验

4.4.1　刀辊轴应进行静平衡试验。

4.4.2　刀辊轴应进行动平衡试验，平衡精度为 G6.3 级。

4.4.3　同类甩刀单把之间的质量差不超过 10g。

4.5　外观和涂漆质量

4.5.1　机械表面不应有图样未规定的凸起、凹陷、粗糙不平或其他损伤等缺陷。

4.5.2　外露的焊缝应修整。

4.5.3　外表面应涂漆，表面涂漆质量应不低于 JB/T 5673 中普通耐候涂层的 ~ 规定，油漆层应均匀，无皱纹、明显流痕、漏漆现象，色泽应一致；明显的起泡起皱不应多于 3 处。

4.5.4　漆膜的附着力应为 JB/T 9832.2 中规定的 2 级 3 处。

4.6　焊接质量

4.6.1　焊接件坡口、板件拼装的极限偏差和焊缝的尺寸应符合 GB 985 和 GB 986 的规定。

4.6.2　焊接用的焊条应符合 GB 5117 和 GB 5118 的规定。

4.6.3　焊接应牢固可靠，焊缝表面应呈现均匀的细鳞状，边棱、夹角处应光滑，不应有裂纹（包括母材）、夹渣、气孔、焊缝间断、弧坑、虚焊及咬边现象。

4.6.4　刀座与刀轴焊合处不应有脱焊现象。

4.7　装配质量

4.7.1　应按图样要求和装配工艺规程进行装配，所有零件和部件（包括外协件）都应符合质量要求。

4.7.2　对各零件和部件均应清洗干净，机械内部不应有切屑和其他污物。

4.7.3　V 带轮结构应符合 GB 10412 的规定，两 V 带轮宽对称面的偏移量应不大于两轮中心距 0.5%。

4.7.4　转动部位的零部件应运转灵活、平稳，无阻滞现象，无异常声响。

4.7.5　装配后甩刀与定刀间的间隙应保证不小于 10mm。

4.7.6　动力输出轴符合 GB 1592 的规定。

4.7.7 万向节传动总成：内、外传动轴应能保证在最高位置时不顶死，在工作状态时的接合长度不小于150mm。

4.7.8 用手动转甩刀轴不应有卡滞和碰撞现象。

4.8 安全防护要求

4.8.1 产品设计应按GB 10395.1规定，满足安全要求。

4.8.2 应在危险部件标注永久性危险警告安全标志，其标志应符合GB 10396的规定，标志有：警告，维修时必需停机。

4.8.3 粉碎甩刀工作部件的顶部、前部和后部均应有防护罩，防护罩应安全可靠。

4.8.4 V带轮等外露的回转件应设置防护罩，防护罩应安全可靠。

5 试验方法

5.1 试验方法

产品质量试验方法应按照经规定程序批准的有关技术文件的要求进行。

5.2 空载试验

5.2.1 空载试验应在总装配检验合格后进行。

5.2.2 空载试验应按表1的规定执行。

表1 空载试验项目和方法

序号	试验项目	试验方法	标准要求
1	转动的灵活性和声响	感 官	转动应平稳，无异常声响
2	防护安全	目 测	外露转动部件应装防护罩、有警示标志
3	甩刀自由回转情况	目 测	能自由回转，无阻滞现象
4	锁销和螺栓紧固情况	目 测	紧固可靠
5	轴承温升	试验结束时即用温度计测定	≤40℃

5.3 负载试验

5.3.1 负载试验应在空载试验合格后进行。

5.3.2 负载试验的甘蔗田块应有代表性，其长度应不小于30m。

5.3.3 试验用甘蔗叶含水率应不大于25%。

5.3.4 负载试验应按表2的规定进行。

表 2　负载试验项目和方法

序号	试验项目	试验方法	标准要求
1	转动的灵活性和声响	感官	转动应平稳，无异常声响
2	防护安全	目　测	外露转动部件应装防护罩、有警示标志
3	轴承温升	试验结束时即用温度计测定	≤45℃
4	作业小时生产率	测定单位时间的作业面积	≥0.15hm^2/h
5	捡拾率和粉碎率	捡拾率：计算单位面积内已捡拾的蔗叶与蔗叶总量之比；粉碎率：计算粉碎后长度≤20cm的蔗叶与蔗叶总量之比。	捡拾率：≥95%； 粉碎率：≥80%
6	单位面积耗油量	测定单位面积的耗油量	≤35kg/hm^2

6　检验规则

6.1　出厂检验

6.1.1　产品出厂需经产品质量检验部门检验合格，并签发产品合格证后方可出厂。

6.1.2　出厂检验应实行全检，其检验项目及要求为：

——外观和油漆质量应符合 4.5 的规定；

——装配质量应符合 4.7 的规定；

——安全防护应符合 4.8 的规定；

——空载试验应符合 5.2 的规定。

6.1.3　用户有要求时，可进行负载试验，负载试验应符合 5.3 的规定。

6.2　型式检验

6.2.1　有下列情况之一时应对产品进行型式检验：

——新产品或老产品转厂生产；

——正式生产后，结构、材料、工艺等有较大改变，可能影响产品性能；

——正常生产时，定期或周期性抽查检验；

——产品长期停产后恢复生产；

——出厂检验结果与上次型式检验有较大差异；

——质量监督机构提出进行型式检验要求。

6.2.2　型式检验应实行抽检，抽样按 GB/T 2828.1 中正常检查一次抽样方案。

6.2.3　样品应在六个月内生产的产品中随机抽取。抽样检查批量应不少于 3 台（件），样本大小为 2 台（件）。

6.2.4　样品应在生产企业成品库或销售部门抽取，零部件在零部件成品库或装配线上已检验合格的零部件中抽取。

6.2.5　检验项目、不合格分类见表 3。

6.2.6　判定规则

评定时采用逐项检验考核，A、B、C 各类的不合格总数小于等于 Ac 为合格，大于等于 Re 为不合格。A、B、C 各类均合格时，该批产品为合格品，否则为不合格品。

表 3　型式检验项目、不合格分类和判定规则

<table>
<tr><th>不合格分类</th><th>检验项目</th><th>样本数</th><th>项目数</th><th>检查水平</th><th>样本大小字码</th><th>AQL</th><th>Ac</th><th>Re</th></tr>
<tr><td>A</td><td>1. 作业小时生产率
2. 捡拾率和粉碎率
3. 使用可靠性</td><td rowspan="3">2</td><td>3</td><td rowspan="3">S－I</td><td rowspan="3">A</td><td>6.5</td><td>0</td><td>1</td></tr>
<tr><td>B</td><td>1. 刀辊轴动平衡
2. 轴承温升、减速器油温及渗漏情况
3. 防护安全
4. 甩刀质量
5. 轴承与孔、轴配合尺寸</td><td>5</td><td>25</td><td>1</td><td>2</td></tr>
<tr><td>C</td><td>1. V 带轮装配质量
2. 甩刀与定刀间隙
3. 漆膜附着力
4. 外观质量
5. 标志和技术文件</td><td>5</td><td>40</td><td>2</td><td>3</td></tr>
</table>

注：AQL 为合格质量水平，Ac 为合格判定数，Re 为不合格判定数。

7　标志、包装、运输、贮存及技术文件

7.1　标志

产品应在明显部位固定标牌，标牌应符合 GB/T 13306 的规定。标牌上应包括产品名称、型号、技术规格、制造厂名称、商标、出厂编号、出厂年月等内容。

7.2　包装

7.2.1　产品在包装前应在机件和工具的外露加工面上涂防锈剂，主要零部件的加工面应包防潮纸，在正常运输和保管情况下，防锈的有效期自出厂之日起应不少于 6 个月。

7.2.2　产品可整体装箱，也可分部件包装，产品零件、部件、工具和备件应固定在箱内。

7.2.3　包装箱应符合运输和装载要求，箱内应铺防水材料。包装箱外应标明收货单位及地址、产品名称及型号、制造厂名称及地址、包装箱尺寸（长 × 宽 × 高）、毛重等。还应有“不得倒置”、“向上”、“小心轻放”、“防潮”和“吊索位置”等标志。

7.3　运输和贮存

产品在运输过程中，应保证整机和零部件及随机配件、工具不受损坏。产品应贮存在干燥、通风的仓库内，并注意防潮，避免与酸、碱、农药等有腐蚀性物质混放，在室外临时贮放时应有遮篷。

7.4　随机技术文件

每台产品应提供下列技术文件：

——产品使用说明书；

——产品合格证；

——装箱单（包括附件及随机工具清单）。

ICS 65.060.20
B 91
备案号：QB440800650157-2013

Q/RJ01

中国热带农业科学院农业机械研究所企业标准

Q/RJ01—2013

甘蔗地深松旋耕联合作业机

2013-03-08 发布　　2013-03-15 实施

中 国 热 带 农 业 科 学 院 农 业 机 械 研 究 所　发布

前　言

本标准按照 GB/T 1.1—2009 给出的规则起草。

本标准由中国热带农业科学院农业机械研究所提出。

本标准起草单位：中国热带农业科学院农业机械研究所、徐闻县曲界友好农具厂。

本标准主要起草人：李明，韦丽娇，李少龙、王金丽，邓怡国，董学虎，卢敬铭。

甘蔗地深松旋耕联合作业机

1　范围

本标准规定了甘蔗地深松旋耕联合作业机的产品型号和主要技术参数、技术要求、试验方法、检验规则及标志、包装、运输、贮存等要求。

本标准适用于与轮式拖拉机配套的深松和驱动旋耕型组合的深松旋耕联合作业机。其他型式的深松整地联合作业机及深松机具可参照执行。

2　规范性引用文件

下列文件对于本文件的应用是必不可少的。凡是注日期的引用文件，仅所注日期的版本适用于本文件。凡是不注日期的引用文件，其最新版本（包括所有的修改单）适用于本文件。

GB/T 13306 标牌

GB 10396 农林拖拉机和机械、草坪和园艺动力机械 安全标志和危险图形 总则

GB 10395.1 农林拖拉机和机械 安全技术条件 第1部分 总则

GB 2828.1 计数抽样检验程序 第1部分：按接收质量限（AQL）检索的逐批检验抽样计划

GB 1592 农业拖拉机动力输出轴

GB 1184 形状和位置公差 未注公差值

GB/T 17126 农业拖拉机和机械 动力输出万向节传动轴和动力输入连接装置的位置

GB/T 5118 低合金碳钢焊条

GB/T 5117 碳钢焊条

GB/T 3077 合金结构钢

GB/T 985.2 埋弧焊的推荐坡口

GB/T 985.1 气焊、焊条电弧焊、气体保护焊和高能束焊的推荐坡口

GB/T 699 优质碳素结构钢

JB/T 9832.2 农林拖拉机及机具漆膜附着力性能测定法 压切法

JB/T 9050.1 圆柱齿轮减速器通用技术条件

JB/T 5673 农林拖拉机及机具涂漆　通用技术条件

3　产品型号和主要技术参数

3.1　产品型号规格编制方法

产品型号由产品类别代号、机名代号和主要参数组成。

产品类别代号：深松整地机为 1。

机名代号用深松、旋耕中的汉字（深、耕）拼音开头的大写字母表示。

主要参数是以工作幅宽（cm）表示。

3.2 产品型号表示方法

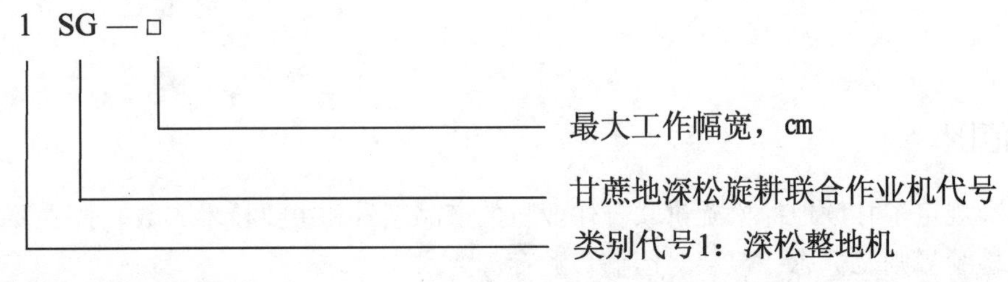

示例：

1SG－230 表示甘蔗地深松旋耕联合作业机，其工作幅宽为 230cm。

3.3 技术参数

——配套动力，kW	73.5～102.9
——整机质量，kg	650
——工作刀辊转速，r/min	225
——工作刀辊回转半径，mm	240
——最大工作幅宽，cm	230
——悬挂方式	三点后悬挂

4 技术要求

4.1 一般要求

4.1.1 甘蔗地深松旋耕联合作业机应按本标准要求，并按照规定程序批准的图样及技术文件制造，有特殊要求时供需双方另行协议，并在产品图样中注明。

4.1.2 所有锁销应固定可靠，所有紧固件应紧固可靠。

4.1.3 空载试验轴承温升不应超过 40℃，最高温度不应超过 70℃。负载试验轴承温升不应超过 45℃，最高温度不应超过 75℃。减速器不应有漏油现象，润滑油最高温度不应超过 70℃。

4.1.4 可用度（使用可靠性）不小于 90%。

4.1.5 空载试验应在额定转速下连续运转时间不少于 1h。

4.1.6 负载试验应在额定转速及连续工作的条件下，作业时间不少于 1h。

4.2 技术性能指标

——纯工作小时生产率：≥0.20hm²/h

——深松深度：≥35cm

——深松深度稳定性：≥90%

——旋耕深度：≥8cm

——旋耕深度稳定性：≥85%

——碎土率：（≤5cm 土块）≥75%

——耕后地表平整度：≤5cm

——单位面积耗油量：≤35kg/hm^2

4.3 零部件质量

4.3.1 旋耕刀

应采用力学性能不低于 GB/T 699 中规定的 65Mn 钢材料制造，并须经热处理，刃口淬火区热处理硬度为 48HRC～54HRC，非淬火区硬度不低于 32HRC。

4.3.2 齿轮轴及花键轴

4.3.2.1 动力输入轴伸出端花键的基本尺寸应符合 GB/T 1592 中的规定，表面应进行热处理，硬度为 50HRC～55HRC。

4.3.2.2 齿轮轴及花键轴应用 GB/T 3077 规定的 40Cr 材料制造，允许采用与上述材料品质相当的材料制造。齿轮轴及花键轴需进行调质处理，调质硬度 240HB～269HB。

4.3.3 刀辊轴

刀辊轴各轴承位同轴度公差应不低于 GB/T 1184 规定的 8 级精度，其余各轴颈同轴度公差应不低于 GB/T 1184 规定的 9 级精度要求。

4.3.4 减速器

减速器质量应符合 JB/T 9050.1 的规定。

4.3.5 万向节传动总成

万向节传动轴和动力输入连接装置应符合 GB/T 17126 中的有关规定。

4.4 外观和涂漆质量

4.4.1 机械表面不应有图样未规定的凸起、凹陷、粗糙不平或其他损伤等缺陷。

4.4.2 外露的焊缝应修整。

4.4.3 外表面应涂漆，表面涂漆质量应不低于 JB/T 5673 中普通耐候涂层的规定，油漆层应均匀，无皱纹、明显流痕、漏漆现象，色泽应一致；明显的起泡起皱不应多于 3 处。

4.4.4 漆膜的附着力应为 JB/T 9832.2 中规定的 2 级 3 处。

4.5 焊接质量

4.5.1 焊接件坡口、板件拼装的极限偏差和焊缝的尺寸应符合 GB 985.1 和 GB 986.2 的规定。

4.5.2 焊接用的焊条应符合 GB 5117 和 GB 5118 的规定。

4.5.3 焊接应牢固可靠，焊缝表面应呈现均匀的细鳞状，边棱、夹角处应光滑，不应有裂纹（包括母材）、夹渣、气孔、焊缝间断、弧坑、虚焊及咬边现象。

4.5.4 刀座与刀轴焊合处不应有脱焊现象。

4.6 装配质量

4.6.1 应按图样要求和装配工艺规程进行装配，所有零件和部件（包括外协件）应经检验合格。

4.6.2 对各零件和部件均应清洗干净，机械内部不应有切屑和其他污物。

4.6.3 转动部位的零部件应运转灵活、平稳，无阻滞现象，无异常声响。

4.6.4　万向节传动总成：内、外传动轴应能保证在最高位置时不顶死，在工作状态时的接合长度不小于150㎜。

4.7　安全防护要求

4.7.1　产品设计应按GB 10395.1规定，满足安全要求。

4.7.2　应在危险部件标注永久性危险警告安全标志，其标志应符合GB 10396的规定，标志有：警告，维修时必需停机。

4.7.3　旋耕刀工作部件的顶部和后部均应有防护板，防护板应安全可靠。

5　试验方法

5.1　试验方法

试验方法应按照经规定程序批准的有关技术文件的要求进行。

5.2　空载试验

空载试验应在总装配检验合格后进行。

空载试验应按表1的规定执行。

表1　空载试验项目和方法

序号	试验项目	试验方法	要求
1	转动的灵活性和声响	感　官	4.6.3
2	防护安全	目　测	4.7
3	锁销和螺栓紧固情况	目　测	4.1.2
4	轴承温升	试验结束时即用温度计测定	4.1.3

5.3　负载试验

5.3.1　负载试验应在空载试验合格后进行。

5.3.2　在待测试的几种参数（如深松深度等）中，使其中任一参数作某一次量的变动称为一个工况，同一工况测试不少于三个行程。

5.3.3　试验田块各处的试验条件基本相同；田块应满足各测试项目的测定要求；测试区长度不少于20m，并有适当的稳定区。

5.3.4　负载试验项目和要求见表2。

表2　负载试验项目和要求

序号	试验项目	要求
1	转动的灵活性和声响	4.6.3
2	防护安全	4.7
3	轴承温升	4.1.3
4	纯工作小时生产率	4.2

（续表）

序号	试验项目	要求
5	深松深度及其稳定性	4.2
6	旋耕深度及其稳定性	4.2
7	碎土率	4.2
8	耕后地表平整度	4.2
9	单位面积耗油量	4.2

5.3.5　负载试验相关项目检测方法的规定

5.3.5.1　深松深度及其稳定性

每隔2m测定一点，每行程测定不少于10点，测定每点深度。并按如下计算公式计算深松深度平均值及其稳定性系数。

A 行程的深松深度平均值

$$a_j = \frac{\sum_{i=1}^{n_j} a_{ji}}{n_j} \tag{1}$$

式中：

a_j ——第 j 行程的深松深度平均值；

a_{ji} ——第 j 行程中第 i 个测定点的深度值；

n_j ——第 j 行程中测定点数。

B 工况的深松深度平均值

$$a = \frac{\sum_{j=1}^{N} a_j}{N} \tag{2}$$

式中：

a ——工况的深松深度平均值；

N ——同一工况中的行程数。

C 行程的深松深度稳定性系数

$$S_j = \sqrt{\frac{\sum_{i=1}^{n_j} (a_{ji} - a_j)^2}{n_j - 1}} \tag{3}$$

$$V_j = \frac{S_j}{a_j} \times 100\% \tag{4}$$

$$U_j = V_j \tag{5}$$

式中：

S_j ——第 j 行程的深松深度标准差，单位为厘米（cm）；

V_j ——第 j 行程深松深度变异系数，%；

U_j——第 j 行程深松深度稳定系数,%。

D 工况的深松深度稳定性系数

$$S = \sqrt{\frac{\sum_{j=1}^{N} S_j^2}{N}} \quad (6)$$

$$V = \frac{S}{a} \times 100\% \quad (7)$$

$$U = 1 - V \quad (8)$$

式中:

S——工况的深松深度标准差，单位为厘米（cm）;

V——工况的深松深度变异系数,%;

U——工况的深松深度稳定系数,%。

5.3.5.2　旋耕深度及其稳定性

与深松深度测定相同。并按本标准中 5.3.4.1 中相关的计算公式计算旋耕深度平均值及其稳定性系数。

5.3.5.3　碎土率

五点法测定，每点取 0.5m×0.5m 的面积，测定小于 5cm 的土块质量占总质量的百分比。

$$G_q = \frac{N_h}{N_a} \times 100\% \quad (9)$$

式中:

G_q——碎土率,%;

N_h——小于 5cm 的土块质量，单位为千克（kg）;

N_a——测定区内土块总质量，单位为千克（kg）。

5.3.5.4　纯工作小时生产率

在正常作业条件下测定 1h 左右时间的作业面积（时间精确到"s"），测定三次，取平均值。

$$E = \frac{Q}{T} \quad (10)$$

式中:

E——纯工作小时生产率，单位为公顷每小时（hm^2/h）;

Q——测定时间内作业面积，单位为公顷（hm^2）;

T——工作时间，单位为小时（h）。

5.3.5.5　单位面积耗油量

在生产率测定的同时进行，测定三次，取三次测定的算术平均值，结果精确到"$0.1kg/hm^2$"。按式（11）计算:

$$G_n = \frac{\sum G_{nz}}{\sum Q} \quad (11)$$

式中：

G_n ——单位面积耗油量，单位为千克每公顷（kg/hm^2）；

G_{nz} ——测定时间内耗油量，单位为千克（kg）。

5.3.5.6　耕后地表平整度

五点法测定。在每点过耕后地表线的最高点，垂直于机组前进方向作一水平直线为基准线，取略大于一个机耕幅宽的宽度，分成10等分，并在等分点上作垂线与地表线相交，量出地表线上各交点至基准线的距离，以平均值表示该点的平整度。最后求出5点的平均值即为耕后地表平整度。

6　检验规则

6.1　出厂检验

6.1.1　产品出厂需经产品质量检验部门检验合格，并签发产品合格证后方可出厂。

6.1.2　出厂检验应实行全检，其检验项目及要求为：

——外观和油漆质量应符合4.5的规定；

——装配质量应符合4.7的规定；

——安全防护应符合4.8的规定；

——空载试验应符合5.2的规定。

6.1.3　用户有要求时，可进行负载试验，负载试验应符合5.3的规定。

6.2　型式检验

6.2.1　有下列情况之一时应对产品进行型式检验：

——新产品或老产品转厂生产；

——正式生产后，结构、材料、工艺等有较大改变，可能影响产品性能；

——正常生产时，定期或周期性抽查检验；

——产品长期停产后恢复生产；

——出厂检验结果与上次型式检验有较大差异；

——质量监督机构提出进行型式检验要求。

6.2.2　型式检验应实行抽检，抽样按GB/T 2828.1中正常检查一次抽样方案。

6.2.3　样品应在12个月内生产的产品中随机抽取。抽样检查批量应不少于3台，样本大小为2台。

6.2.4　样品应在生产企业成品库或销售部门抽取，零部件在零部件成品库或装配线上已检验合格的零部件中抽取。

6.2.5　检验项目、不合格分类见表3。

6.2.6　判定规则

评定时采用逐项检验考核，A、B、C各类的不合格总数小于等于Ac为合格，大于等于Re为不合格。A、B、C各类均合格时，该批产品为合格品，否则为不合格品。

表 3　型式检验项目、不合格分类和判定规则

不合格分类	检验项目	样本数	项目数	检查水平	样本大小字码	AQL	Ac	Re
A	1. 安全防护 2. 深松深度及其稳定性 3. 使用可靠性	2	3	S－I	A	6.5	0	1
B	1. 旋耕深度及其稳定性 2. 碎土率 3. 纯工作小时生产率 4. 耕后地表平整度 5. 单位面积耗油量		5			25	1	2
C	1. 轴承温升、减速器油温及渗漏情况 2. 深松宽度及其稳定性 3. 漆膜附着力 4. 外观质量 5. 标志和技术文件		5			40	2	3

注：AQL 为合格质量水平，Ac 为合格判定数，Re 为不合格判定数。

7　标志、包装、运输、贮存及技术文件

7.1　标志

产品应在明显部位固定标牌，标牌应符合 GB/T 13306 的规定。标牌上应包括产品名称、型号、技术规格、制造厂名称、商标、出厂编号、出厂年月等内容。

7.2　包装

产品在包装前应在机件和工具的外露加工面上涂防锈剂，主要零部件的加工面应包防潮纸，在正常运输和保管情况下，防锈的有效期自出厂之日起应不少于6 个月。

产品可整体装箱，也可分部件包装，产品零件、部件、工具和备件应固定在箱内。

包装箱应符合运输和装载要求，箱内应铺防水材料。包装箱外应标明收货单位及地址、产品名称及型号、制造厂名称及地址、包装箱尺寸（长×宽×高）、毛重等。还应有“不得倒置”、“向上”、“小心轻放”、“防潮”和“吊索位置”等标志。

7.3　运输和贮存

产品在运输过程中，应保证整机和零部件及随机配件、工具不受损坏。产品应贮存在干燥、通风的仓库内，并注意防潮，避免与酸、碱、农药等有腐蚀性物质混放，在室外临时贮放时应有遮篷。

7.4　随机技术文件

每台产品应提供下列技术文件：

——产品使用说明书；

——产品合格证；

——装箱单（包括附件及随机工具清单）。

ICS 65.060.40
B 91
备案号：QB/440800650156-2013

Q/RJ02

中国热带农业科学院农业机械研究所企业标准

Q/RJ02—2013

宿根蔗平茬破垄覆膜联合作业机

2013-03-08 发布 2013-03-15 实施

中 国 热 带 农 业 科 学 院 农 业 机 械 研 究 所 发布

前　　言

本标准按照 GB/T 1. 1—2009 给出的规则起草。

本标准由中国热带农业科学院农业机械研究所提出。

本标准起草单位：中国热带农业科学院农业机械研究所、广西贵港市西江机械有限公司

本标准主要起草人：李明，韦丽娇，黄敞，李日华、王金丽，邓怡国，董学虎，卢敬铭。

宿根蔗平茬破垄覆膜联合作业机

1 范围

本标准规定了宿根蔗平茬破垄覆膜联合作业机的产品型号和主要技术参数、技术要求、试验方法、检验规则及标志、包装、运输、贮存等要求。

本标准适用于与轮式拖拉机配套的宿根蔗平茬破垄覆膜联合作业机。

2 规范性引用文件

下列文件对于本文件的应用是必不可少的。凡是注日期的引用文件，仅所注日期的版本适用于本文件。凡是不注日期的引用文件，其最新版本（包括所有的修改单）适用于本文件。

GB/T 699 优质碳素结构钢

GB/T 985.1 气焊、焊条电弧焊、气体保护焊和高能束焊的推荐坡口

GB/T 985.2 埋弧焊的推荐坡口

GB 1184 形状和位置公差 未注公差值

GB 1592 农业拖拉机动力输出轴

GB 2828.1 计数抽样检验程序 第1部分：按接收质量限（AQL）检索的逐批检验抽样计划

GB/T 3077 合金结构钢

GB/T 5117 碳钢焊条

GB/T 5118 低合金碳钢焊条

GB 10395.1 农林拖拉机和机械 安全技术条件 第1部分 总则

GB 10396 农林拖拉机和机械、草坪和园艺动力机械 安全标志和危险图形 总则

GB/T 13306 标牌

GB/T 17126 农业拖拉机和机械 动力输出万向节传动轴和动力输入连接装置的位置

JB/T 5673 农林拖拉机及机具涂漆 通用技术条件

JB/T 9050.1 圆柱齿轮减速器通用技术条件

JB/T 9832.2 农林拖拉机及机具漆膜附着力性能测定法 压切法

3 产品型号和主要技术参数

3.1 产品型号规格编制方法

产品型号由产品类别代号、机名代号和主要参数组成。

产品类别代号：联合作业机为 2。

机名代号用平茬破垄覆膜中首个汉字（茬、垄、覆）拼音开头的大写字母表示。

主要参数是以作业行数表示。

3.2 产品型号表示方法

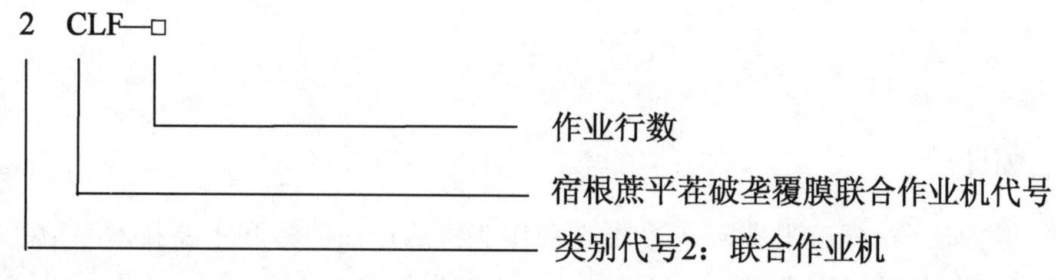

示例：

2 CLF－1 表示宿根蔗平茬破垄覆膜联合作业机，其工作行数为 1 行。

3.3 技术参数

——配套动力，kW	14.7～29.4
——整机质量，kg	380
——工作刀辊转速，r/min	225
——工作刀辊回转半径，mm	240
——工作行数，行	1～3
——悬挂方式	三点后悬挂

4 技术要求

4.1 一般要求

4.1.1 宿根蔗平茬破垄覆膜联合作业机应按本标准要求，并按照规定程序批准的图样及技术文件制造，有特殊要求时供需双方另行协议，并在产品图样中注明。

4.1.2 所有锁销应固定可靠，所有紧固件应紧固可靠。

4.1.3 空载试验轴承温升不应超过 40℃，最高温度不应超过 70℃。负载试验轴承温升不应超过 45℃，最高温度不应超过 75℃。减速器不应有漏油现象，润滑油最高温度不应超过 70℃。

4.1.4 可用度（使用可靠性）不小于 90%。

4.1.5 空载试验应在额定转速下连续运转时间不少于 1h。

4.1.6 负载试验应在额定转速及连续工作的条件下，作业时间不少于 1h。

4.2 技术性能指标

——纯工作小时生产率：≥0.10hm^2/h

——破垄深度：≥5cm

——破垄深度稳定性：≥85%

——施肥均匀度变异系数：≤10%

——施肥断条率：≤3%

——肥料覆盖率：≥85%

——地膜覆盖率：≥85%

——甘蔗头损伤率：≤10%

——单位面积耗油量：≤20kg/hm^2

4.3　零部件质量

4.3.1　破垄旋耕刀

应采用力学性能不低于 GB/T 699 中规定的 65Mn 钢材料制造，刃口淬火区热处理硬度为 48 HRC～54HRC，非淬火区硬度不低于 32HRC。

4.3.2　齿轮轴及花键轴

4.3.2.1　动力输入轴伸出端花键的基本尺寸应符合 GB/T 1592 中的规定，表面应进行热处理，硬度为 50HRC～55HRC。

4.3.2.2　齿轮轴及花键轴应用 GB/T 3077 规定的 40Cr 材料制造，允许采用与上述材料品质相当的材料制造。齿轮轴及花键轴调质硬度为 240 HB～269HB。

4.3.3　刀辊轴

刀辊轴各轴承位同轴度公差应不低于 GB/T 1184 规定的 8 级精度，其余各轴颈同轴度公差应不低于 GB/T 1184 规定的 9 级精度要求。

4.3.4　减速器

减速器质量应符合 JB/T 9050.1 的规定。

4.3.5　万向节传动总成

万向节传动轴和动力输入连接装置应符合 GB/T 17126 中的有关规定。

4.4　外观和涂漆质量

4.4.1　机械表面不应有图样未规定的凸起、凹陷、粗糙不平或其他损伤等缺陷。

4.4.2　外露的焊缝应修整。

4.4.3　外表面应涂漆，表面涂漆质量应不低于 JB/T 5673 中普通耐候涂层的规定，油漆层应均匀，无皱纹、明显流痕、漏漆现象，色泽应一致；明显的起泡起皱不应多于 3 处。

4.4.4　漆膜的附着力应为 JB/T 9832.2 中规定的 2 级 3 处。

4.5　焊接质量

4.5.1　焊接件坡口、板件拼装的极限偏差和焊缝的尺寸应符合 GB 985.1 和 GB 985.2 的规定。

4.5.2　焊接用的焊条应符合 GB 5117 和 GB 5118 的规定。

4.5.3　焊接应牢固可靠，焊缝表面应呈现均匀的细鳞状，边棱、夹角处应光滑，不应有裂纹（包括母材）、夹渣、气孔、焊缝间断、弧坑、虚焊及咬边现象。

4.5.4　刀座与刀轴焊合处不应有脱焊现象。

4.6　装配质量

4.6.1　应按图样要求和装配工艺规程进行装配，所有零件和部件（包括外协件）应经检验合格。

4.6.2　对各零件和部件均应清洗干净，机械内部不应有切屑和其他污物。

4.6.3　转动部位的零部件应运转灵活、平稳，无阻滞现象，无异常声响。

4.6.4　万向节传动总成：内、外传动轴应能保证在最高位置时不顶死，在工作状态时的接合长度不小于150mm。

4.7　安全防护要求

4.7.1　产品设计应按 GB 10395.1 规定，满足安全要求。

4.7.2　应在危险部件标注永久性危险警告安全标志，其标志应符合 GB 10396 的规定，标志有：警告，维修时必需停机。

4.7.3　破垄旋耕刀工作部件的顶部和后部均应有防护板，防护板应安全可靠。

5　试验方法

5.1　试验方法

试验方法应按照经规定程序批准的有关技术文件的要求进行。

5.2　空载试验

5.2.1　空载试验应在总装配检验合格后进行。

5.2.2　空载试验应按表1的规定执行。

表1　空载试验项目和方法

序号	试验项目	试验方法	要求
1	转动的灵活性和声响	感　官	4.6.3
2	防护安全	目　测	4.7
3	锁销和螺栓紧固情况	目　测	4.1.2
4	轴承温升	试验结束时即用温度计测定	4.1.3

5.3　负载试验

5.3.1　负载试验应在空载试验合格后进行。

5.3.2　在待测试的几种参数（如深松深度等）中，使其中任一参数作某一次量的变动称为一个工况，同一工况测试不少于三个行程。

5.3.3　试验田块各处的试验条件基本相同；田块应满足各测试项目的测定要求；测试区长度不少于20m，并有适当的稳定区。

5.3.4　负载试验项目和要求见表2。

表2　负载试验项目和标准要求

序号	试验项目	要求
1	转动的灵活性和声响	4.6.3
2	防护安全	4.7
3	轴承温升	4.1.3

（续表）

序号	试验项目	要求
4	纯工作小时生产率	4.2
5	破垄深度及其稳定性	4.2
6	施肥质量	4.2
7	肥料覆盖率	4.2
8	地膜覆盖率	4.2
9	甘蔗头损伤率	4.2
10	单位面积耗油量	4.2

5.3.5　负载相关试验项目的检测方法

5.3.5.1　破垄深度及其稳定性

每隔 2m 测定一点，每行程测定不少于 10 点，测定每点深度。并按如下计算公式计算破垄深度平均值及其稳定性系数。

A 行程的破垄深度平均值

$$a_j = \frac{\sum_{i=1}^{n_j} a_{ji}}{n_j} \tag{1}$$

式中：

a_j——第 j 行程的破垄深度平均值；

a_{ji}——第 j 行程中第 i 个测定点的深度值；

n_j——第 j 行程中测定点数。

B 工况的破垄深度平均值

$$a = \frac{\sum_{j=1}^{N} a_j}{N} \tag{2}$$

式中：

a——工况的破垄深度平均值；

N——同一工况中的行程数。

C 行程的破垄深度稳定性系数

$$S_j = \sqrt{\frac{\sum_{i=1}^{n_j} (a_{ji} - a_j)^2}{n_j - 1}} \tag{3}$$

$$V_j = \frac{S_j}{a_j} \times 100\% \tag{4}$$

$$U_j = V_j \tag{5}$$

式中：

S_j ——第 j 行程的破垄深度标准差，单位为厘米（cm）；

V_j ——第 j 行程破垄深度变异系数,%；

U_j ——第 j 行程破垄深度稳定系数,%。

D 工况的破垄深度稳定性系数

$$S = \sqrt{\frac{\sum_{j=1}^{N} S_j^2}{N}} \tag{6}$$

$$V = \frac{S}{a} \times 100\% \tag{7}$$

$$U = 1IV \tag{8}$$

式中：

S ——工况的破垄深度标准差，单位为厘米（cm）；

V ——工况的破垄深度变异系数,%；

U ——工况的破垄深度稳定系数,%。

5.3.5.2　施肥均匀度

在平坦的水泥地或其他光洁场地，机具以正常作业速度行驶 20m，取 3 点，每点长度不少于 2m，按每 20cm 划分小段，测定各小段内肥料质量，并按式（6）–式（8）计算施肥均匀度。

5.3.5.3　施肥断条率

长度在 10cm 以上的无肥区段为断条，测定 3m 内断条数和断条长度，并计算断条总长度占 3m 排肥总长度的百分比。测定三次，取平均值。

5.3.5.4　肥料覆盖率

五点法测定，每点取 10m，测定未覆盖肥料的长度占总长度的百分比。

$$S = \frac{S_H}{10} \times 100\% \tag{9}$$

式中：

S——肥料覆盖率,%；

S_H——未覆盖肥料的长度，单位为米（m）。

5.3.5.5　地膜覆盖率

五点法测定，每点取 10m，测定未覆盖泥土地膜长度占总长度的百分比。

$$L = \frac{L_H}{10} \times 100\% \tag{10}$$

式中：

L——地膜覆盖率,%；

L_H——地膜未覆盖泥土的长度，单位为米（m）。

5.3.5.6　甘蔗头损伤率

每行程测定 1 点，每点甘蔗头 200 个，测量每点甘蔗头损伤数量占总甘蔗头数量总数的百分比。取三个行程的平均值。

$$M = \frac{M_S}{200} \times 100\% \tag{11}$$

式中：

M——甘蔗头损伤率，%；

M_s——甘蔗头损伤数量。

5.3.5.7　纯工作小时生产率

在正常作业条件下测定1h左右时间的作业面积（时间精确到“s”），测定三次，取平均值。

$$E = \frac{Q}{T} \tag{12}$$

式中：

E——纯工作小时生产率，单位为公顷每小时（hm^2/h）；

Q——测定时间内作业面积，单位为公顷（hm^2）；

T——工作时间，单位为小时（h）。

5.3.5.8　单位面积耗油量

在生产率测定的同时进行，测定三次，取三次测定的算术平均值，结果精确到“kg/hm^2”。

●●●●●●●●●●　　(13)

式中：

G_n——单位面积耗油量，单位为千克每公顷（kg/hm^2）；

G_{nz}——测定时间内耗油量，单位为千克（kg）。

6　检验规则

6.1　出厂检验

6.1.1　产品出厂需经产品质量检验部门检验合格，并签发产品合格证后方可出厂。

6.1.2　出厂检验应实行全检，其检验项目及要求为：

——外观和油漆质量应符合4.5的规定；

——装配质量应符合4.7的规定；

——安全防护应符合4.8的规定；

——空载试验应符合5.2的规定。

6.1.3　用户有要求时，可进行负载试验，负载试验应符合5.3的规定。

6.2　型式检验

6.2.1　有下列情况之一时应对产品进行型式检验：

a）——新产品或老产品转厂生产；

b）——正式生产后，结构、材料、工艺等有较大改变，可能影响产品性能；

c）——正常生产时，定期或周期性抽查检验；

d）——产品长期停产后恢复生产；

e）——出厂检验结果与上次型式检验有较大差异；

f）——质量监督机构提出进行型式检验要求。

6.2.2　型式检验应实行抽检，抽样按 GB/T 2828.1 中正常检查一次抽样方案。

6.2.3　样品应在 12 个月内生产的产品中随机抽取。抽样检查批量应不少于 3 台，样本大小为 2 台。

6.2.4　样品应在生产企业成品库或销售部门抽取，零部件在零部件成品库或装配线上已检验合格的零部件中抽取。

6.2.5　检验项目、不合格分类见表 3。

表 3　型式检验项目、不合格分类和判定规则

<table>
<tr><th>不合格分类</th><th>检验项目</th><th>样本数</th><th>项目数</th><th>检查水平</th><th>样本大小字码</th><th>AQL</th><th>Ac</th><th>Re</th></tr>
<tr><td>A</td><td>1. 安全防护
2. 施肥质量
3. 可用度（使用可靠性）</td><td rowspan="3">2</td><td>3</td><td rowspan="3">S－I</td><td rowspan="3">A</td><td>6.5</td><td>0</td><td>1</td></tr>
<tr><td>B</td><td>1. 破垄深度及其稳定性
2. 肥料覆盖率
3. 纯工作小时生产率
4. 地膜覆盖率
5. 甘蔗头损伤率</td><td>5</td><td>25</td><td>1</td><td>2</td></tr>
<tr><td>C</td><td>1. 轴承温升、减速器油温及渗漏情况
2. 单位面积耗油量
3. 漆膜附着力
4. 外观质量
5. 标志和技术文件</td><td>5</td><td>40</td><td>2</td><td>3</td></tr>
</table>

注：AQL 为合格质量水平，Ac 为合格判定数，Re 为不合格判定数。

6.2.6　判定规则。评定时采用逐项检验考核，A、B、C 各类的不合格总数小于等于 Ac 为合格，大于等于 Re 为不合格。A、B、C 各类均合格时，该批产品为合格品，否则为不合格品。

7　标志、包装、运输、贮存及技术文件

7.1　标志

产品应在明显部位固定标牌，标牌应符合 GB/T 13306 的规定。标牌上应包括产品名称、型号、技术规格、制造厂名称、商标、出厂编号、出厂年月等内容。

7.2　包装

7.2.1　产品在包装前应在机件和工具的外露加工面上涂防锈剂，主要零部件的加工面应包防潮纸，在正常运输和保管情况下，防锈的有效期自出厂之日起应不少于 6 个月。

7.2.2　产品可整体装箱，也可分部件包装，产品零件、部件、工具和备件应固定在箱内。

7.2.3　包装箱应符合运输和装载要求，箱内应铺防水材料。包装箱外应标明收货单位及地址、产品名称及型号、制造厂名称及地址、包装箱尺寸（长 × 宽 × 高）、毛重等。

还应有“不得倒置”、“向上”、“小心轻放”、“防潮”和“吊索位置”等标志。

7.3　运输和贮存

产品在运输过程中，应保证整机和零部件及随机配件、工具不受损坏。产品应贮存在干燥、通风的仓库内，并注意防潮，避免与酸、碱、农药等有腐蚀性物质混放，在室外临时贮放时应有遮篷。

7.4　随机技术文件

每台产品应提供下列技术文件：

——产品使用说明书；

——产品合格证；

——装箱单（包括附件及随机工具清单）。

ICS 65.060.25
B 91
备案号：QB/4408/00650702-2014

Q/RJ

中国热带农业科学院农业机械研究所企业标准

Q/RJ02—2014

甘蔗中耕施肥培土机

2014-08-01 发布　　2014-08-08 实施

中国热带农业科学院农业机械研究所　发布

前　　言

本标准由中国热带农业科学院农业机械研究所提出。

本标准起草单位：中国热带农业科学院农业机械研究所。

本标准主要起草人：李明，董学虎，邓怡国。

本标准发布时间：2014 年 8 月 1 日。

本标准实施时间：2014 年 8 月 8 日。

甘蔗中耕施肥培土机

1 范围

本标准规定了甘蔗中耕施肥培土机的产品型号和主要技术参数、技术要求、试验方法、检验规则及标志、包装、运输、贮存等要求。

本标准适用于与30－50马力轮式拖拉机配套的甘蔗中耕施肥培土机，也适用于与60马力以上轮式拖拉机配套的大型甘蔗施肥培土机。

2 规范性引用文件

下列文件中的条款通过本标准的引用而成为本标准的条款。凡是注日期的引用文件，其随后所有的修改单（不包括勘误的内容）或修订版均不适用于本标准，然而，鼓励根据本标准达成协议的各方研究是否可使用这些文件的最新版本。凡是不注日期的引用文件，其最新版本适用于本标准。

GB 10396　农林拖拉机和机械、草坪和园艺动力机械 安全标志和危险图形 总则

GB 10395.1　农林拖拉机和机械 安全技术条件 第1部分 总则

GB 2828.1　计数抽样检验程序 第1部分：按接收质量限（AQL）检索的逐批检验抽样计划

GB 1592　农业拖拉机动力输出轴

GB 1184　形状和位置公差 未注公差值

GB/T 985.2　埋弧焊的推荐坡口

GB/T 985.1　气焊、焊条电弧焊、气体保护焊和高能束焊的推荐坡口

GB/T 699　优质碳素结构钢

GB/T 17126　农业拖拉机和机械 动力输出万向节传动轴和动力输入连接装置的位置

GB/T 13306　标牌

GB/T 5668　旋耕机

GB/T 5118　低合金碳钢焊条

GB/T 5117　碳钢焊条

GB/T 3077　合金结构钢

JB/T 9832.2　农林拖拉机及机具漆膜附着力性能测定法 压切法

JB/T 9050.1　圆柱齿轮减速器通用技术条件

JB/T 5673　农林拖拉机及机具涂漆　通用技术条件

3　产品型号和主要技术参数

3.1　产品型号规格编制方法

产品型号由产品类别代号、机名代号和主要参数组成。

产品类别代号：施肥机为3。

机名代号用甘蔗施肥培土中首个汉字（甘、施、培）拼音开头的大写字母表示。

主要参数是以作业行数表示。

3.2　产品型号表示方法

示例：

3ZSP－2 表示甘蔗中耕施肥培土机，其工作行数为2行。

3.3　技术参数

——配套动力，kW	14.7～29.4
——整机质量，kg	300
——工作刀辊转速，r/min	225
——工作刀辊回转半径，mm	240
——工作行数，行	2～3
——悬挂方式	三点后悬挂

4　技术要求

4.1　一般要求

4.1.1　甘蔗中耕施肥机培土机应按本标准要求，并按照规定程序批准的图样及技术文件制造，有特殊要求时供需双方另行协议，并在产品图样中注明。

4.1.2　所有锁销应固定可靠，所有紧固件应紧固可靠。

4.1.3　空载试验轴承温升不应超过40℃，最高温度不应超过70℃。负载试验轴承温升不应超过45℃，最高温度不应超过75℃。减速器不应有漏油现象，润滑油最高温度不应超过70℃。

4.1.4　可用度（使用可靠性）不小于90%。

4.1.5　空载试验应在额定转速下连续运转时间不少于1h。

4.1.6　负载试验应在额定转速及连续工作的条件下，作业时间不少于1h。

4.2　技术性能指标

——纯工作小时生产率：≥0.20hm^2/h

——开沟深度：≥8cm

——开沟深度稳定性：≥85%
——施肥均匀度变异系数：≤15%
——施肥断条率：≤3%
——肥料覆盖率：≥85%
——甘蔗苗损伤率：≤10%
——单位面积耗油量：≤20kg/hm^2

4.3 零部件质量

4.3.1 旋耕刀

应采用力学性能不低于GB/T 699 中规定的65Mn钢材料制造，刃口淬火区热处理硬度为48 HRC～54HRC，非淬火区硬度不低于32HRC。

4.3.2 齿轮轴及花键轴

4.3.2.1 动力输入轴伸出端花键的基本尺寸应符合GB/T 1592 中的规定，表面应进行热处理，硬度为50HRC～55HRC。

4.3.2.2 齿轮轴及花键轴应用GB/T 3077 规定的40Cr材料制造，允许采用与上述材料品质相当的材料制造。齿轮轴及花键轴调质硬度240 HB～269HB。

4.3.3 刀辊轴

刀辊轴各轴承位同轴度公差应不低于GB/T 1184 规定的8级精度，其余各轴颈同轴度公差应不低于GB/T 1184 规定的9级精度要求。

4.3.4 减速器

减速器质量应符合JB/T 9050.1 的规定。

4.4 万向节传动总成

万向节传动轴和动力输入连接装置应符合GB/T 17126 中的有关规定。

4.5 外观和涂漆质量

4.5.1 机械表面不应有图样未规定的凸起、凹陷、粗糙不平或其他损伤等缺陷。

4.5.2 外露的焊缝应修整。

4.5.3 外表面应涂漆，表面涂漆质量应不低于JB/T 5673 中普通耐候涂层的规定，油漆层应均匀，无皱纹、明显流痕、漏漆现象，色泽应一致；明显的起泡起皱不应多于3处。

4.5.4 漆膜的附着力应为JB/T 9832.2 中规定的2级3处。

4.6 焊接质量

4.6.1 焊接件坡口、板件拼装的极限偏差和焊缝的尺寸应符合GB 985.1 和GB 985.2 的规定。

4.6.2 焊接用的焊条应符合GB 5117 和GB 5118 的规定。

4.6.3 焊接应牢固可靠，焊缝表面应呈现均匀的细鳞状，边棱、夹角处应光滑，不应有裂纹（包括母材）、夹渣、气孔、焊缝间断、弧坑、虚焊及咬边现象。

4.6.4 刀座与刀轴焊合处不应有脱焊现象。

4.7 装配质量

4.7.1 应按图样要求和装配工艺规程进行装配，所有零件和部件（包括外协件）应经检验合格。

4.7.2　对各零件和部件均应清洗干净，机械内部不应有切屑和其他污物。

4.7.3　转动部位的零部件应运转灵活、平稳，无阻滞现象，无异常声响。

4.7.4　万向节传动总成：内、外传动轴应能保证在最高位置时不顶死，在工作状态时的接合长度不小于150㎜。

4.8　安全防护要求

4.8.1　产品设计应按GB 10395.1规定，满足安全要求。

4.8.2　应在危险部件标注永久性危险警告安全标志，其标志应符合GB 10396的规定，标志有：警告，维修时必需停机。

4.8.3　旋耕刀工作部件的顶部和后部均应有防护板，防护板应安全可靠。

5　试验方法

5.1　试验方法

试验方法应按照经规定程序批准的有关技术文件的要求进行。

5.2　空载试验

5.2.1　空载试验应在总装配检验合格后进行。

5.2.2　空载试验应按表1的规定执行。

表1　空载试验项目和方法

序号	试验项目	试验方法	标准要求
1	转动的灵活性和声响	感　官	转动应平稳，无异常声响
2	防护安全	目　测	外露转动部件应装防护板，有警示标志
3	锁销和螺栓紧固情况	目　测	紧固可靠
4	轴承温升	试验结束时即用温度计测定	≤40℃

5.3　负载试验

5.3.1　负载试验应在空载试验合格后进行。

5.3.2　在待测试的几种参数（如深松深度等）中，使其中任一参数作某一次量的变动称为一个工况，同一工况测试不少于三个行程。

5.3.3　试验田块各处的试验条件基本相同；田块应满足各测试项目的测定要求；测试区长度不少于20m，并有适当的稳定区。

负载试验项目和标准要求见表2。

表2　负载试验项目和标准要求

序号	试验项目	标准要求
1	转动的灵活性和声响	转动应平稳，无异常声响
2	防护安全	外露转动部件应装防护板，有警示标志

（续表）

序号	试验项目	标准要求
3	轴承温升	≤45℃
4	纯工作小时生产率	≥0. 20hm²/h
5	开沟深度及其稳定性	开沟深度：≥8cm 稳定性：≥85%
6	施肥质量	变异系数：≤15% 断条率：≤3%
7	肥料覆盖率	≥85%
8	甘蔗苗损伤率	≤10%
9	单位面积耗油量	≤20kg/hm²

5. 3. 4　负载试验相关项目检测方法的规定

5. 3. 4. 1　开沟深度及其稳定性

每隔 2m 测定一点，每行程测定不少于 10 点，测定每点深度。并按如下计算公式计算开沟深度平均值及其稳定性系数。

A 行程的开沟深度平均值

$$a_j = \frac{\sum_{i=1}^{n_j} a_{ji}}{n_j} \tag{1}$$

式中：a_j——第 j 行程的开沟深度平均值；

a_{ji}——第 j 行程中第 i 个测定点的深度值；

n_j——第 j 行程中测定点数。

B 工况的开沟深度平均值

$$a = \frac{\sum_{j=1}^{N} a_j}{N} \tag{2}$$

式中：a——工况的开沟深度平均值；

N——同一工况中的行程数。

C 行程的开沟深度稳定性系数

$$S_j = \sqrt{\frac{\sum_{i=1}^{n_j} (a_{ji} - a_j)^2}{n_j - 1}} \tag{3}$$

$$V_j = \frac{S_j}{a_j} \times 100\% \tag{4}$$

$$U_j = 1 - V_j \tag{5}$$

式中：S_j——第 j 行程的开沟深度标准差，cm；

V_j——第 j 行程开沟深度变异系数，%；

U_j——第 j 行程开沟深度稳定系数,%。

D 工况的开沟深度稳定性系数

$$S = \sqrt{\frac{\sum_{j=1}^{N} S_j^2}{N}} \tag{6}$$

$$V = \frac{S}{a} \times 100\% \tag{7}$$

$$U = 1 - V \tag{8}$$

式中：S——工况的开沟深度标准差，cm；

V——工况的开沟深度变异系数,%；

U——工况的开沟深度稳定系数,%。

5.3.4.2　施肥均匀度

在平坦的水泥地或其他光洁场地，机具以正常作业速度行驶 20m，取 3 点，每点长度不少于 2m，按每 20cm 划分小段，测定各小段内肥料质量，并按 6.6 中相关的计算公式计算施肥均匀变异系数。

5.3.4.3　施肥断条率

长度在 10cm 以上的无肥区段为断条，测定 3m 内断条数和断条长度，并计算断条总长度占 3m 排肥总长度的百分比。测定三次，取平均值。

5.3.4.4　肥料覆盖率

五点法测定，每点取 10m，测定未覆盖肥料的长度占总长度的百分比。

$$S = \frac{S_H}{10} \times 100\% \tag{10}$$

式中：S——肥料覆盖率,%；

S_H——未覆盖肥料的长度，m。

5.3.4.5　甘蔗苗损伤率

每行程测定 1 点，每点甘蔗头 200 个，测量每点甘蔗头损伤数量占总甘蔗头数量总数的百分比。取三个行程的平均值。

$$M = \frac{M_S}{200} \times 100\% \tag{11}$$

式中：M——甘蔗头损伤率,%；

M_S——甘蔗头损伤数量；

5.3.4.6　纯工作小时生产率

在正常作业条件下测定 1h 左右时间的作业面积（时间精确到“s”），测定三次，取平均值。

$$E = \frac{Q}{T} \tag{12}$$

式中：E——纯工作小时生产率，hm^2/h；

Q——测定时间内作业面积，hm^2；

T——工作时间，h。

5.3.4.7　单位面积耗油量

在生产率测定的同时进行，测定三次，取三次测定的算术平均值，结果精确到“0.1 kg/hm²”。按式（2）计算：

$$G_n = \frac{\sum G_{nz}}{\sum Q} \tag{13}$$

式中：G_n ——单位面积耗油量，单位为千克每公顷（kg/hm^2）；

G_{nz} ——测定时间内耗油量，单位为千克（kg）。

6　检验规则

6.1　出厂检验

6.1.1　产品出厂需经产品质量检验部门检验合格，并签发产品合格证后方可出厂。

6.1.2　出厂检验应实行全检，其检验项目及要求为：

——外观和油漆质量应符合4.5的规定；

——装配质量应符合4.7的规定；

——安全防护应符合4.8的规定；

——空载试验应符合5.2的规定。

6.1.3　用户有要求时，可进行负载试验，负载试验应符合5.3的规定。

6.2　型式检验

6.2.1　有下列情况之一时应对产品进行型式检验：

——新产品或老产品转厂生产；

——正式生产后，结构、材料、工艺等有较大改变，可能影响产品性能；

——正常生产时，定期或周期性抽查检验；

——产品长期停产后恢复生产；

——出厂检验结果与上次型式检验有较大差异；

——质量监督机构提出进行型式检验要求。

6.2.2　型式检验应实行抽检，抽样按GB/T 2828.1中正常检查一次抽样方案。

6.2.3　样品应在12个月内生产的产品中随机抽取。抽样检查批量应不少于3台，样本大小为2台。

6.2.4　样品应在生产企业成品库或销售部门抽取，零部件在零部件成品库或装配线上已检验合格的零部件中抽取。

6.2.5　检验项目、不合格分类见表3。

6.2.6　判定规则

评定时采用逐项检验考核，A、B、C各类的不合格总数小于等于Ac为合格，大于等于Re为不合格。A、B、C各类均合格时，该批产品为合格品，否则为不合格品。

表 3　型式检验项目、不合格分类和判定规则

不合格分类	检验项目	样本数	项目数	检查水平	样本大小字码	AQL	Ac	Re
A	7. 安全防护 8. 施肥质量 9. 可用度（使用可靠性）	2	3	S－I	A	6.5	0	1
B	11. 开沟深度及其稳定性 12. 纯工作小时生产率 13. 肥料覆盖率 14. 单位面积耗油量		4			25	1	2
C	6. 甘蔗苗损伤率 7. 轴承温升、减速器油温及渗漏情况 8. 漆膜附着力 9. 外观质量 10. 标志和技术文件		5			40	2	3

注：AQL 为合格质量水平，Ac 为合格判定数，Re 为不合格判定数。

7　标志、包装、运输、贮存及技术文件

7.1　标志

产品应在明显部位固定标牌，标牌应符合 GB/T 13306 的规定。标牌上应包括产品名称、型号、技术规格、制造厂名称、商标、出厂编号、出厂年月等内容。

7.2　包装

7.2.1　产品在包装前应在机件和工具的外露加工面上涂防锈剂，主要零部件的加工面应包防潮纸，在正常运输和保管情况下，防锈的有效期自出厂之日起应不少于 6 个月。

7.2.2　产品可整体装箱，也可分部件包装，产品零件、部件、工具和备件应固定在箱内。

7.2.3　包装箱应符合运输和装载要求，箱内应铺防水材料。包装箱外应标明收货单位及地址、产品名称及型号、制造厂名称及地址、包装箱尺寸（长×宽×高）、毛重等。还应有“不得倒置”、“向上”、“小心轻放”、“防潮”和“吊索位置”等标志。

7.3　运输和贮存

产品在运输过程中，应保证整机和零部件及随机配件、工具不受损坏。产品应贮存在干燥、通风的仓库内，并注意防潮，避免与酸、碱、农药等有腐蚀性物质混放，在室外临时贮放时应有遮篷。

7.4　随机技术文件

每台产品应提供下列技术文件：

——产品使用说明书；

——产品合格证；

——装箱单（包括附件及随机工具清单）。